QC検定3級

一発合格！
最強テキスト＆問題集

株式会社グローバルテクノ 編

はじめに

■ 本書の目的

本書の目的は，品質管理検定（QC 検定）3 級の試験に本書の学習だけで合格することです．QC 検定は，最上位の 1 級から 4 級までの試験により構成されています．3 級は，業種や業態にかかわらず自分たちの職場の問題解決を行う全社員が対象とされ，各級のうちで最も多くの方が受検します．**合格率はおよそ 50 %** ですから，頑張って学習すれば合格できる試験といえます．

京セラ，第二電電（現・KDDI）の創業者である稲盛和夫氏は，自身の人生成功体験から「考え方を変えれば人生は 180 度変わる」と言い，「人生・仕事の結果＝考え方×熱意×能力」という方程式で表現しています．

あらゆる試験の合否の分岐点は，「何としても合格するぞ」という強い思いをもち続けて行動したか否か，すなわち，考え方と熱意です．今現在は知識が足りない，暗記や計算が苦手，文章を読むのが遅いなど，さまざまな心配ごとがあるかもしれません．しかし，「絶対に合格するぞ」という熱意をもち続け，理にかなった試験対策を実践すれば，1 回の受検で，きっと合格の栄冠を勝ち取ることができます．QC 検定 3 級は，まさにそういった検定試験です．

■ 試験対策の六箇条

試験対策の方法とは，どういった内容なのでしょうか．

QC 検定の場合，製造業の経験がない，あるいは，品質管理の仕事をしていない，という理由で，受検が不安になる方もいます．確かに，実務経験者の方は，用語をイメージしやすいので有利ではあります．しかし，**QC 検定は競争試験ではありません．一定レベルの得点に達すれば必ず合格できます**．

実務経験がなくて不利だと思っている方でも，心配には及びません．3 級は，高校生でも対応できるように試験レベルが設定されており，実務経験がなくても合格できます．

編者のような受検指導機関は，最低限，次の「六箇条」を必須として受検者に求めます．短期学習で，1回の受検で合格を達成するための条件です．

第一条　絶対合格の思いをもち続けること
第二条　試験問題を知る，合格基準を知る，現在の自分のレベルを知ること
第三条　ある程度の理解で良いと割り切ること
第四条　最低限の記憶作業を怠らないこと
第五条　基本問題を何度も解きまくり，解いた問題は全問正解を得ること
第六条　試験本番の解き方や時間配分を予め決めること

■ 学習期間は試験日から逆算して決める（第一条）

試験対策の目的は「合格する」ことですから，試験日から逆算して，やるべきこと決めます．

まず，合格に必要な理解，記憶，問題練習などの行うべきことは，受検テキストやセミナーで提供されていますから，それらを利用するのが効率的です．

また，QC検定では，受検者の多くが何らかの仕事に携わっていますから，学習期間と学習時間が重要です．仕事の前後や休日等，どの時間を使うかは人それぞれですが，合格への思いをもち続け，行動することができる期間が，学習期間となります．学習期間を定めたら，その全日程を，試験対策に充ててほしいと思います．日々の学習時間がばらついても構いません．重要なのは，とにかく毎日行うことです（仕事が休みの日でも，少しずつ学習を進めることで合格がグッと近くなります）．

■ どんな学習を，どの程度やったら良いのか（第二条～第六条）

本書は，「どんな学習を，どの程度やったら良いのか」という疑問に答えるべく，次のような特色があります．

《本書の特色》

- **過去問を徹底分析し，複数回の出題箇所を網羅**
- **解説は理解しやすさを重視**
- **項目ごとの最重要ポイントを「攻略の掟」として明確化**
- **理解度確認と練習の 2 本立てにより，基礎知識の定着を強化**
- **試験直前期が重要と考え，合格への作戦を紹介**
- **必須である記憶作業をサポートするための直前期コンテンツが充実**

ベースとなっているのは，編者が開催する「QC 検定 3 級講座」（通学制）の講座教材です．多くの受講者が抱える疑問への答えや，練り込まれた受検ノウハウが満載の講座教材を，試験合格の決定版として書籍化しました．

本書を十二分に活用して，無事に合格を勝ち取ることができるよう，編者一同応援しています．

2020 年 5 月

株式会社グローバルテクノ

目次

QC 検定 3 級の試験問題は，手法分野→実践分野の順で出題されます．そこで，本書は，試験の出題と同じ順で構成しています．

試験1週間前から当日まで

15章　直前対策

コラム

本書が，手法分野→実践分野の順で配置している理由

突然ですが，スーパーマーケットで100円のバナナを買う状況を考えてください．レジまでバナナを持っていき，代金を払おうとしたところ，小銭がなかったので1,000円札を出したとしましょう．このとき，“社会のルール”に則れば，おつり900円を受け取ることができるはずです．仮に，おつりを受け取ることができなかった場合，1,000円－100円＝900円とおつりの計算できれば，受け取るべきおつり900円をすぐに請求できます．

この事例において，“社会のルール”が「実践分野」，“おつりの計算”が「手法分野」に該当します．法律を含む“社会のルール”は，漠然としている側面がありつつも論理的なので，コツをつかめば理解は容易です．ただ，コツをつかむために少しの時間を要するだけです．一方，おつりの計算は，引き算（大げさにいえば，おつりを求める公式）をマスターしたら，時間をかけずに行うことができます．また，おつりの計算は，“社会のルール”の中の話ですから，方法を知っていれば，“社会のルール”そのものも，より理解できるようになります．

この理由と同じく，手法分野には計算のための公式があり，公式は方法さえ知ればすぐに使えるので，本書では先に扱います．そして，理解に少し時間を要する実践分野は後ろで扱います．なお，手法分野と実践分野については，「試験問題を知る，合格基準を知る」で，さらに踏み込んで解説しています．

試験問題を知る，合格基準を知る

■ QC 検定 3 級の試験概要†

品質管理検定レベル表（Ver.20150130.2）では，次のように記されています．

（1） 対象となる人材像

・ 業種・業態にかかわらず自分たちの職場の問題解決を行う全社員《事務，営業，サービス，生産，技術を含むすべて》
・ 品質管理を学ぶ大学生・高専生・高校生

（2） 認定する知識と能力のレベル

・ QC 七つ道具については，作り方・使い方をほぼ理解しており，改善の進め方の支援・指導を受ければ，職場において発生する問題を QC 的問題解決法により，解決していくことができ，品質管理の実践についても，知識としては理解している
・ 基本的な管理・改善活動を必要に応じて支援を受けながら実施できる

■ QC 検定 3 級の試験日程や形式等††

・日　　程：毎年 3 月と 9 月の 2 回，日曜日に実施
・時　　間：13:30〜15:00（90 分）
・形　　式：マークシート
・持 ち 物：受検票，黒の鉛筆・シャープペンシル（HB または B に限る），消しゴム，時計，電卓（√‾（ルート）付の一般電卓に限る）
・合格基準：出題を手法分野と実践分野に分類し，各分野の得点が概ね 50 % 以上，かつ，総合得点が概ね 70 % 以上

注意

本書の情報は，2020 年 6 月 1 日現在のものです．
また，受検に関する最新情報は，必ず，日本規格協会内・QC 検定センターの Web サイト（https://www.jsa.or.jp/）でご確認ください．

---

† 品質管理検定運営委員会「品質管理検定レベル表（Ver.20150130.2）」，日本規格協会内・QC 検定センターの Web サイト
†† 試験要項，日本規格協会内・QC 検定センターの Web サイト

■ 出題分野：手法分野と実践分野とは

QC 検定 3 級の出題は，およそ，次の 3 点に集約できます．

- 手法分野は，「基礎的な計算」を問う
- 実践分野は，「不適合の流出を防止するために必要な会社の仕組みの理解」を問う
- 2 分野に共通することとして，「基礎的な用語の理解」を問う

ここで，手法分野と実践分野の内容について，触れておきましょう．

品質管理の目的は，顧客に対し不良品（QC 検定では「不適合品」と表します）を渡さないこと，つまり，顧客の保護と取引の安全性の確保です（8 章で詳しく解説しています）．この目的を達成するために，データを活用して不良品を見つけ出し，あるいは不良品の発生を予測します．このデータの使い方（手法）を扱うのが，手法分野です．

また，手法分野によって獲得したデータを活用して，不良品を出さない，作らない仕組み（仕事のやり方に関する社内ルール）を定め，実践します．この実践活動を扱うのが，実践分野です．

手法分野と実践分野の内容は，次の図のように体系化できます．本書の章立ては，この体系図をもとに構成しています．

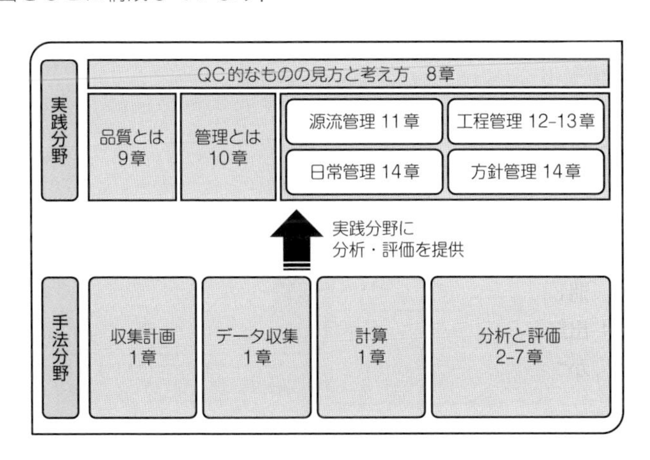

なお，試験範囲の詳細については，品質管理検定レベル表（Ver.20150130.2）に記載がありますので，必ず目を通しておいてください（QC 検定 3 級の出題範囲には，QC 検定 4 級の出題範囲が含まれます．QC 検定 4 級は，公式の『4 級用テキスト（4 級の手引き）』が発行されています．QC 検定センターの Web サイトから無料でダウンロードできますので，あわせて目を通しておくことをオススメします）．

本書の使い方

各節の解説：過去問の出題範囲に限定したわかりやすい解説で，用語や計算方法を習得！

理解度確認：合格に必須の知識に絞り込んだ正誤問題で，理解度を確認！

練習問題：過去問を徹底分析した本番レベルの練習問題で実践！

3級の受験が初めての方は，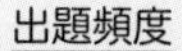を1章〜14章を通して取り組んだ後，各章の練習問題に取り組むのが効果的です．

直前対策：試験1週間前から当日までの間に，合格に向けた戦略の立案と実行！

知識の記憶に役立つコンテンツや，得点に結び付く問題の取り組み方へのアドバイスで，合格を勝ち取りましょう！

Step1 実力養成

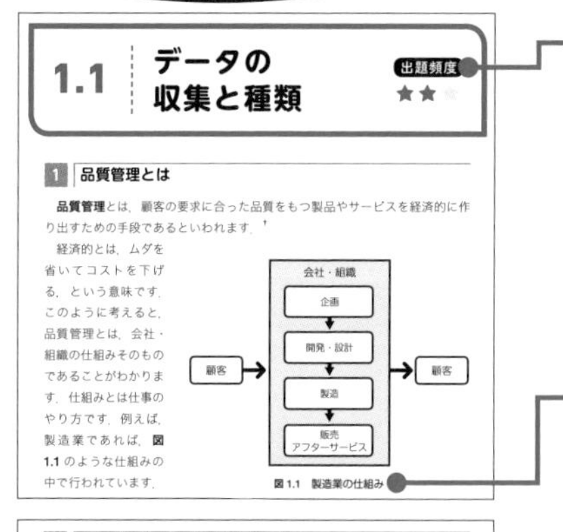
1.1 データの収集と種類　出題頻度 ★★

1 品質管理とは

品質管理とは，顧客の要求に合った品質をもつ製品やサービスを経済的に作り出すための手段であるといわれます．

経済的とは，ムダを省いてコストを下げる，という意味です．このように考えると，品質管理とは，会社・組織の仕組みそのものであることがわかります．仕組みとは仕事のやり方です．例えば，製造業であれば，**図1.1**のような仕組みの中で行われています．

図1.1 製造業の仕組み

出題頻度

直近10回の試験の徹底分析に基づき出題頻度を明示．★が多いほど頻出です．

★★★：7〜10回の出題

★★☆：4〜6回の出題

★☆☆：1〜3回の出題

時間に余裕がなければ「★★★」と「★★☆」の節を優先して取り組みましょう．

記憶しやすい図

項目間の関係や構造は，イメージできると記憶しやすいもの．そこで，図をふんだんに取り入れています．

1 中心位置を表す基本統計量の概要

分布の中心位置を表す基本統計量の概要は，**表1.2**のとおりです．

表1.2 分布の中心位置を表す基本統計量

名称	記号	意味	計算例
平均値	バー「￣」を付けて表す 例：$\bar{X}$	個々の測定値の総和を全個数で割った値	測定値「3, 5, 6, 9」の平均値は $\frac{3+5+6+9}{4}=\frac{23}{4}=5.75$
中央値（メディアン）	チルダ「〜」を付けて表す 例：$\tilde{X}$	測定値を大きさの順に並べたときに中央に位置する値．ただし，測定値が偶数個ならば中央の2個の値の平均値	測定値「3, 5, 6, 9」の中央値は $\frac{5+6}{2}=\frac{11}{2}=5.5$
最頻値	−	その値が起こる頻度	測定値「3, 5, 9, 9」の最頻値は

知識の整理に役立つ表

項目間の相異を整理した形で理解できるよう，随所で表を活用しています．

攻略の掟

・其の壱　計量値と計数値の違いを押さえるべし！

・其の弐　母集団と標本の関係，用語の意味を押さえるべし！

攻略の掟

記憶しやすいよう，重要ポイントを短くまとめています．

品質管理の実務経験がある場合は，最初に「攻略の掟」を確認し，意味が十分に理解できていれば，その節はパスしてもOKです．

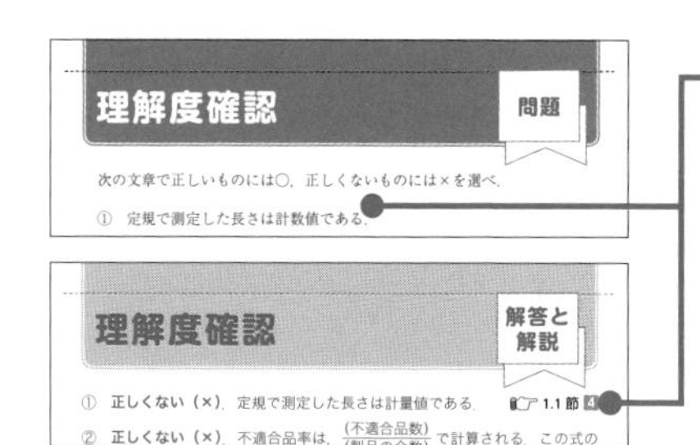

理解度確認

章ごとに，基礎知識の理解度を確認するための正誤問題があります．
「解答と解説」には，問題に関連する項目の振り返り先を載せました．正解できなかった問題については，この振り返り先で復習しましょう．

Step2 合格力養成

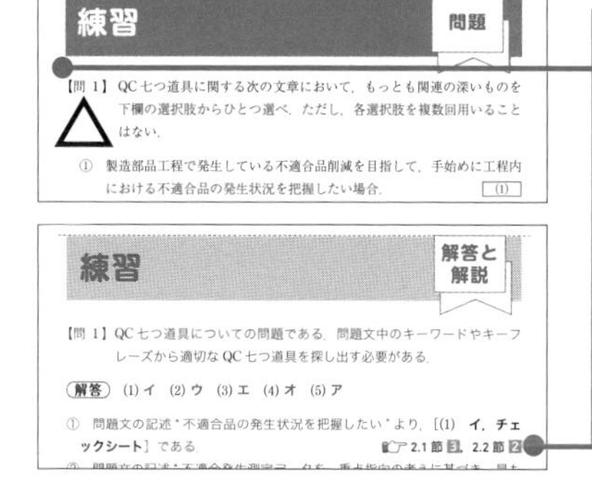

練習

章ごとに，本番と同形式・同レベルの練習問題があります．本番に準じて，章をまたいだ内容の出題もあります．
正解できなかった問題では，【問 1】等の問題番号の下に△のマークを記しておきましょう．Step3 で復習する際に役立ちます．
「解答と解説」には，問題に関連する項目の振り返り先を載せました．正解できなかった問題については，この振り返り先で復習しましょう．

Step3 合格対策

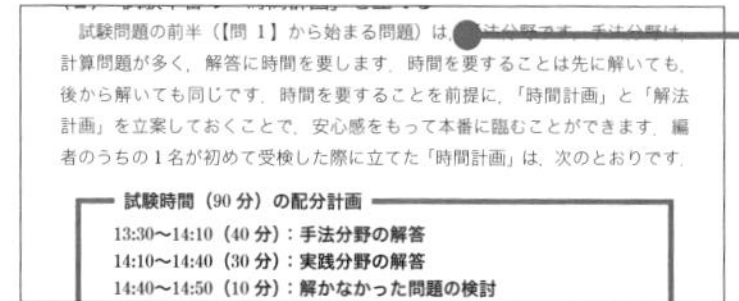

本番で合格点をとるために

試験 1 週間前〜試験当日に行うべき，合格に向けた各種対策を紹介します．
さらに，試験本番で合格点を確保するための「時間計画」と「解法計画」を詳述し，合格に向けて万全を期すことができます．

15.6 超直前・計算特訓

1 絶対覚える計算式

公式は「手を動かして覚える」のが基本です．まずは表 15.6 で覚えるべき計算式をおさらいしましょう．

表 15.6 絶対覚える計算式

用語	記号	計算式	主な掲載箇所
偏差平方和	S	$S=(X_i-\overline{X})^2$ の総和	

試験直前の復習コンテンツ

知識の整理と記憶に役立つ用語集，図表，計算式をまとめています．

手法分野

1章 データの収集

1.1 データの収集と種類
1.2 基本統計量の概要
1.3 中心位置を表す基本統計量
1.4 ばらつきの程度を表す基本統計量

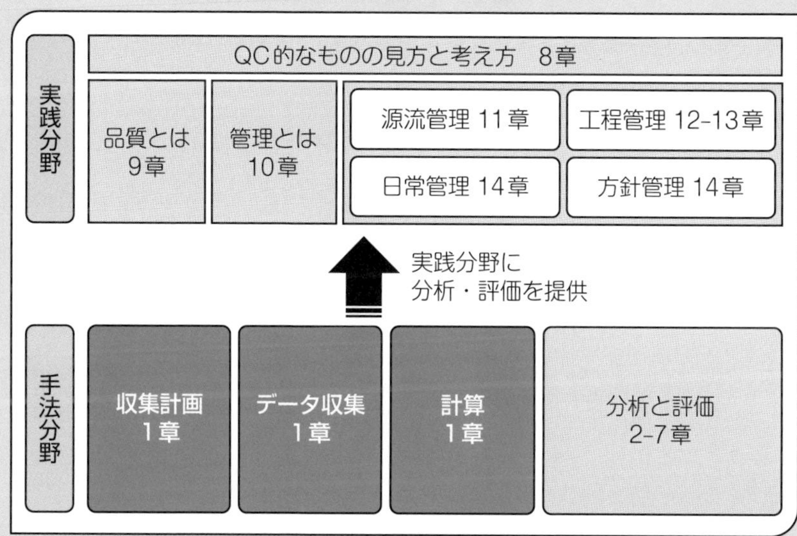

1.1 データの収集と種類

出題頻度 ★★☆

1 品質管理とは

品質管理とは，顧客の要求に合った品質をもつ製品やサービスを経済的に作り出すための手段であるといわれます†.

経済的とは，ムダを省いてコストを下げる，という意味です．このように考えると，品質管理とは，会社・組織の仕組みそのものであることがわかります．仕組みとは仕事のやり方です．例えば，製造業であれば，**図1.1**のような仕組みの中で行われています．

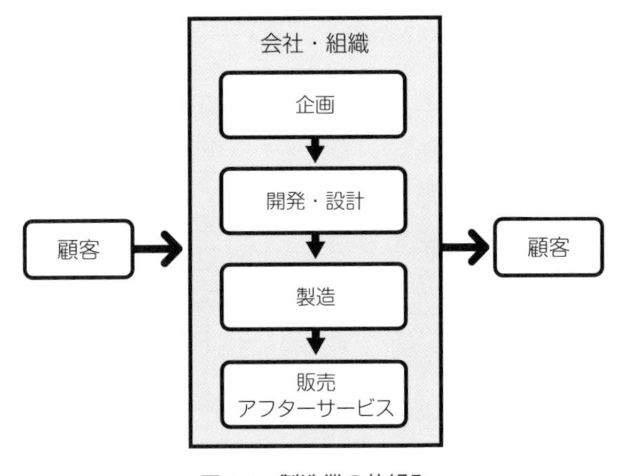

図1.1　製造業の仕組み

2 事実に基づく管理（ファクトコントロール）

品質管理の役割は，顧客の要求に合う製品・サービスを安定的に供給することです．安定的に供給するため，複数の人や部門で構成される会社・組織が必要となります．製品・サービスの供給側がたった1人ならば，例えば入院により業務ができなくなると，製品・サービスの安定的な供給は困難になるからです．そして製品・サービスの規模が大きくなるほど，安定した供給のために，会社・組織の人数は多くなります．

† JIS Z 8101:1981「品質管理用語」（日本規格協会）．現在この規格は廃止されています．

しかし，人数が多くなると弊害も出てきます．例えば，言葉や基準が曖昧だと，受け止め方が多様になるので社内に意図が適切に伝わらないことがあります．「ここの加工は気持ち短め」といった基準は，ベテラン同士でなければ通じないのです．曖昧な言葉や基準では製品・サービスの統一性が失われ，会社・組織として顧客の要求に合った製品・サービスを安定的に供給することができなくなります．

このような弊害を避けるため，品質管理では，勘や経験のような曖昧さを含む要素だけで判断することを排除し，客観的な**「事実に基づく管理」（ファクトコントロール）**を強く求めます．事実は1つであり，人により異なるものではないからです．本書で解説するデータは，この「事実」の中で最も重要な要素です．

3 データの活用法

データは，評価と行動を行うための重要な手段であり，通常，**図1.2**のような手順により活用します．

生データは単なる数値・言葉の羅列ですから，それ自体を見てもデータの変化や傾向を評価することは困難です．また，データは多ければ良いというものではありません．目的に合ったデータの収集計画が重要です．例えば，製品企画では，あらゆる人々に対してではなく，その製品を利用しそうな（対象になりそうな）層に対しアンケート調査を行います．

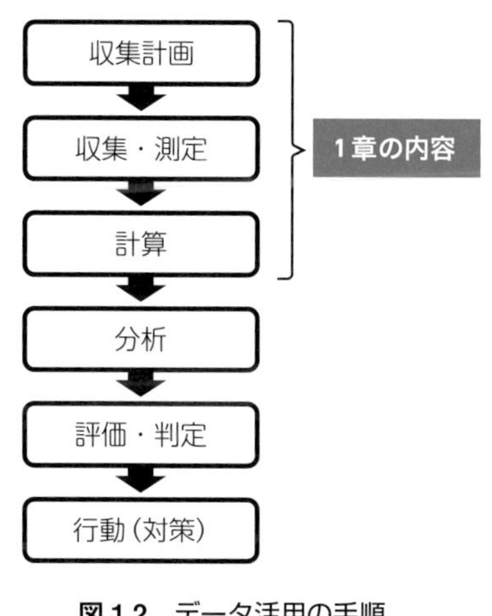

図1.2 データ活用の手順

4 データの種類

品質管理において，データは，**図1.3**のように分類します．データの種類によって，分析に使う道具（ツール）が異なるからです．データの収集計画では，どんな種類のデータを収集するのかを予め決めておくことが必要です．

データは，図 1.3 のとおり，**数値で表される数値データ**と，**言葉で表される言語データ**に大別できます．さらに，数値データは，長さ・時間・温度のように，数値が連続的で測定器で測ることで得られる**計量値**（連続値ともいう）と，人数・故障回数・不適合品の数・不適合品率のように，数えて得られる**計数値**（離散値ともいう）に分類されます．**表 1.1** は，数値データの分類例です．

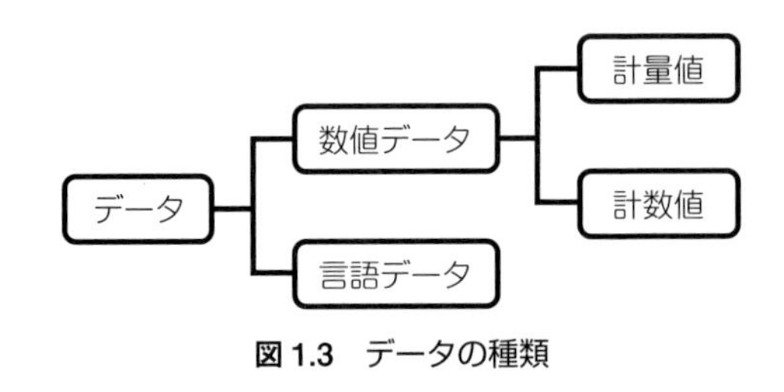

図 1.3　データの種類

表 1.1　数値データの分類例

数値データの例	分類	分類の理由
銅板の厚さ (mm)	計量値	測定器で測ることで得られるデータ
液体の濃度 (%)	計量値	分母（内容量），分子（成分量）とも測定器で測ることで得られるデータ
機械の故障回数 (回)	計数値	回数を数えることで得られるデータ
不適合品率 (%)	計数値	分母（製品の全数），分子（不適合品数）とも数えることで得られるデータ

データの種類で注意点することは，次の 2 点です．

- 分数で定義される値は, 分母にかかわらず分子が計量値ならば計量値とし, 分子が計数値ならば計数値とする

  【例 1】(製品 1 個あたりの重量) $= \dfrac{\text{(製品重量の総和：計量値)}}{\text{(製品の全数：計数値)}}$ は計量値

  【例 2】(1 m^2 あたりのキズの数) $= \dfrac{\text{(キズの総数：計数値)}}{\text{(製造した板の面積：計量値)}}$ は計数値

- 計量値と計数値の積は，計量値とする

5　データの収集方法

データ収集は，**母集団**への調査・測定を行うことが理想です（母集団とは，データ収集を行いたい全体のことです）．ただし，母集団の全体は膨大である可能性があり，その場合，調査・測定は時間やコストの負担が大きく，不都合です．そこで，通常行われるのが，母集団から一部を抽出して行う**サンプリン**

グという収集方法です．サンプリングしたデータを用いて，母集団の姿を推測するわけです．母集団とサンプリングの関係は，**図 1.4** のとおりです．

データ収集に関する次の用語の理解と記憶は必須です．

- **母集団**
  データ収集を行いたい全体
- **標本**（サンプル，試料ともいう）
  抽出したデータの集合体
- **サンプリング**（抜取ともいう）
  母集団から標本を抽出する行為
- **標本の大きさ**（サンプルサイズともいう）
  1つの標本に含まれるデータの数

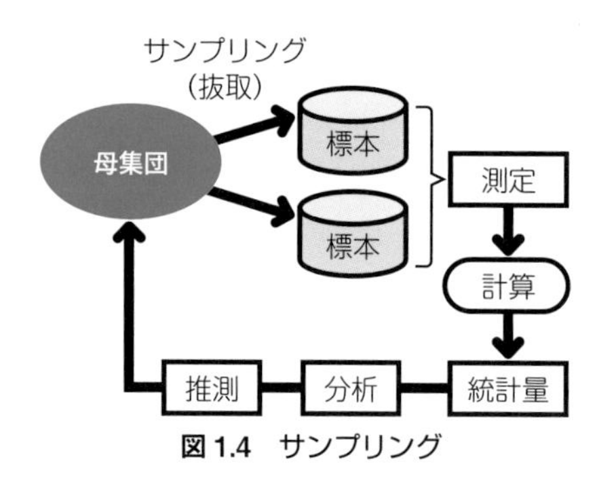

図 1.4　サンプリング

サンプリングは，母集団の測定が困難である場合の代替手段ですから，母集団の正しい姿を推測できるように標本を抽出することが大切です．正しく抽出するための手段としては，**ランダムサンプリング法**（無作為抽出法，13.2 節 5 参照）が典型です．

6 サンプリング誤差と測定誤差

サンプリング誤差とは，サンプリングを行うことにより生じる誤差です．また，測定誤差とは，測定値と真の値の差をいいます．サンプリングは，特定の母集団から複数個の標本を採取して行います（図 1.4）．標本にもばらつきがありますから，完全に同じ標本はありません．サンプリングや測定（13.4 節参照）を行う場合には，誤差を避けることはできないのです．

攻略の掟

- **其の壱**　計量値と計数値の違いを押さえるべし！
- **其の弐**　母集団と標本の関係，用語の意味を押さえるべし！

1.2 基本統計量の概要

1 基本統計量とは

基本統計量とは，標本から計算された数値です（なお，母集団から計算された数値は，**母数**といい，基本統計量と区別します）．標本データの分布状態を知ることにより，製品や工程の母集団の姿を推測します．基本統計量は，**図 1.5** のように分類できます．

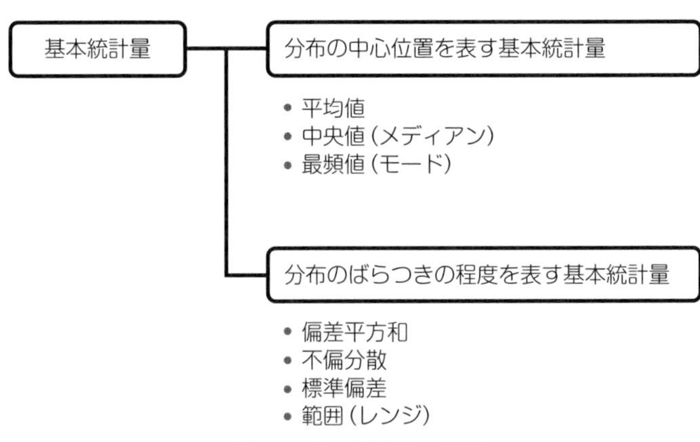

図 1.5　基本統計量の分類

2 データの分布状態は，中心位置とばらつきの程度で見えてくる

データの分布状態（現状や傾向）は，分布の中心位置（平均値）と，ばらつきの程度（標準偏差）を，図で表すとわかりやすくなります．

例えば，現在の分布の中心位置（平均値）がわかれば，**図 1.6** (a) のように，当初のねらいの位置からのずれの程度がわかります．また，ばらつきが大きくなると，図 1.6 (b) のように，ばらつきの程度を表す曲線は曲線①から曲線②のように変化して左右に広がります．

このように，ねらいの位置からのずれがあったり，ばらつきが大きくなったりすると，規格の限界（顧客の納品条件であり，規格の限界を超えると顧客の要求を満たさない不適合品になる．5.1節 4 参照）を突破する危険が増加します．この場合には，「規格の限界を突破しないように，ばらつきを小さくする対策を講じて予防しよう」という判断が必要です．こういった判断も，図解により，誰もが行いやすくなります．

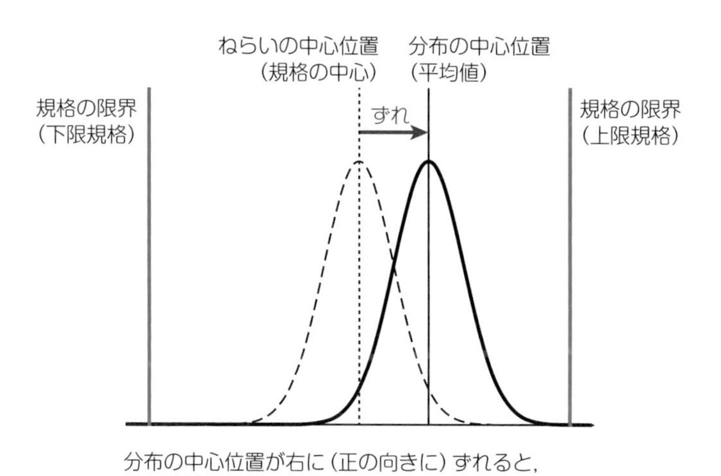

(a)　中心位置のずれ

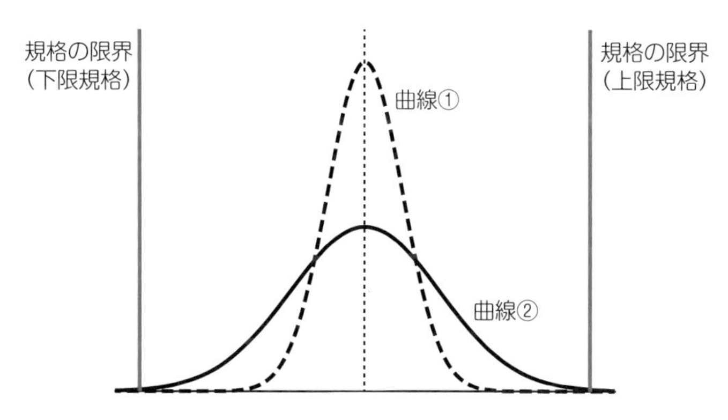

(b)　ばらつきの程度

図 1.6　基本統計量の図示

1.3 中心位置を表す基本統計量

1 中心位置を表す基本統計量の概要

分布の中心位置を表す基本統計量の概要は，**表 1.2** のとおりです．

表 1.2 分布の中心位置を表す基本統計量

名称	記号	意味	計算例
平均値	バー「¯」を付けて表す 例：$\overline{X}$	個々の測定値の総和を全個数で割った値	測定値「3 5 6 9」の平均値は $\frac{3+5+6+9}{4}=\frac{23}{4}=5.75$
中央値 （メディアン）	チルダ「～」を付けて表す 例：$\widetilde{X}$	測定値を大きさの順に並べたときに中央に位置する値，ただし，測定値が偶数個ならば中央の 2 個の値の平均値	測定値「3 5 6 9」の中央値は $\frac{5+6}{2}=\frac{11}{2}=5.5$
最頻値 （モード）	－	その値が起こる頻度が最も大きい値	測定値「3 5 9 9」の最頻値は 9

2 平均値と中央値の計算

中央値は，単純に，数値を大きさの順に並べた場合の真ん中の値ですから，平均値と比べると精度が落ちます．しかし，データ数が奇数の場合には計算せずに求めることができるので，中心の位置の大雑把な把握には便利です．

例題 1.1

次のデータは，A 工場のラインで抽出した製品の重さ（g）である．

3　5　1

平均値と中央値を求めよ．

解答

平均値：$\frac{3+5+1}{3}=\frac{9}{3}=3$ より，平均値は 3

中央値：大きさの順に並べ直すと「1　3　5」より，中央値は 3

1.4 ばらつきの程度を表す基本統計量

出題頻度 ★★★

1 分布のばらつきの程度を表す基本統計量の概要

分布のばらつきの程度を表す基本統計量の概要は，**表 1.3** のとおりです．

表 1.3 分布のばらつきの程度を表す基本統計量

①「平均値からどれくらい離れているか」を表す量			
名称	記号	意味	計算式
偏差平方和	S 大文字のエス	個々の測定値が平均値からどれくらい離れているかは，偏差(= 測定値 − 平均値)の計算でわかる．しかし，偏差の総和はゼロとなるため，測定値全体の姿が見えない．そこで，個々の測定値の偏差を2乗して正の値にし，その総和により全体としてのばらつきを見ることとする．	偏差平方和 ＝(測定値−平均値)^{2}の総和 測定値が x_1，x_2，x_3，x_4で，平均値が $\overline{x}$ならば，偏差平方和は $(x_1-\overline{x})^2+(x_2-\overline{x})^2+(x_3-\overline{x})^2+(x_4-\overline{x})^2$
不偏分散	V 大文字のヴイ	偏差平方和は，偏差の2乗の総和であるから，データ数が多くなると，ばらつきの大小に関係なく大きくなってしまう．これではデータ数が異なるグループのばらつきの比較に適さない．そこで，偏差平方和を(データ数 −1)で除して調整する．	$\text{不偏分散}=\dfrac{\text{偏差平方和}}{\text{データ数}-1}$
標準偏差	s 小文字のエス	不偏分散は，偏差の2乗の総和からなるから，測定値と単位が異なる．そこで，不偏分散の平方根をとり，測定値の単位と一致させた値を用いると便利である．	$\text{標準偏差}=\sqrt{\text{不偏分散}}$

表 1.3　分布のばらつきの程度を表す基本統計量（つづき）

②「中央値からどれくらい離れているか」を表す量			
名称	記号	意味	計算式
範囲 （レンジ）	R 大文字の アール	ばらつきが大きいほど範囲は大きく，ばらつきが小さいほど範囲は小さい．ばらつきを見る簡易な方法である．	範囲＝最大値－最小値

2　偏差平方和の計算

偏差平方和（へんさへいほうわ）は，次のように用語を分解して意味を理解しましょう．

- 「偏差」とは，測定値－平均値，つまり各測定値のばらつきのこと（**図 1.7**）
- 「平方」とは，2 乗のこと
- 「和」とは，合計のこと

つまり，偏差平方和は，測定値と平均値の差を 2 乗した値の合計（総和）であり，測定値の全体としてのばらつきを表します．

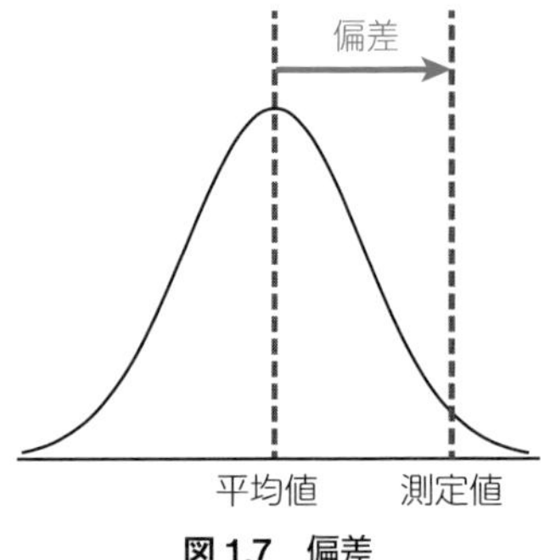

図 1.7　偏差

例題 1.2

例題 1.1 の場合における偏差平方和を計算せよ．

解答

例題 1.1 で扱ったデータは「3　5　1」である．

まず，平均値を計算すると，$\frac{3+5+1}{3}=3$（例題 1.1）

次に，偏差平方和を計算すると

$$(3-3)^2+(5-3)^2+(1-3)^2=0+4+4=8$$

3 不偏分散の計算

偏差平方和は，偏差の 2 乗をデータ数の分だけ合計した値なので，データ数が多いほど値は大きくなります．そのため，データ数が異なるグループ間では，偏差平方和でばらつきの大きさを比較することは困難です．そこで，偏差平方和から**不偏分散**（ふへんぶんさん）を計算し，データ数が異なるグループ間でばらつきを比較できるようにします．不偏分散は，偏差平方和を，(データ数−1) で割った値です．

例題 1.3

例題 1.1 の場合における不偏分散を計算せよ．

解答

例題 1.1 で扱ったデータは「3　5　1」である．

まず，平均値を計算すると，$\frac{3+5+1}{3}=3$（例題 1.1）

次に，偏差平方和を計算すると，$(3-3)^2+(5-3)^2+(1-3)^2=8$（例題 1.2）

最後に，不偏分散を計算すると

$$\frac{8}{3-1}=\frac{8}{2}=4$$

4 標準偏差の計算

偏差平方和や不偏分散は，偏差の 2 乗を合計した値からなり，その単位も 2 乗となります．例題 1.1～例題 1.3 では，平均値の単位は「g」ですが，偏差平方和や不偏分散の単位は「g の 2 乗」です．「g の 2 乗」では数値の大きさがイメージしにくいので，単位を「g」に戻すと都合が良さそうです．そこで，不偏分散の平方根（ルート）を計算して単位を「g」に戻します．この計算結果を**標準偏差**（ひょうじゅんへんさ）といいます．

例題 1.4

例題 1.1 の場合における標準偏差を計算せよ．

解答

例題 1.1 で扱ったデータは「3　5　1」である．

まず，平均値を計算すると，$\frac{3+5+1}{3}=3$（例題 1.1）

次に，偏差平方和を計算すると，$(3-3)^2+(5-3)^2+(1-3)^2=8$（例題 1.2）

さらに，不偏分散を計算すると，$\frac{8}{3-1}=4$（例題 1.3）

最後に，標準偏差を計算すると

$\sqrt{4}=2$

例題 1.4 からわかるように，標準偏差を求めるには

平均値→偏差平方和→不偏分散→標準偏差

の順に計算することが必要となります．

ところで，例題 1.4 の計算結果である「標準偏差は 2 g」とは，どのような意味があるのでしょうか．

標準偏差は，各測定値が平均値からどれくらい離れているかという，分布のばらつきの程度を表す基本統計量です．例題 1.4 の場合は，「平均値 3 ±2 g」，すなわち，ばらつきの程度は「1 g〜5 g」であることを意味します．もちろん，偏差平方和や不偏分散もばらつきの程度を表しますが，標準偏差は，測定値と同じ単位「g」にそろえたことにより，ばらつきの程度をイメージしやすくなるわけです．

5 範囲の計算

範囲は，レンジ（Range）ともいい，最大値と最小値の差によって分布のばらつきの程度を表します．範囲の値が大きいほど，ばらつきが大きいと判断できます．指標として簡易的ですが，引き算だけで済むことがメリットです．

例題 1.5

例題 1.1 の場合における範囲を計算せよ．

解答

例題 1.1 で扱ったデータは「3　5　1」である．

範囲は，最大値－最小値 $=5-1=4$

コラム

1．母数と基本統計量で使用する用語

基本統計量は，標本から母集団の姿を推測するために使用する数値です．データの種類を明示的に区別したい場合，母数を表す用語には「母」を，基本統計量を表す用語には「不偏」を冠します．具体的には，**表 1.4** のようにします．なお，「母」の意味については，7 章でも扱います．

表 1.4　母数と基本統計量

母数		基本統計量	
母平均	μ（ミュー）	平均	$\overline{X}$
母分散	σ^2	不偏分散	V
母標準偏差	σ（シグマ）	標準偏差	s

2．偏差平方和の計算

偏差平方和の計算は，次の計算公式により行うこともできます（1.4 節 **2** 例題 1.2 の計算方法と一見異なりますが，数学的には同じものです）．

測定値を x_1，x_2，…とし，まとめて $x_i\,(i=1,\ 2,\ \cdots)$ と表すと

$$\textbf{偏差平方和} = x_i^2\,\textbf{の総和} - \frac{(x_i\,\textbf{の総和})^2}{\textbf{データ数}}$$

例題 1.2 の場合は

x_i^2 の総和 $= 3^2+5^2+1^2 = 9+25+1 = 35$

$(x_i$ の総和$)^2 = (3+5+1)^2 = 9^2 = 81$

データ数 $= 3$

したがって

$$\text{偏差平方和} = 35 - \frac{81}{3} = 35 - 27 = 8$$

（例題 1.2 の計算結果と同じ）

この公式には，平均値が現れません．そのため，この公式を活用することで，平均値の計算を間違えても，偏差平方和の計算に影響が及ばないというメリットがあります．また，問題で与えられたデータ数が 10 個を超える場合には，この公式を利用する方が短時間で計算できそうです．

攻略の掟

其の壱　基本統計量の計算式を記憶すべし！

ばらつき三兄弟が重要：偏差平方和・不偏分散・標準偏差！

理解度確認

問題

次の文章で正しいものには○，正しくないものには×を選べ．

① 定規で測定した長さは計数値である．
② 不適合品率は計量値である．
③ サンプリングとは，母集団から標本を抽出する行為である．
④ 平均値は，ばらつきを表す基本統計量である．
⑤ データ「5　7　3」の中央値は 7 である．
⑥ データ「1　2　3」の偏差平方和は 3 である．
⑦ 不偏分散は，偏差平方和を，(データ数－1) で割った値である．
⑧ 不偏分散が 9 である場合，標準偏差は 4 である．
⑨ 標準偏差を 2 乗した値は，不偏分散である．
⑩ 記号 R で表記する統計量は，範囲を意味する．

理解度確認 解答と解説

① **正しくない（×）**．定規で測定した長さは計量値である．　☞ 1.1節 4

② **正しくない（×）**．不適合品率は，$\dfrac{(\text{不適合品数})}{(\text{製品の全数})}$ で計算される．この式の分子の不適合品数は計数値なので，不適合品率は計数値である．

☞ 1.1節 4

③ **正しい（○）**．大量のデータをもつ母集団の場合，全データを収集することは時間と費用を要するため困難なことが多い．そこで，母集団の一部を標本として抜き出し，標本データを分析することで，母集団の姿を推定する．この，一部を抜き出す行為を，サンプリングという．　☞ 1.1節 5

④ **正しくない（×）**．平均値は，中心位置を表す統計量である．

☞ 1.3節 1

⑤ **正しくない（×）**．中央値は，データを大きさの順に並べ替えたときの，中央に位置するデータである．与えられたデータを並べ替えると「3　5　7」となるので，中央値は5である．　☞ 1.3節 1，2

⑥ **正しくない（×）**．偏差平方和は，平均値を計算してから，データと平均値の差の2乗の総和により得られる．与えられたデータの平均値は $\dfrac{1+2+3}{3}=2$ なので，偏差平方和は $(1-2)^2+(2-2)^2+(3-2)^2=2$ である．

☞ 1.4節 1，2

⑦ **正しい（○）**．不偏分散は，$\dfrac{\text{偏差平方和}}{\text{データ数}-1}$ で計算される．

☞ 1.4節 1，3

⑧ **正しくない（×）**．標準偏差は，$\sqrt{\text{不偏分散}}$ で計算される．不偏分散が9の場合，標準偏差は $\sqrt{9}=\sqrt{3^2}=3$ である．　☞ 1.4節 1，4

⑨ **正しい（○）**．標準偏差 $=\sqrt{\text{不偏分散}}$ であるから，この両辺を2乗すると，標準偏差$^2=$ 不偏分散 である．　☞ 1.4節 1

⑩ **正しい（○）**．範囲は，レンジ（Range）ともいい，データの(最大値)−(最小値)によりばらつきを表す．その記号は通常 R で表す．

☞ 1.4節 1

練習問題

■練習では，本番に準じ，章をまたぐ内容も出題します．

【問 1】 データに関する次の文章において，［ ］内に入るもっとも適切なものを下欄の選択肢からひとつ選べ．ただし，各選択肢を複数回用いることはない．

品質管理で取り扱うデータには2種類ある．それらは，言葉で表される［(1)］と，数値で表される［(2)］である．

［(2)］はさらに2種類に分類することができる．それらは，不適合品数，完成品数などの不連続な値である［(3)］値と，寸法，重量，圧力など，測定器により測定することで得られる［(4)］値である．

【選択肢】

ア．計数　イ．平均　ウ．言語データ

エ．計量　オ．中央　カ．数値データ

【問 2】 サンプリングに関する次の文章において，［ ］内に入るもっとも適切なものを下欄の選択肢からひとつ選べ．

① サンプリングは，［(1)］からサンプルを抜き取り，サンプルから得られた測定データが［(1)］を表していることが大切である．

② サンプリングは，データの［(2)］が高いことが求められるが，データの測定値には，サンプリング誤差や［(3)］が含まれる．

③ サンプリング誤差とは，サンプリングによるデータの［(4)］やばらつきを示すものである．

④ 標準的なサンプリング方法は，［(5)］サンプリング法であり，［(1)］とサンプルの構成要素が同じ確率で構成されていることが大切である．

【［(1)］の選択肢】 ア．母集団　イ．父集団

【［(2)］の選択肢】 ア．精度　イ．高度

【［(3)］の選択肢】 ア．測定誤差　イ．平均誤差

【［(4)］の選択肢】 ア．かたより　イ．連続性

【［(5)］の選択肢】 ア．固定　イ．ランダム

【問 3】 基本統計量に関する次の文章において，[ ]内に入るもっとも適切なものを下欄の選択肢からひとつ選べ．

ある母集団より，6本のサンプルを抜き取り，測定した結果，次のデータを得た．

5.0　　3.0　　2.0　　5.0　　4.0　　5.0

このデータの基本統計量を求めて，表1.Aを作成した．

表 1.A　基本統計量の値

項目	値
平均値	(1)
中央値	(2)
最頻値	(3)
偏差平方和	(4)
不偏分散	(5)
標準偏差	(6)
範囲	(7)

【(1)の選択肢】ア．4.0　　イ．4.5

【(2)の選択肢】ア．4.5　　イ．5.0

【(3)の選択肢】ア．4.0　　イ．5.0

【(4)の選択肢】ア．8.0　　イ．8.5

【(5)の選択肢】ア．1.6　　イ．2.5

【(6)の選択肢】ア．1.26　　イ．1.33

【(7)の選択肢】ア．3.0　　イ．4.0

【問 4】 基本統計量に関する次の文章において，[ ]内に入るもっとも適切なものを下欄の選択肢からひとつ選べ．ただし，各選択肢を複数回用いることはない．

ある部品製造プロセスから部品サイズのデータをランダムに抽出し，小さい順に並べ替えた結果を表1.Bに示す．

表1.B　部品データのランダムサンプリング結果

測定番号	1	2	3	4	5	6	7	8	9	10
測定値 (mm)	2.0	3.0	4.0	4.0	4.0	5.0	5.0	5.0	6.0	6.0

① 表1.Bのデータから，分布の中心位置を割り出したい．ここでは，分布の中心位置として，すべての測定値の総和を測定回数で割った［(1)］を考えると，表1.Bにおける［(1)］は［(2)］となる．

【［(1)］の選択肢】
ア．平均値　イ．メディアン　ウ．範囲値
エ．中央値　オ．偏差平方和

【［(2)］の選択肢】
ア．4.0　イ．4.3　ウ．4.4　エ．4.5　オ．4.6

② データのばらつきの大きさを示す基本統計量には，各データ値と平均値との差を2乗したものの総和，つまり［(3)］を，(データ数−1)で割って求める［(4)］や，サンプルデータの最大値から最小値を引いた［(5)］がある．表1.Bのデータにおいて，［(3)］の値は［(6)］であり，［(5)］の値は［(7)］である．

【［(3)］～［(5)］の選択肢】
ア．偏差平方和　イ．不偏分散　ウ．標準偏差
エ．平均　オ．範囲

【［(6)］の選択肢】
ア．13.5　イ．13.8　ウ．14.1　エ．14.4　オ．18.5

【［(7)］の選択肢】
ア．2.0　イ．3.0　ウ．4.0　エ．4.5　オ．5.0

【問 5】データ及び基本統計量に関する次の文章において，［　　］内に入るもっとも適切なものを下欄の選択肢からひとつ選べ．ただし，各選択肢を複数回用いることはない．

① 品質管理を適切に行うためには，[(1)]を数値に変換したデータを判断の根拠とすることが大切である．

② [(1)]に基づいて品質管理を行うことを[(2)]という．

③ データの収集を行いたい全体を[(3)]といい，[(3)]の一部を抜き出したものを[(4)]という．

④ データの分布の中心を表す統計量には，[(5)]，[(6)]，[(7)]がある．[(5)]は個々のデータの総和をデータ数で割った値，[(6)]は測定したデータを大きさの順に並べ替えたときに中央に位置する値，[(7)]はデータの中で最も多く現れる値である．

⑤ データの分布のばらつきを表す統計量で最も簡易的なものは，データの最大値から最小値を引いた[(8)]である．

⑥ [(9)]は，(測定値−平均値)^2 の総和である．また，[(10)]の計算式は $\dfrac{\boxed{(9)}}{\text{データ数}-1}$ であり，[(11)]は $\sqrt{\boxed{(10)}}$ で求めることができる．

【[(1)]～[(4)]の選択肢】

ア．KDD　イ．ファクトコントロール　ウ．事実　エ．推測

オ．KKD　カ．プロセスコントロール　キ．標本　ク．母集団

【[(5)]～[(7)]の選択肢】

ア．平均値　イ．中央値　ウ．中心点

エ．測定値　オ．範囲　カ．最頻値

【[(8)]～[(11)]の選択肢】

ア．標準偏差　イ．不偏分散　ウ．総和　エ．回帰

オ．標準工程　カ．偏差平方和　キ．範囲　ク．上側管理限界

練習 解答と解説

【問 1】 データの種類に関する問題である．

解答 (1) **ウ**　(2) **カ**　(3) **ア**　(4) **エ**

データは［(1)　**ウ．言語データ**］と［(2)　**カ．数値データ**］に分類することができる．数値データは，さらに 2 種類に分類できる．

1 つ目は，数えて得られるデータである［(3)　**ア．計数**］値である．不適合品数，完成品数，人数のように，データが非連続的（離散的）な値をとるものは，計数値である．計数値は離散値ともいう．

2 つ目は，量を測定して得られるデータである［(4)　**エ．計量**］値である．測定であるから，得られたデータは単位をもつものが多い．寸法（単位は mm 等），重量（単位は g 等），圧力（単位は Pa 等）のように，データが連続的な値をとるものは，計量値である．計量値は連続値ともいう．

試験では，数値データの種類やその違いを出題する傾向がある．

☞ 1.1 節 4

【問 2】 データの収集方法であるサンプリングと誤差の混合問題である．

(解答)　(1) ア　(2) ア　(3) ア　(4) ア　(5) イ

① サンプリングの目的は，母集団の姿を推定することであるから，［(1)　**ア．母集団**］からサンプルを抜き取り，その測定データが母集団を表していることが大切である．

☞ 1.1 節 5

② サンプリングは，データの［(2)　**ア．精度**］の高さが求められるが，データの測定値には，サンプリング誤差や［(3)　**ア．測定誤差**］が含まれる．

☞ 1.1 節 6，13.4 節 3

③ サンプリング誤差とは，サンプリングによるデータの［(4)　**ア．かたより**］やばらつきを示すものである．かたよりとは，中心位置のずれのことである．

☞ 13.4 節 3

④ 標準的なサンプリング方法は［(5)　**イ．ランダム**］サンプリング法であり，母集団とサンプルの要素が同確率で構成されるようにする．

☞ 1.1 節 5

【問 3】 基本統計量についての計算問題である．

(解答)　(1) ア　(2) ア　(3) イ　(4) ア　(5) ア　(6) ア　(7) ア

(1)　$\text{平均値} = \frac{\text{データの総和}}{\text{データ数}} = \frac{5.0+3.0+2.0+5.0+4.0+5.0}{6} = \frac{24.0}{6}$

＝［(1)　**ア．** 4.0］　☞ 1.3節 1, 2

(2)　中央値（メディアン）を求めるには，まず，データを大きさの順に並べ替える．並べ替えたデータは「2.0　3.0　4.0　5.0　5.0　5.0」である．この並びの真ん中にあるものが中央値であるが，ここではデータ数が偶数であるから，3番目の「4.0」と4番目の「5.0」の平均として中央値が求められる．

よって，中央値は，$\dfrac{4.0+5.0}{2}=$［(2)　**ア．** 4.5］である．　☞ 1.3節 1, 2

(3)　最頻値（モード）とは，最も頻繁に現れる数値のことである．与えられたデータより，最頻値は［(3)　**イ．** 5.0］である．　☞ 1.3節 1

(4)　偏差平方和は，(測定値－平均値)^2 の総和である．次の表より，偏差平方和は［(4)　**ア．** 8.0］である．　☞ 1.4節 1, 2

番号	測定値	(測定値－平均値)^2
1	5.0	$(5.0-4.0)^2=1.0$
2	3.0	$(3.0-4.0)^2=1.0$
3	2.0	$(2.0-4.0)^2=4.0$
4	5.0	$(5.0-4.0)^2=1.0$
5	4.0	$(4.0-4.0)^2=0.0$
6	5.0	$(5.0-4.0)^2=1.0$
合計	24.0	偏差平方和＝8.0

偏差平方和を求めるには，各データについて(測定値－平均値)^{2}を計算し，その総和をとる

(5)　不偏分散$=\dfrac{\text{偏差平方和}}{\text{データ数}-1}=\dfrac{8.0}{6-1}=\dfrac{8.0}{5}=$［(5)　**ア．** 1.6］

☞ 1.4節 1, 3

(6)　標準偏差$=\sqrt{\text{不偏分散}}=\sqrt{1.6}$

より，$\sqrt{1.6}$（1.6の平方根（ルート））の値を求めればよい．ここは電卓を使って計算してみよう．手順は次のとおりである．

① 「CA」(Clear All) キーを押して，入力情報を消去する．

② 平方根を求めたい値を入力する．ここでは「`1.6`」と入力する．

③ 「√」キーを押す．

例えば10桁表示の電卓ならば，画面には「`1.264911064`」と表示される．小数第2位までで表すと，［(6)　**ア．** 1.26］である．　☞ 1.4節 1, 4

(7)　範囲＝最大値－最小値$=5.0-2.0=$［(7)　**ア．** 3.0］　☞ 1.4節 1, 5

【問 4】 基本統計量についての計算問題である．

(解答) (1) **ア**　(2) **ウ**　(3) **ア**　(4) **イ**　(5) **オ**　(6) **エ**　(7) **ウ**

① 分布の中心位置として用いる，すべての測定値の総和を測定回数で割った値は［(1)　**ア．平均値**］である．表 1.B のデータの平均値を計算すると

$$平均値 = \frac{2.0+3.0+4.0+4.0+4.0+5.0+5.0+5.0+6.0+6.0}{10}$$

$$= \frac{44.0}{10} = ［(2)　ウ．4.4］$$

☞ 1.3 節 1，2

② データのばらつきの大きさを示す基本統計量のうち，各データ値と平均値との差を 2 乗したものの総和である［(3)　**ア．偏差平方和**］を，(データ数−1) で割って求めた値は，［(4)　**イ．不偏分散**］である．また，サンプルデータの最大値から最小値を引いた値は，［(5)　**オ．範囲**］である．

偏差平方和は

$(測定値-平均値)^2$

の総和である．表 1.B の各サンプルデータについて計算した結果は，右表のようになる．したがって，偏差平方和は

測定番号	測定値	$(測定値-平均値)^2$
1	2.0	$(2.0-4.4)^2=5.76$
2	3.0	$(3.0-4.4)^2=1.96$
3	4.0	$(4.0-4.4)^2=0.16$
4	4.0	$(4.0-4.4)^2=0.16$
5	4.0	$(4.0-4.4)^2=0.16$
6	5.0	$(5.0-4.4)^2=0.36$
7	5.0	$(5.0-4.4)^2=0.36$
8	5.0	$(5.0-4.4)^2=0.36$
9	6.0	$(6.0-4.4)^2=2.56$
10	6.0	$(6.0-4.4)^2=2.56$

$$5.76+1.96+0.16+0.16+0.16+0.36+0.36+0.36+2.56+2.56$$

$= ［(6)　$**エ．** $14.4］．$

また，範囲は

範囲 ＝ 最大値 − 最小値 ＝ 6.0 − 2.0 ＝ ［(7)　**ウ．** 4.0］

☞ 1.4 節 1，2，5

【問 5】 データ及び基本統計量についての混合問題である．

(解答) (1) **ウ**　(2) **イ**　(3) **ク**　(4) **キ**　(5) **ア**　(6) **イ**　(7) **カ**　(8) **キ**
(9) **カ**　(10) **イ**　(11) **ア**

① 品質管理を適切に行うためには，［(1) **ウ．事実**］を数値に変換したデータを判断の根拠とすることが大切である．品質管理は，経験や勘といった曖昧で主観的な要素だけで判断することを排除し，客観的な「事実による管理」を強く求める．ただし，経験を一切排除するものではないことに注意．経験の重要性を踏まえつつ，主観的な要素「だけ」で行う判断を排除する．

☞ 1.1 節 2

② 事実に基づく管理のことを，［(2) **イ．ファクトコントロール**］ともいう．

☞ 1.1 節 2

③ データの収集を行いたい全体を示すものを［(3) **ク．母集団**］といい，母集団の一部を抜き出したものを［(4) **キ．標本**］またはサンプルという．

☞ 1.1 節 5

④ データの分布の中心を表す統計量には，［(5) **ア．平均値**］，［(6) **イ．中央値**］，［(7) **カ．最頻値**］がある．平均値は個々のデータの総和をデータ数で割った値，中央値は測定したデータを大きさの順に並べ替えたときに中央に位置する値，最頻値はデータの中で最も多く現れる値である．

☞ 1.3 節 1

⑤ データの分布のばらつきを表す統計量で最も簡易的なものは，データの最大値から最小値を引いた［(8) **キ．範囲**］である．☞ 1.4 節 1

⑥ $(測定値-平均値)^2$ の総和は［(9) **カ．偏差平方和**］である．また，$\dfrac{偏差平方和}{データ数-1}$ で計算される値は［(10) **イ．不偏分散**］であり，$\sqrt{不偏分散}$ で計算される値は［(11) **ア．標準偏差**］である．☞ 1.4 節 1

手法分野

2章 QC七つ道具①

様々な図表の
特徴や見方を
学習します

実践分野	QC的なものの見方と考え方 8章			
	品質とは 9章	管理とは 10章	源流管理 11章	工程管理 12-13章
			日常管理 14章	方針管理 14章

実践分野に
分析・評価を提供

手法分野	収集計画 1章	データ収集 1章	計算 1章	分析と評価 2-7章

2.1 QC 七つ道具の概要

1 QC七つ道具の位置付け

1章では，データ活用手順のうち，収集計画から計算までを解説しました．2章から7章では，次のステップの分析を扱います．

分析とは，現状や傾向を知るための活動です．この分析を行うために便利なのが，QC七つ道具です（**図 2.1**）．

QC七つ道具は，2章と3章に分けて解説します．

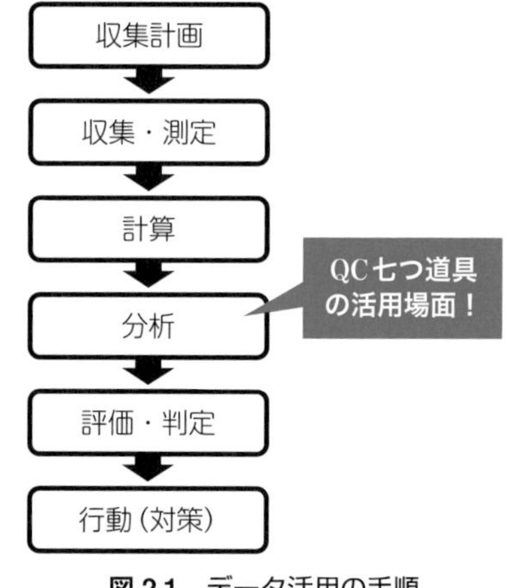

図 2.1　データ活用の手順

2 QC七つ道具の特色

「QC」はQuality Control（品質管理）の頭文字を取った語です．**QC七つ道具**とは，文字どおり，品質管理でよく使う7つの道具のことです．QC七つ道具の特色は，データの傾向を視覚化（見える化）し，誰にでもわかりやすくしていることです．

3 QC七つ道具の概要

2章と3章の重要ポイントを，**表 2.1** にまとめました．手法名・概念図・内容をセットで押さえましょう．

表 2.1 QC 七つ道具

手法名	概念図	内容
チェックシート (2.2 節)		不具合の出現状況を把握する為のデータの記録，集計，整理をするための方法. • 記録・調査用 • 点検・確認用
グラフ (2.3 節)		データを図形に表し，数量の大きさや割合，数量が変化する状態をわかりやすくする方法.
パレート図 (2.4 節)		重要な問題や原因が何であるか，**重点化**のための方法.
ヒストグラム (3.1 節)		データの**ばらつき具合**を捉えるための方法. • 分布の形状 • 規格との比較（平均値，C_p）
散布図 (3.2 節)		「対」になったデータ間の関係をつかむ方法. • 相関分析 • **代用特性の探索**
特性要因図 (3.3 節)	特性	**特性**（結果）と**要因**（原因）の関係を整理する方法. • 4M：人，機械，材料，方法 • ブレーンストーミング（批判禁止）
層別 (3.4 節)	全データ グループA グループB グループC	データの共通点やクセなどに着目し，同じ共通点や特徴を持ついくつかの**グループ**に分けて原因の糸口を見つけるための方法.

2.2 チェックシート

出題頻度 ★★★

1 チェックシートとは

チェックシートとは，目的に合ったデータが簡単にとれ，また整理しやすいように，あるいは，点検・確認項目が合理的にチェックできるように，あらかじめ設計してある記入様式です．

チェックシートは，大きく，調査用（記録用），点検用（確認用）に分類できます．

2 チェックシートの特色

チェックシートには，次のような特色があります．

- **正しいデータを簡単に収集するための工夫がある**
  品質管理では，事実（データ）に基づく管理が重要です（1.1節）．多忙な現場にデータ収集を依頼することになるので，簡単に，漏れやミスなくデータ収集ができるようにするために，あらかじめ調査項目を記入します．
- **QC七つ道具はチェックシートから始まる**
  QC七つ道具はデータ分析の道具ですが，チェックシートは，データ分析の前提となるデータの収集や分析後の検証の場面で活用します．そのため，他のQC七つ道具との組合せで用いることが多くなります．

3 チェックシートの種類と使い方

チェックシートの種類と使い方は，**表2.2**のとおりです．出題頻度が高い箇所なので，名称，用途，図表の形をしっかりと把握することが必要です．

チェックシートは記録として残すため，データとしての履歴がわかるように，5W1Hを含む項目を記載する欄を作成しておくことが大切です．

表 2.2 チェックシートの種類

名称と用途	図表例
不適合項目調査用チェックシート 工程で，どのような不適合項目が，どれくらい発生しているかを調べるために用いる．	（下表1）
不適合要因調査用チェックシート 原材料別，機械別，作業者別，作業方法別などの項目別に，不適合発生数を採取するために用いる．	（下表2）
不適合位置調査用チェックシート 不適合が発生している位置を明確にするために用いる．	不適合の位置を特定「×」
度数分布調査用チェックシート 計量値データをいくつかの区間に分け，各区間の出現度数をカウントし，ばらつき状態を調べるために用いる．ヒストグラムの作成に向けたデータ収集で利用する．	（下表3）
点検・確認用チェックシート 設備管理に必要な点検を，漏れなく確実に行うために用いる．	（下表4）

表1（不適合項目調査用）

不適合項目	月	火
A	卌	////
B	/	///

表2（不適合要因調査用）

作業者	月	火
A	○○	○○□
B	□	□□

不適合要因　○キズ，□汚れ

表3（度数分布調査用）

区間	度数	
78.25−78.75	卌 ////	
78.75−79.25	卌 卌	///

表4（点検・確認用）

点検項目		8/1	8/2
タイヤ	空気圧	✓	
	損傷	✓	

攻略の掟

其の壱　チェックシートの名称，用途，図表の形を押さえるべし！

2.3 グラフ

出題頻度

1 グラフとは

グラフは，QC 七つ道具の中でも最も身近なもので，数値データを目的に応じて図解し，データの全体像をわかりやすく表現します．グラフの特色は何といっても簡単に作成できることです．

グラフには，折れ線グラフ，円グラフ，棒グラフなどいくつかの種類があり，それぞれのグラフの特徴に合わせ，目的によって使い分けをします．代表的なグラフとその特徴は，次のとおりです．

2 代表的なグラフの種類と特徴†

折れ線グラフ：目的は時系列による変化を見ること

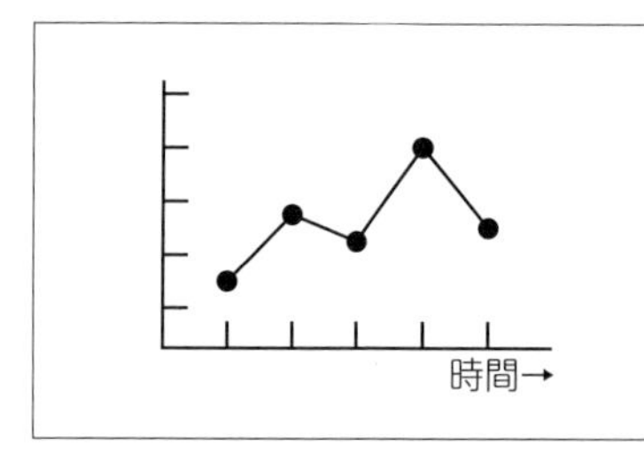	• 折れ線グラフは，横軸に年や月といった時間を，縦軸に数量をとり，それぞれのデータを折れ線で結んだグラフです． • 時系列（時間の流れ）によるデータの増減を見るのに適しています．

棒グラフ：目的はデータの大小を比較すること

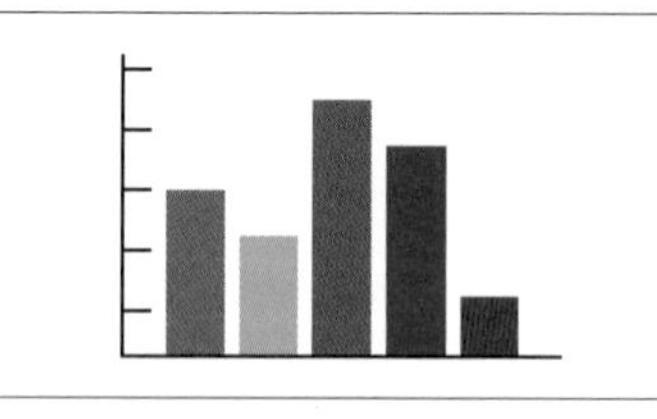	• 棒グラフは，縦軸に数量をとり，棒の高さでデータの大小を表したグラフです． • データの大小が，棒の高低だけでわかるので，データの大小を比較するのに適しています．

† 「なるほど統計学園」，総務省統計局の Web サイトを改変
http://www.stat.go.jp/naruhodo/c1graph.html

円グラフ：目的は構成比を明らかにすること

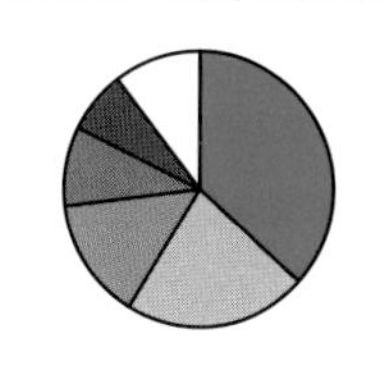

- 円グラフは，円を全体として，その中に占める構成比を扇形で表したグラフです．
- 扇形の面積により構成比の大小がわかるので，構成比を表すのに使われます．データは時計回りに大きい順に並べます．

帯グラフ：目的は構成比を比較すること

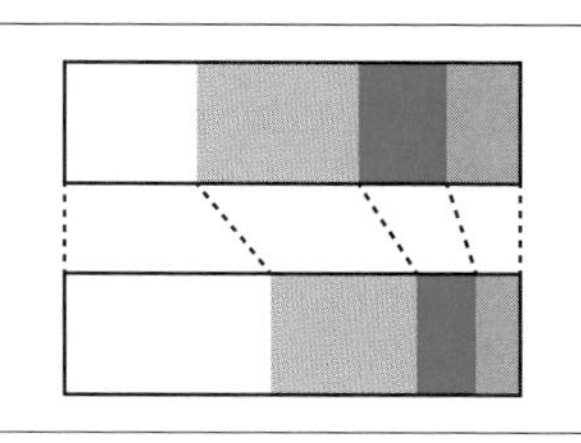

- 帯グラフは，長さをそろえた棒を並べ，それぞれの棒の中に構成比を示すグラフです．
- 構成比を比較するのに最適です．

レーダーチャート：目的は全体傾向の把握や競合比較

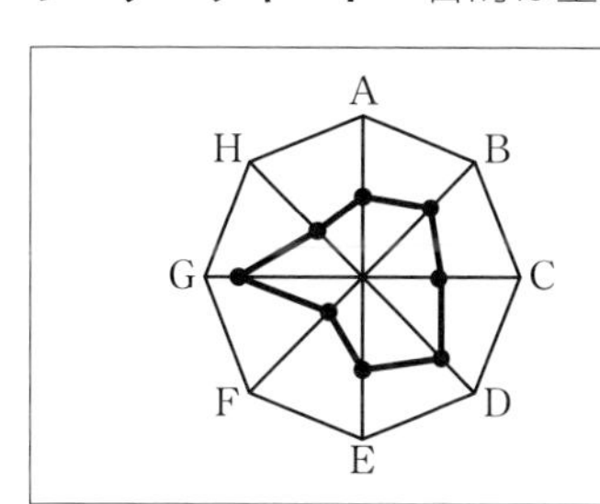

- レーダーチャートは，複数のデータ（指標）を1つのグラフに表示することにより，全体の傾向をつかむのに用いられるグラフです．
- 競合との優劣を比較するのに最適です．

ガントチャート：目的は日程計画や進捗管理をすること

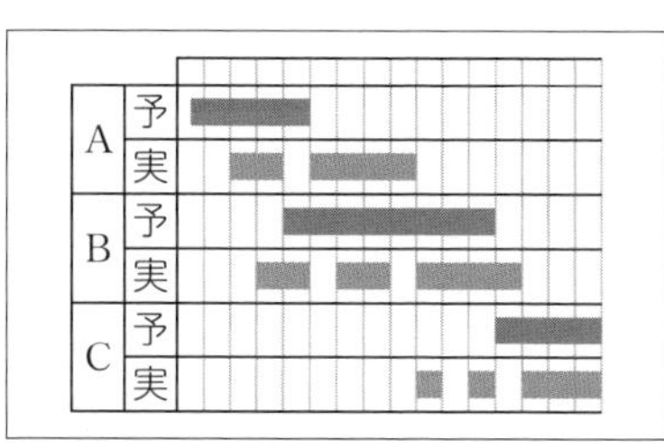

- ガントチャートは，縦軸に項目，横軸に日付をとり，計画と実績の関係を棒や線で表したグラフです．
- 日程計画や進捗管理に適しています．

攻略の掟

- **其の壱**　グラフの名称，特徴を押さえるべし！

2.4 パレート図

出題頻度 ★★★

1 パレート図の特色

パレート図とは，不適合，故障，クレームなどの件数，損失金額などの現象や原因などを項目別に分類（層別という．3.4 節参照）し，出現頻度の大きい順に棒グラフで並べるとともに，累積比率を折れ線グラフで示した図です．

パレート図の特色は，次の 2 点が一目でわかることです．

- 影響が大きな項目の順番（出現頻度）
- 全体に占める割合（累積比率）

パレート図を活用した分析により，優先して行動（対策）すべき項目が視覚化（見える化）され，誰にでもわかりやすくなります．

2 パレート図は重点指向を反映

パレート図の基礎となる考え方は，「パレートの原則」と「重点指向」です．

パレートの原則とは，多くの項目があっても，結果に大きな影響を与えるのは 2，3 の項目であるという考え方です．経済学理論ですが，経済的な行為である品質管理にも適用でき，重点指向という用語で活用されています．

重点指向とは，限られた経営資源（例えば，時間，コスト，人数）のもとで問題解決を行う場合，結果に大きな影響を与える少数の要因を見つけ出し，この要因への対応を優先的に行うのが効率的（経済的）であるという考え方です．パレート図は，この重点指向の考え方を反映した分析図なのです．

3 パレート図の作成方法

パレート図は，次の手順で作成します．

手順❶ チェックシートを活用して生データを収集する

手順❷ データを原因や内容により分類（層別，3.4 節参照）**し，集計表（表 2.3）を作成する**

表 2.3 データ集計表

不適合項目	不適合数
塗装のムラ	20
ブツ	6
ボケ	2
凹凸	8
よごれ	21
ゆがみ	1
ピンホール	4
色違い	1
キズ	11
寸法違い	1
合計	75

手順❸ 分類したデータを整理し，パレート分析表（表 2.4）を作成する

- 集計表（表 2.3）の分類項目をデータ数の大きい順に並べ替えます．
- 項目数は 7 程度とし，それ以外は「その他」で 1 つにまとめます．
- 「その他」の項目は最後に配置します．

表 2.4 パレート分析表

番号	項目	不適合数	累積数	不適合品 %	累積 %
1	よごれ	21	21	28.0	28.0
2	塗装のムラ	20	41	26.7	54.7
3	キズ	11	52	14.7	69.3
4	凹凸	8	60	10.7	80.0
5	ブツ	6	66	8.0	88.0
6	ピンホール	4	70	5.3	93.3
7	ボケ	2	72	2.7	96.0
8	その他	3	75	4.0	100.0
合計		75	—	—	—

手順❹ グラフ用紙に縦軸と横軸を記入する

- 横軸には，左から右にデータ数の大きい順に分類項目を記入します．
- 左側の縦軸には，特性値である件数を記入します．
- 右側の縦軸には，累積比率（%）を記入します．

手順❺ 棒グラフを描く

棒と棒の間隔は開けないようにします．

手順❻ 累積比率の線（累積曲線，パレート曲線という）を記入する

折れ線グラフで記入します．終点は「100 %」です．

手順❼ 表題，収集期間，データ数の合計，作成日，作成者等を記入する

手順❽ 考察を行う

パレート図を読み取り，優先的に対策すべき項目などを記載します．

このような手順で作成されたパレート図は，**図 2.2** のようになります．

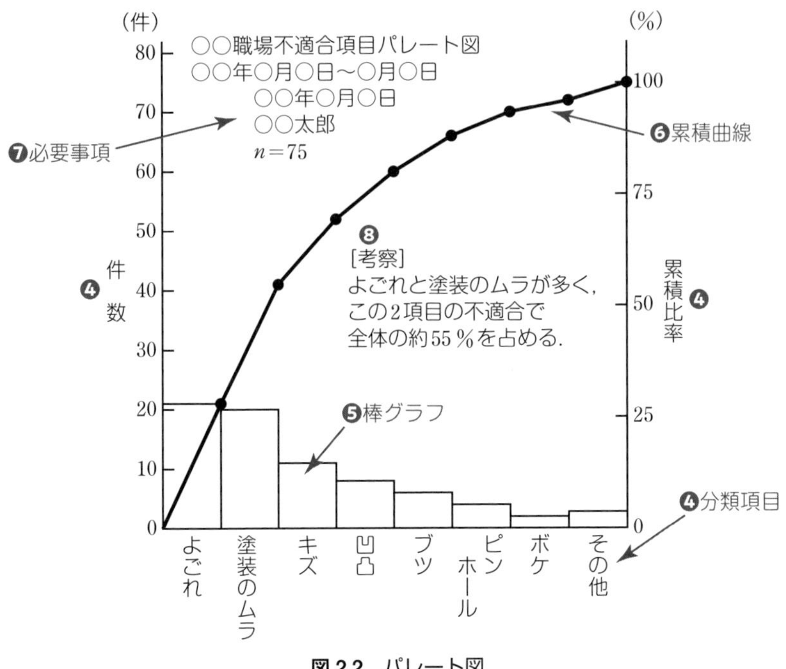

図 2.2　パレート図

4 パレート図の応用ポイント

パレート図の応用ポイントは，次のとおりです．

- 改善前後のパレート図を比較することで，改善効果を把握できます．この場合，件数の目盛をそろえることが大切です（**図 2.3**）．
- 原因別パレート図を活用すると，不適合品の発生や故障の原因の解決の糸口がつ

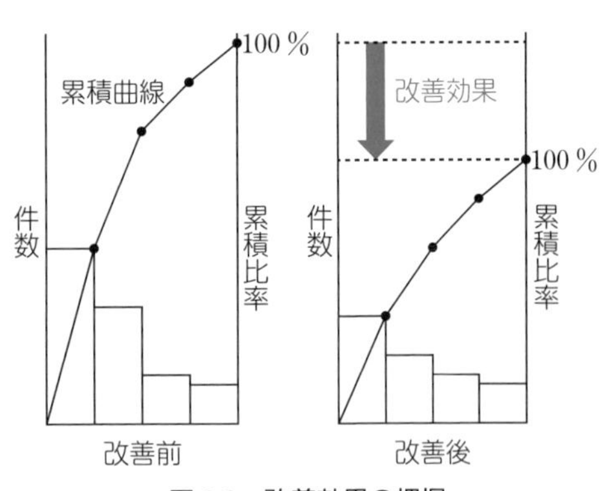

図 2.3　改善効果の把握

かめ，対策が立てやすくなります．

- 「その他」の項目がきわめて大きい場合には，重点化のねらいから外れているので，層別（3.4 節参照）や分類方法を再検討します．

攻略の掟

- **其の壱** パレート図の重点指向を理解すべし！
- **其の弐** パレート図の用語（累積曲線など）を押さえるべし！

理解度確認　問題

次の文章で正しいものには○，正しくないものには×を選べ．

① QC七つ道具は，データの傾向を視覚化（見える化）する特色がある．

② チェックシートは，事実としてのデータを漏れなく正しく収集するために便利な道具である．

③ チェックシートを大きく分類すると，通常は，調査用と記録用に分類される．

④ 不適合要因調査用チェックシートは，工程で，どのような不適合項目がどのくらい発生しているかを調べるために用いる．

⑤ 折れ線グラフの利用目的は，データの大小を比較することである．

⑥ 帯グラフの利用目的は，扇形の面積により全体に占める構成比を明らかにすることである．

⑦ レーダーチャートの利用目的は，車のデザインや燃費など，複数項目のデータを1つのグラフに表示することにより，全体の傾向を把握することである．

⑧ パレート図は，出現頻度の大きい順に横軸に分類項目を記入し，折れ線グラフで件数を示した図である．

⑨ パレート図は，分類項目が全体に占める割合（累積比率）を棒グラフで示した図である．

⑩ パレート図は，重点指向を反映する視覚図であり，データのばらつき具合を把握するのに最適である．

理解度確認　解答と解説

① **正しい（○）**．分析とは，データにより現状や傾向を把握する作業である．QC 七つ道具は，分析において視覚的に大きな効力を発揮する．

☞ 2.1 節 2

② **正しい（○）**．品質管理で重要な「事実に基づく管理」を行うには，データが漏れなく正しく収集されることが不可欠であり，この収集道具がチェックシートである．

☞ 2.2 節 2

③ **正しくない（×）**．チェックシートは大きく，調査用（記録用）と点検用（確認用）の 2 つに分類できる．

☞ 2.2 節 1

④ **正しくない（×）**．不適合要因調査用チェックシートは，原材料別，機械別などの項目別に不適合の発生数を調査するものである．なお，“どのような不適合項目がどのくらい発生しているかを調べる”のは，不適合項目調査用チェックシートである．

☞ 2.2 節 3

⑤ **正しくない（×）**．折れ線グラフの利用目的は，データの時系列による変化を見ることである．“大小を比較する”のは棒グラフである．

☞ 2.3 節 2

⑥ **正しくない（×）**．帯グラフの利用目的は，データの構成比を比較することである．“扇形の面積により全体に占める構成比を明らかにする”のは円グラフである．

☞ 2.3 節 2

⑦ **正しい（○）**．レーダーチャートの利用目的は，複数項目のデータを 1 つのグラフに表示することにより，全体の傾向を把握することである．

☞ 2.3 節 2

⑧ **正しくない（×）**．パレート図は，出現頻度の大きい順に横軸に分類項目を記入し，棒グラフで件数を示した図である．

☞ 2.4 節 1

⑨ **正しくない（×）**．パレート図は，分類項目が全体に占める割合（累積比率）を折れ線グラフで示した図である．

☞ 2.4 節 1

⑩ **正しくない（×）**．パレート図は，重点指向を反映する視覚図であり，優先して取り組むべき項目を見つけ出すために用いる．“データのばらつき具合を把握するのに最適”な道具は，ヒストグラムや散布図である．

☞ 2.4 節 2

練習 問題

【問 1】 QC 七つ道具に関する次の文章において，もっとも関連の深いものを下欄の選択肢からひとつ選べ．ただし，各選択肢を複数回用いることはない．

① 製造部品工程で発生している不適合品削減を目指して，手始めに工程内における不適合品の発生状況を把握したい場合． (1)

② 収集した製造部品の不適合発生測定データを，重点指向の考えに基づき，最も頻繁に発生している要因を改善対象として見つけ出したい場合． (2)

③ 取得した数値データについて，時間の経過とともに連続的な変化やその傾向を示したい場合． (3)

④ 取得した数値データの内訳を割合で示したい場合． (4)

⑤ ある作業における最善な方法を探し出すために，優秀なベテラン作業員4名の作業における強み（作業の速さ，作業の質，知識，技術，モチベーション）を5段階で評価し図表で示したい場合． (5)

【選択肢】

ア．レーダーチャート　イ．チェックシート　ウ．パレート図
エ．折れ線グラフ　オ．円グラフ

【問 2】 パレート図の作成手順に関する次の文章において，□内に入るもっとも適切なものを下欄の選択肢からひとつ選べ．

パレート図を作成するにあたりデータを収集し，目的に沿ってデータを集計したい．まずはデータの (1) 項目を決め，(1) 項目別にデータを集計する．データ集計の完了後，データを (2) 順に並べ替え，累積度数を計算した後に，(3) (%) を計算する．各 (1) 項目の件数を棒グラフで，(3) を折れ線グラフで表示して完成となるが，(4)，作成者，データ数の合計（$n=$ ○○）といった基本情報の記載も忘れてはならない．

【(1) の選択肢】ア．分類　　イ．特殊

【 (2) の選択肢】ア．小さい　　イ．大きい
【 (3) の選択肢】ア．確率　　イ．累積比率
【 (4) の選択肢】ア．作成日　　イ．ページ数

【問 3】 パレート図に関する次の文章において， 内に入るもっとも適切なものを下欄の選択肢からひとつ選べ．ただし，各選択肢を複数回用いることはない．

① 表 2.A の故障箇所データをもとにパレート図を作成するにあたり，故障原因件数の多い順に各故障原因項目を並べ替え，故障原因件数の累積度数，故障原因件数の百分率，累積百分率を計算し表 2.B を作成した．

表 2.A　故障箇所データ表

エアコン故障原因	電気系統故障	エアコンガス漏れ	冷却水減少／漏れ	フィルター汚れ	その他
件数	8	59	5	22	6

表 2.B　パレート図作成用データ表

エアコン故障原因	件数	累積件数	故障件数率	(2)
エアコンガス漏れ	(3)	59	59%	59%
フィルター汚れ	22	81	(5)	81%
(1)	8	(4)	8%	89%
冷却水減少／漏れ	5	94	5%	(6)
その他	6	100	6%	100%

【 (1) ～ (6) の選択肢】

ア．22 %　　イ．59 %　　ウ．89 %　　エ．94 %
オ．22　　カ．59　　キ．89　　ク．94
ケ．その他　　コ．累積度数　　サ．累積百分率　　シ．電気系統故障

② 次に，表 2.B のパレート図作成用データ表をもとに，図 2.A のパレートを作成した．

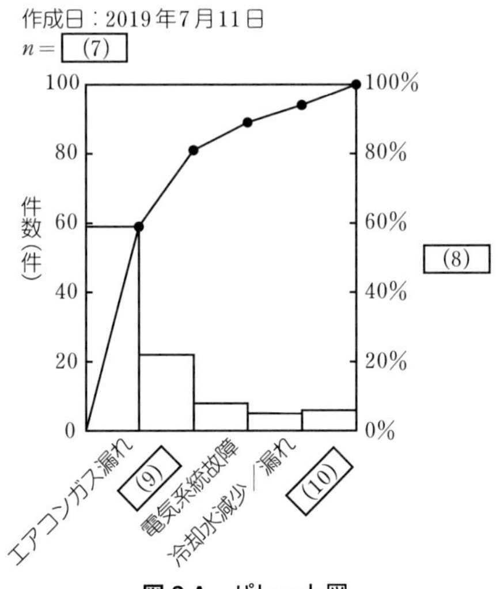

図 2.A　パレート図

【 (7) ～ (10) の選択肢】

ア．100％　　イ．累積度数　　ウ．フィルター汚れ

エ．100　　オ．累積百分率　　カ．その他

【問 4】 チェックシートのうち，次の①～④の説明に該当するチェックシートとしてもっとも適切なものを下欄の選択肢からひとつ選べ．ただし，各選択肢を複数回用いることはない．

① 製造工程が作業標準どおりに進められているかどうか，必要な作業項目の流れに従ってチェックするためのもの．　(1) チェックシート

② 不適合項目の発生箇所を記入したもので，チェックマークを入れるだけで不適合の発生箇所がつかめるもの．　(2) チェックシート

③ 不適合項目がどのような傾向で発生しているかを記入するためのもので，不適合が発生するたびに該当項目にチェックをするためのもの．

(3) チェックシート

④ 不適合品の発生状況を要因別に層別してチェックをするためのもの．

(4) チェックシート

【選択肢】

ア．不適合要因調査用　　イ．不適合位置調査用

ウ．点検・確認用　　エ．不適合項目調査用

【問 5】 チェックシートに関する次の文章において，［　　］内に入るもっとも適切なものを下欄の選択肢からひとつ選べ．ただし，各選択肢を複数回用いることはない．

表 2.C は，工程 A～D における，8 月 1 日～8 月 5 日の不適合品記録である．ただし，一部の数値は省略している．この間，不適合品の発生数が最多の工程は［(1)］，最少の工程は［(2)］である．また，この間，塗装汚れの不適合品数が最多の日は［(3)］，不適合品数が最多の項目は［(4)］であり，この間の不適合品数の合計は［(5)］である．

表 2.C　工程 A～D における，8 月 1 日から 8 月 5 日の間の不適合品記録

		8月1日	8月2日	8月3日	8月4日	8月5日	小計	合計
工程 A		○	○○○	○○	○	○○	9	31
		□□	□	□□□□	□	□□□	11	
		△		△△	△		4	
			×	××	×	×××	7	
工程 B		○○○	○○○	○	○○	○○		
		□□□	□	□□	□□	□□□		
		△△		△△	△△	△		
		×××	×××	×××	×××	××××		
工程 C			○○○○		○		5	
		□		□	□□	□	5	
		△△△△△	△△	△△	△△△	△	13	
		××	×	×	×	×	6	
工程 D		○○	○○	○○○	○○	○○○	12	44
		□□□	□□	□□□	□□□□	□□□	15	
		△△		△△	△△	△△	8	
		×		×××	××	×××	9	
小計	○	6	12	6	6	7	37	
	□	9	4	10	9	10	42	
	△							
	×	6	5	9	7	11	38	

（記号）○：キズ　□：ヒビ　△：塗装汚れ　×：その他

【選択肢】

ア．工程 A	イ．工程 B	ウ．工程 C	エ．工程 D
オ．キズ	カ．ヒビ	キ．塗装汚れ	ク．その他
ケ．8 月 1 日	コ．8 月 2 日	サ．8 月 3 日	シ．8 月 4 日
ス．8 月 5 日	セ．139	ソ．149	

練習　解答と解説

【問 1】QC 七つ道具についての問題である．問題文中のキーワードやキーフレーズから適切な QC 七つ道具を探し出す必要がある．

（解答）　(1) **イ**　(2) **ウ**　(3) **エ**　(4) **オ**　(5) **ア**

① 問題文の記述“不適合品の発生状況を把握したい”より，［(1)　**イ．チェックシート**］である．　☞ 2.1 節 3，2.2 節 2

② 問題文の記述“不適合発生測定データを，重点指向の考えに基づき，最も頻繁に発生している要因を改善対象として見つけ出したい”より，［(2)　**ウ．パレート図**］である．　☞ 2.1 節 3，2.4 節 2

③ 数値データの時間経過による変化やその傾向を示すことができるのは，［(3)　**エ．折れ線グラフ**］である．　☞ 2.1 節 3，2.3 節 2

④ 数値データの内訳を割合で示すことができるのは，［(4)　**オ．円グラフ**］である．　☞ 2.1 節 3，2.3 節 2

⑤ 作業員 4 名分の強み（作業の速さ，作業の質，知識，技術，モチベーション）を 5 段階で評価し，図表で示すことができるのは，［(5)　**ア．レーダーチャート**］である．　☞ 2.1 節 3，2.3 節 2

【問 2】パレート図の作成手順についての問題である．作成手順の大枠を押さえておく必要がある．

（解答）　(1) **ア**　(2) **イ**　(3) **イ**　(4) **ア**

パレート図の作成手順は，次のとおりである．

(1) データ集計の際には［(1) **ア．分類**］項目を決め，分類項目別にデータを集計する．
2.2 節 2，2.4 節 3

(2) データ集計後，データを［(2) **イ．大きい**］順に並べ替え，累積度数を計算する．
2.4 節 3

(3) 累積度数をもとに［(3) **イ．累積比率**］（%）を計算し，各分類項目の件数を棒グラフで，累積比率（%）を折れ線グラフで表示する．
2.4 節 3

(4) ［(4) **ア．作成日**］，作成者，データ数の合計（n = ○○）などの基本情報も記す．
2.4 節 3

【問 3】パレート図の作成手順について，具体例をもとに考える問題である．

(解答) (1) **シ** (2) **サ** (3) **カ** (4) **キ** (5) **ア** (6) **エ** (7) **エ** (8) **オ** (9) **ウ** (10) **カ**

① 表 2.A（故障箇所データ表）より，故障原因の件数の多い順に並べ替え，累積件数，故障件数率（%），累積百分率（%）を計算すると，表 2.B（パレート図作成用データ表）は次のようになる．
2.4 節 3

エアコン故障原因	件数	累積件数	故障件数率	［(2) **サ．累積百分率**］
エアコンガス漏れ	［(3) **カ．59**］	59	59%	59%
フィルター汚れ	22	81	［(5) **ア．22%**］	81%
［(1) **シ．電気系統故障**］	8	［(4) **キ．89**］	8%	89%
冷却水減少／漏れ	5	94	5%	［(6) **エ．94%**］
その他	6	100	6%	100%

② パレート図は次のようになる．
2.4 節 3

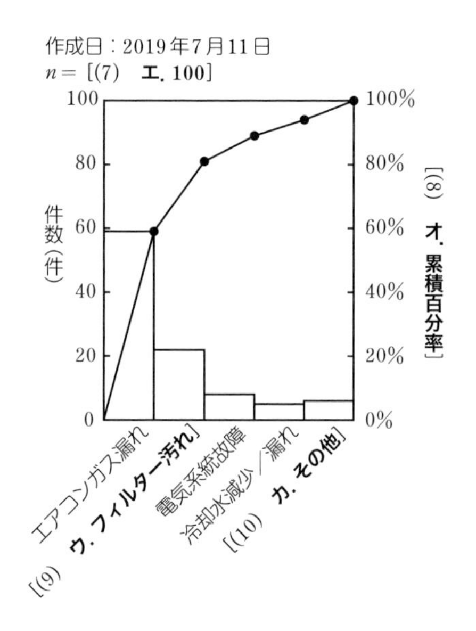

【問 4】チェックシートの種類についての問題である．

（解答） (1) **ウ**　(2) **イ**　(3) **エ**　(4) **ア**

(1)　製造工程が作業標準どおりに進められているかどうか，必要な作業項目の流れに従ってチェックするためのものは，［(1)　**ウ．点検・確認用**］チェックシートである．

☞ 2.2節 3

(2)　不適合項目の発生箇所を記入したもので，チェックマークを入れるだけで不適合の発生箇所がつかめるものは，［(2)　**イ．不適合位置調査用**］チェックシートである．

☞ 2.2節 3

(3)　不適合項目がどのような傾向で発生しているかを記入するためのもので，不適合が発生するたびに該当項目にチェックをするためのものは，［(3)　**エ．不適合項目調査用**］チェックシートである．

☞ 2.2節 3

(4)　不適合品の発生状況を要因別に層別してチェックをするためのものは，［(4)　**ア．不適合要因調査用**］チェックシートである．

☞ 2.2節 3

【問 5】 チェックシートの読み取りに関する問題である．

（解答） (1) **イ**　(2) **ウ**　(3) **ケ**　(4) **カ**　(5) **ソ**

まず，表2.Cで空欄となっている，工程Bの5日間の不適合数の小計，日々発生している△（塗装汚れ）の小計，工程Bでの合計，工程Cでの合計，そして全体の合計を記入すると，次のようになる．

		8月1日	8月2日	8月3日	8月4日	8月5日	小計	合計
工程A		○	○○○	○○	○	○○	9	31
		□□	□	□□□□	□	□□□	11	
		△		△△	△		4	
			×	××	×	×××	7	
工程B		○○○	○○○	○	○○	○○	11	45
		□□□	□	□□	□□	□□□	11	
		△△		△△	△△	△	7	
		×××	×××	×××	×××	××××	16	
工程C			○○○○		○		5	29
		□		□	□□	□	5	
		△△△△△	△△	△△	△△△	△	13	
		××	×	×	×	×	6	
工程D		○○	○○	○○○	○○	○○○	12	44
		□□□	□□	□□□	□□□□	□□□	15	
		△△		△△	△△	△△	8	
		×		×××	××	×××	9	
小計	○	6	12	6	6	7	37	149
	□	9	4	10	9	10	42	
	△	10	2	8	8	4	32	
	×	6	5	9	7	11	38	

（記号）○：キズ　□：ヒビ　△：塗装汚れ　×：その他

上表をもとに，8月1日～8月5日の間に関する各空欄の内容を考えていく．

(1)，(2)　不適合品の発生数が最多の工程は［(1)　**イ．工程B**］（45件），最少の工程は［(2)　**ウ．工程C**］（29件）である．　☞2.2節 3

(3)　塗装汚れの不適合品数が最多の日は［(3)　**ケ．8月1日**］（10件）である．
☞2.2節 3

(4)　不適合品数が最多の項目は［(4)　**カ．ヒビ**］（42件）である．
☞2.2節 3

(5)　不適合品数の合計は［(5)　**ソ．149**］である．　☞2.2節 3

手法分野

3章 QC七つ道具②

様々な図表の
特徴や見方を
学習します

<table>
<tr><td rowspan="3">実践分野</td><td colspan="4">QC的なものの見方と考え方　8章</td></tr>
<tr><td rowspan="2">品質とは
9章</td><td rowspan="2">管理とは
10章</td><td>源流管理 11章</td><td>工程管理 12-13章</td></tr>
<tr><td>日常管理 14章</td><td>方針管理 14章</td></tr>
</table>

実践分野に
分析・評価を提供

手法分野	収集計画 1章	データ収集 1章	計算 1章	分析と評価 2-7章

3.1 ヒストグラム

出題頻度 ★★★

1 ヒストグラムとは

ヒストグラムとは，横軸にデータの区間，縦軸に各区間に属するデータの個数（度数といいます）をとって棒グラフにしたものです（**図 3.1**）.

ヒストグラムを描くことにより，**母集団の中心の位置やばらつきの大きさ（分布）が一目でわかる**ようになり便利です．また，規格値を記入することにより不適合品発生の有無も推測することができます（図 3.1 の右図）.

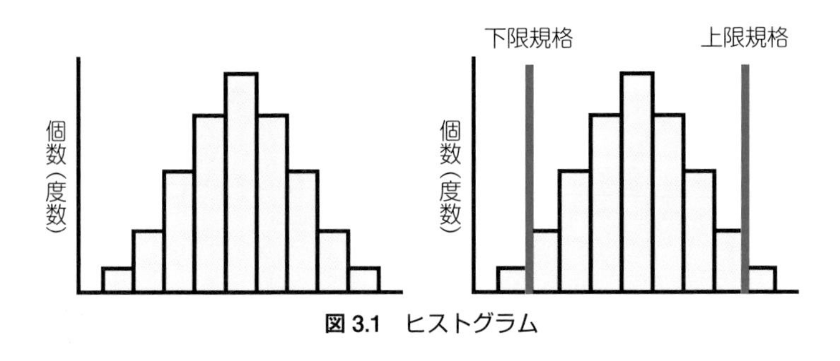

図 3.1　ヒストグラム

2 ヒストグラムの特色

品質管理の役割は，ばらつきの最小化による適合品の安定供給です（顧客満足）．ねらい値に対するずれやばらつきは必ず発生し，なくなることはありません．それでも企業は，不適合品の流出を防止しなければなりません．ですから最小化が必要なのです.

完成品に対する最小化の範囲は事前に決めてから製造します．例えば，100±2 mm という場合，ねらい値（中心の位置）が 100 mm，上限が 102 mm，下限が 98 mm です．この範囲内であれば適合品となります．はみ出たら不適合品です．この上限から下限の範囲のことを**公差**といいます.

測定データだけでは完成品の傾向を把握することは困難ですが，ヒストグラムを作成しデータを視覚化することで，完成品は公差の範囲内で安定しているのか，ばらつきの程度により不適合品がどの程度発生しているのか等が，誰にでも一目でわかるようになります．これがヒストグラムの大きな特色です．

ヒストグラムの特色を整理すると，次のようになります．

- 分布の中心位置からのずれを把握できる
- 分布のばらつきの大きさを把握できる
- 公差からはみ出す不適合を把握できる

また，ヒストグラムの形状による特徴は，**図 3.2** のように整理できます．不適合は，ずれが大きくてばらつきが小さい場合（図 3.2(b)）や，ずれがなくてもばらつきが大きい場合（図 3.2(c)）でも発生します．ずれとばらつきの両方の把握は，製品の安定供給を目指す品質管理にとって重要です．

(a) **標準のヒストグラム**

規格に対してばらつきが小さく，平均値も規格の中心にあり，最も望ましい状態．

(b) **中心からずれがある場合**

ばらつきの程度は (a) と同じだが，中心の位置が左にずれ，不適合が発生している．中心の位置を規格の中心にもっていく必要がある．

(c) **ばらつきが大きい場合**

中心の位置は (a) と同じだが，ばらつきが大きすぎるために不適合が発生している．ばらつきを小さくする必要がある．

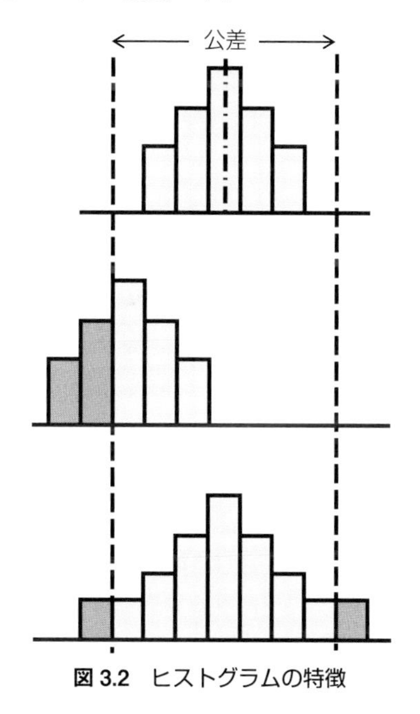

図 3.2　ヒストグラムの特徴

3 ヒストグラムの作り方

ヒストグラムの作成手順を，次の例を通して理解しましょう．手順に加え，図の用語も出題されますので注意してください．

【例】表 3.1 は，S 社が製造した部品の厚さ寸法である．このデータを用いて，ヒストグラムを作成せよ．

表 3.1　部品の厚さ（単位：mm）

101.4	96.4	99.0	104.9	99.7
94.7	93.9	100.5	97.0	100.0
101.6	95.6	96.6	97.5	98.2
100.3	100.8	99.9	96.6	99.6
98.5	99.8	104.6	102.9	100.4
104.5	107.0	97.8	95.8	102.6
97.6	101.8	103.1	102.0	107.5
106.8	104.1	98.8	97.1	101.9
95.6	94.5	98.1	97.1	97.3
100.1	100.2	93.9	93.2	107.3

手順❶　データを収集する（50〜100 個以上が望ましい）

この例では，収集結果は表 3.1 のとおりです．

手順❷　データの最大値と最小値を探す

この例では，表 3.1 から，最大値 ＝107.5，最小値 ＝93.2 です．

手順❸　区間（柱）の数を決める（図 3.3）

区間の数は $\sqrt{\text{データ数}}$ を目安とし，整数に丸めます．

この例では，データ数は 50 なので，$\sqrt{\text{データ数}} = \sqrt{50} = 7.0\cdots$ より，区間の数は 7 を目安とします．

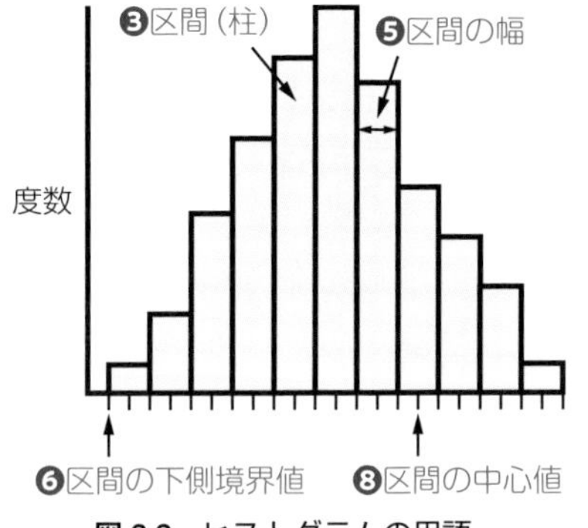

図 3.3　ヒストグラムの用語

手順❹　測定単位を把握する

測定単位とは，データ測定の最小単位（最小の刻み）です．

この例では，表 3.1 から，測定単位は 0.1 です．

手順❺　次の式によって，区間の幅を決める（図 3.3）

$$\text{区間の幅} = \frac{\text{最大値} - \text{最小値}}{\text{区間の数}}$$

区間の幅の数値は，測定単位の整数倍とします．その場合，上式の右辺の計算結果に近い方の数値とします．

この例では

$$\frac{\text{最大値} - \text{最小値}}{\text{区間の数}} = \frac{107.5 - 93.2}{7} \fallingdotseq 2.04$$

であり，測定単位 0.1 の整数倍で，最も 2.04 に近い数値を区間の幅とするので，区間の幅は $0.1\times 20=2.0$ です．

手順❻ 次の式によって，最初の区間の下側境界値を決める（図 3.3）

$$最初の区間の下側境界値 = 最小値 - \frac{測定単位}{2}$$

この例では

$$最初の区間の下側境界値 = 93.2 - \frac{0.1}{2} = 93.15$$

となります．

手順❼ 最初の区間の下側境界値（手順❻）から，区間の幅（手順❺）を順次加えた値を，各区間の境界値とする

最大値（107.5）を含む区間までを求めます．この例では

93.15～95.15，95.15～97.15，…，107.15～109.15

となります．

手順❽ 次の式によって，区間の中心値を求める（図 3.3）

$$区間の中心値 = \frac{区間の下側境界値 + 区間の上側境界値}{2}$$

この例では

$$最初の区間の中心値 = \frac{93.15+95.15}{2} = 94.15$$

であり，順次，他の区間についても中心値を計算します．

手順❾ 度数表を作成する

度数表は，チェックシート（2.2 節参照）の一つです．

この例では，**表 3.2** のようになります．

表 3.2 部品の厚さの度数表

区間	中心値	データ数	度数
以上 93.15 ～ 未満 95.15	94.15	////	5
95.15 ～ 97.15	96.15	//// ////	9
97.15 ～ 99.15	98.15	//// ////	9
99.15 ～ 101.15	100.15	//// //// /	11
101.15 ～ 103.15	102.15	//// ///	8
103.15 ～ 105.15	104.15	////	4
105.15 ～ 107.15	106.15	//	2
107.15 ～ 109.15	108.15	//	2

手順⑩ ヒストグラムを作成する

横軸に区間の境界値または中心値を記入します．また，縦軸には度数の目盛をとり，度数の柱を立てます．

ヒストグラムには，表題，データをとった期間，データ数（n），作成年月日，作成者，規格（公差）がある場合は規格値の線，判断（考察）等の必要事項も記入します．

この例では，**図 3.4** のようになります．

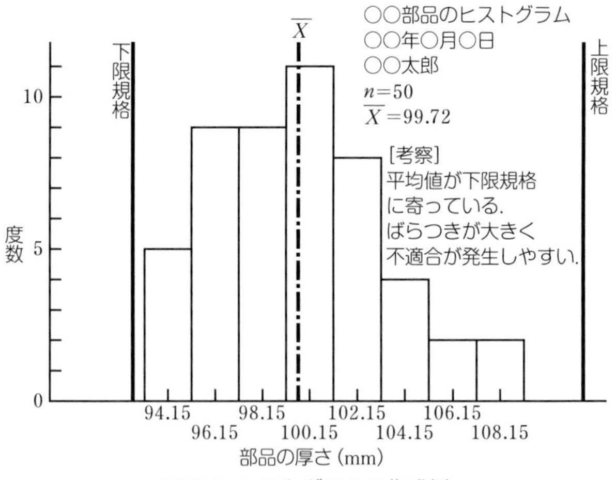

図 3.4 ヒストグラムの作成例

攻略の掟

- **其の壱** ヒストグラムの作り方と用語を押さえるべし！
- **其の弐** ヒストグラムの形状は，名称とキーワードで押さえるべし！

4 ヒストグラムの読み方

データに基づいて作成されたヒストグラムを見て，その姿・形から異常の有無を読み取ることができます．具体的には，**表 3.3** のとおりです．

表 3.3　ヒストグラムの形状とその解説

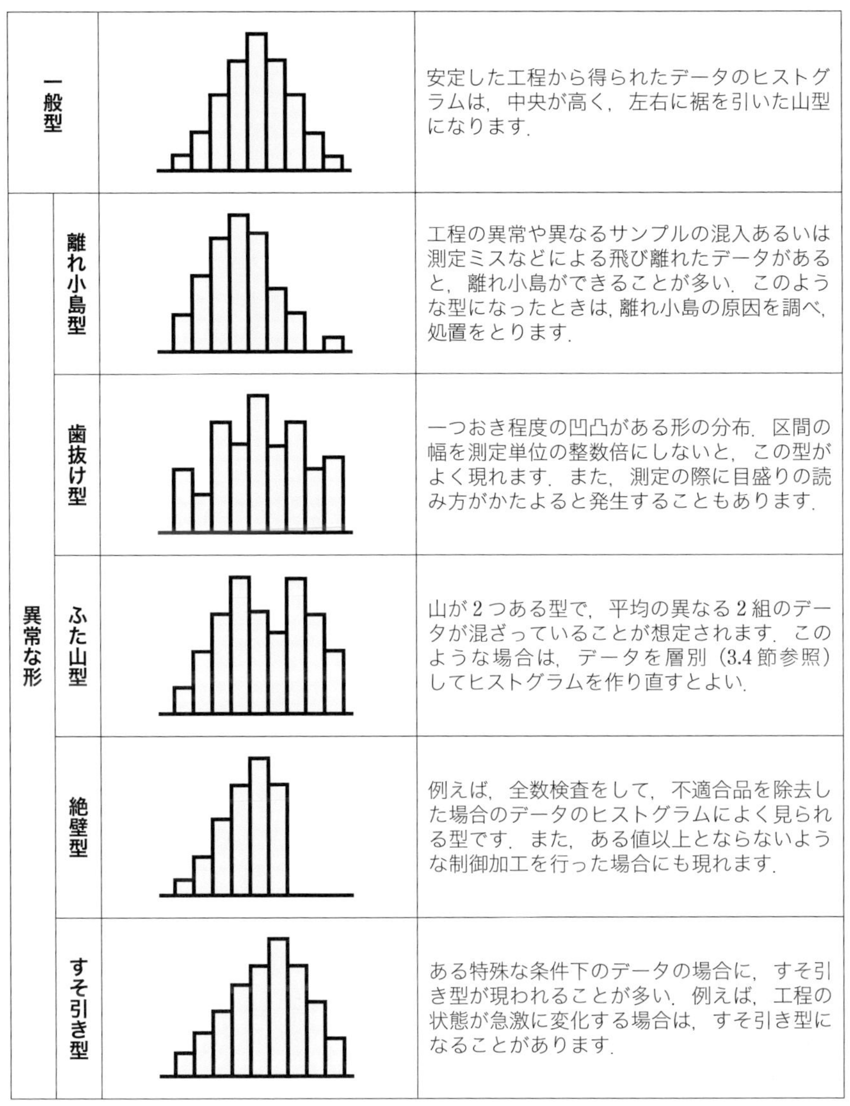

区分	型	形状	解説
一般型			安定した工程から得られたデータのヒストグラムは，中央が高く，左右に裾を引いた山型になります．
異常な形	離れ小島型		工程の異常や異なるサンプルの混入あるいは測定ミスなどによる飛び離れたデータがあると，離れ小島ができることが多い．このような型になったときは，離れ小島の原因を調べ，処置をとります．
	歯抜け型		一つおき程度の凹凸がある形の分布．区間の幅を測定単位の整数倍にしないと，この型がよく現れます．また，測定の際に目盛りの読み方がかたよると発生することもあります．
	ふた山型		山が 2 つある型で，平均の異なる 2 組のデータが混ざっていることが想定されます．このような場合は，データを層別（3.4 節参照）してヒストグラムを作り直すとよい．
	絶壁型		例えば，全数検査をして，不適合品を除去した場合のデータのヒストグラムによく見られる型です．また，ある値以上とならないような制御加工を行った場合にも現れます．
	すそ引き型		ある特殊な条件下のデータの場合に，すそ引き型が現れることが多い．例えば，工程の状態が急激に変化する場合は，すそ引き型になることがあります．

3.2 散布図

1 散布図の特色

散布図は，関連がありそうな 2 種類のデータをそれぞれ縦軸と横軸に配置し，データが交わるところに点を打って示す（「プロットする」といいます）グラフです．**2 種類のデータの相関関係の有無を調べる**のに非常に便利です．

例えば，ハンダゴテのコテ先温度とハンダづけ不適合品率になんらかの関係が得られたとします．これらのような対応する 2 種類のデータを，**図 3.5** のように散布図に描き，点のばらつき具合から，2 つの要因がお互いに関連していると考えられる場合は「相関関係がある」となります．散布図の作成により，特性に影響を与える要因を特定することができるのです．

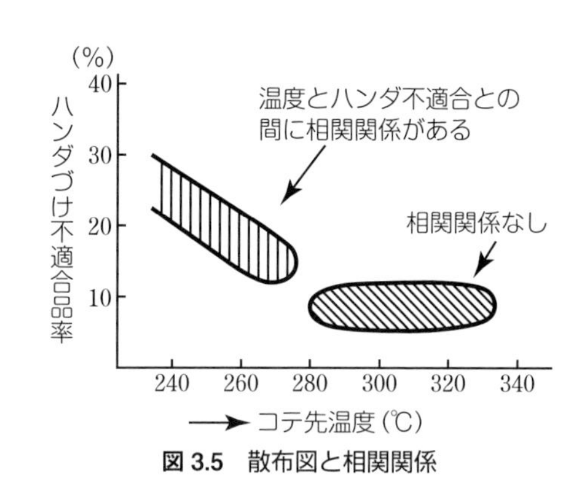

図 3.5　散布図と相関関係

2 散布図の作成手順

散布図の作成手順は，次のとおりです．

手順❶ **対応する 2 種類のデータを収集する**

手順❷ **2 種類のデータそれぞれの最大値と最小値を求める**

手順❸ **縦軸と横軸を設定する（2 種類のデータに要因と特性の関係がありそうならば，横軸に要因（原因）を，縦軸に特性（結果）を設定する）**

手順❹ **縦軸と横軸の長さがほぼ等しく（正方形に）なるように目盛を入れる**

手順❺ **データをプロットする**

手順❻ **件名，データ数，収集期間，作成者，作成日等の必要事項を記入する**

3 散布図の読み方

2 種類のデータを散布図に表すとき，両者の間に「直線的な関係」がある場合のことを，「相関関係がある」といいます．

直線的な関係には，次の 2 つの場合があります（**図 3.6**）．

- 一方が増加すると，他方が直線的に減少する傾向（**負の相関**がある）
- 一方が増加すると，他方が直線的に増加する傾向（**正の相関**がある）

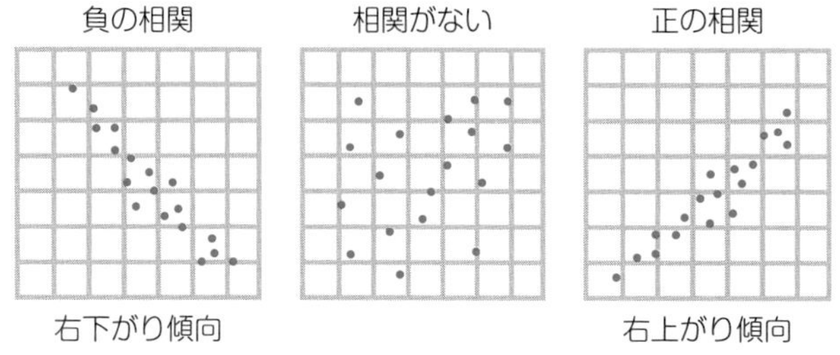

図 3.6　散布図の読み方

2 種類のデータに相関関係がある場合，一方を管理することで，他方を管理することができて便利です．ただし，相関関係は，必ずしも因果関係（一方が原因となって他方が起こる関係）を示すものではありません．

4 外れ値（異常値）に注意

散布図では，**図 3.7** のように集団から飛び離れた点などの外れ値（異常値）がある場合には，その原因を調べ，原因が判明すればその点を除いてから，相関を判定します．多くの場合，測定の誤りや作業条件の変更等といった，特別の原因があります．

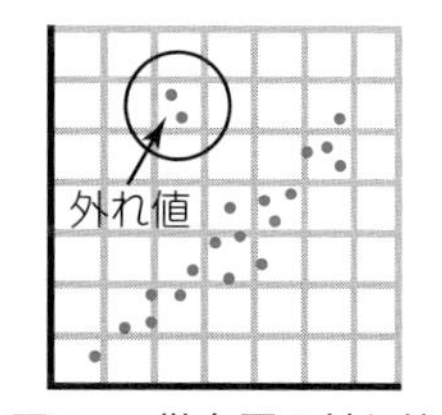

図 3.7　散布図の外れ値

攻略の掟

- **其の壱**　散布図は直線関係！を押さえるべし！
- **其の弐**　負の相関と正の相関の意味を押さえるべし！

3.3 特性要因図

1 特性要因図とは

特性要因図とは，「特性」とそれに影響を及ぼす可能性がある「要因」との関係を，分かりやすく系統的に整理した図のことです．特性要因図はその形が魚の骨に似ていることから，魚の骨図（フィッシュボーン）ともいいます．

ここでは，次の用語の理解が大切です．

- **特性**：問題点や解決したい結果
- **要因**：特性に影響を及ぼしている可能性があるもの
- **原因**：要因の中で，特性に影響を及ぼすと判明したもの

2 特性要因図のポイント

特性要因図のポイントは，次の 3 点です．

- **言語データの活用**
  特性要因図は，主に「言語データ」を活用し，要因を抽出します．他の QC 七つ道具が「数値データ」を主に活用する点と差異があります．
- **要因の抽出だけではなく，整理や予防にも活用**
  特性要因図は，要因を抽出するだけでなく，特性と要因の関係を整理し予防するためにも活用できます．
- **データに基づく検証が必要**
  特性要因図で抽出された要因は，原因となる可能性がある仮説にすぎないので，過去の出現頻度などデータによる検証を行うことが必要です．

3 特性要因図の作り方

図 3.8 に示す番号順に手順を解説します．特性要因図の作成手順も頻出の問題です．作成手順に関係するキーワード（太文字）を把握しましょう．

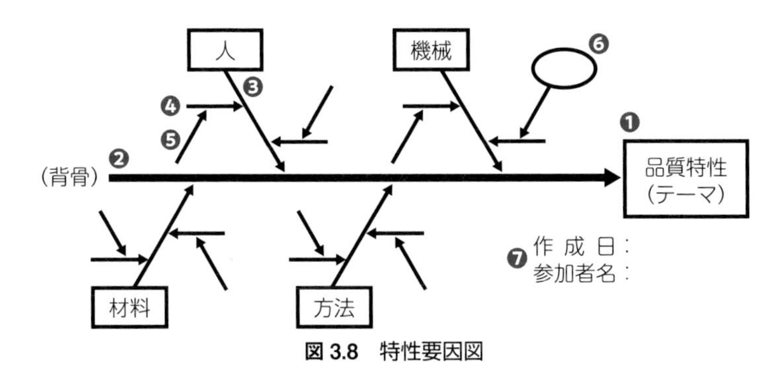

図 3.8　特性要因図

手順❶ 右端に特性を書き，四角の枠で囲む

特性は具体的に書きます．

手順❷ 左端から右端の枠に向けて，水平な太い矢印（背骨）を描く

手順❸ 大要因を決め，その大要因を，背骨の上下に分けて記し，四角の枠で囲み，背骨に向けて矢印（大骨）を描く

大要因が上手く決まらない場合には，「4 M（よんエム）」を利用します．4 M とは，一般的に製品・サービスの QCD（8.1 節 2 参照）を決定づける主要因とされる次の 4 要素のことです（12.5 節でも扱います）．

- 人（Man）：作業者の経験年数など
- 機械・設備（Machine）：保全状態など
- 材料（Material）：原材料や部品のメーカーなど
- 作業方法（Method）：作業標準など

手順❹ 大骨に対する発生要因を洗い出し，大骨に向けて矢印（中骨）を描く

手順❺ 中骨に対する発生要因を洗い出し，中骨に向けて矢印（小骨）を描く

中骨や小骨の洗い出しは，メンバー全員で**ブレーンストーミング**などにより“なぜ”を繰り返し，根本原因までさかのぼり，それぞれの要因を徹底的に洗い出します．この“なぜ”を繰り返す根本原因の探求手法は，「なぜなぜ分析」

といいます．なお，ブレーンストーミングとは，チームで議論をする場合にアイデアや意見が出しにくいときの発想法で，4つの基本ルールがあります．

- 善し悪しの批判はしない（批判厳禁）
- 自由で奔放（ほんぽう）なアイデアを歓迎する（自由奔放）
- 発言は，質よりも量を求める（多数歓迎）
- 他人のアイデアに便乗してよい（便乗結合）

洗い出した要因に漏れがないかは，メンバー全員でチェックします．具体的なアクションに着手できるまで要因展開を行うことが重要です．

手順❻　影響度の大きい要因を円で囲むことで，要因の重みづけ（優先順位づけ）を行い，他要因と明確に区別する

手順❼　標題，工程名，作成日，参加者名等の必要事項を記入する

4　特性要因図の使い方

特性要因図は，次のような場面に活用できます．

- **工程の解析や改善に活用**

  不適合の原因究明には重点指向のための手法である「パレート図」（2.4節参照）を併用することにより，影響の大きな真の原因を見つけ出し対策に繋げることができます．

- **日常管理に活用**

  特性要因図の作成により，特性と要因の関係を整理し明確にすることができるので，原因系の日常管理をしっかりと行うことができます．

- **教育・訓練に活用**

  特性要因図の作成により，関係者が保有するノウハウの共有化を図ることができます．これらのノウハウは，特性に対する作業ポイントとして新しい配属者への教育・訓練でも活用できます．

攻略の掟

- 其の壱　特性要因図の要因と特性の意味を理解すべし！
- 其の弐　特性要因図の作り方と用語を押さえるべし！

3.4 層別

1 層別とは

層別とは，データを要因に基づいて分類することです．データをとったときに条件が何か違っていれば，**グループ分け**をしてみよう，ということです．

層別されたデータを比較することによって，異常原因を発見するヒントを与えてくれることがあります．一方，層別されていないデータをいくら解析しても，何の手がかりも得られず，かえって誤った判断を下し問題を大きくしてしまう危険があります．

このように考えると，層別は他のQC七つ道具のように視覚化によって分析しやすくする手法（道具）というよりも，私たちがデータを扱うときに常にもっているべき**「重要な考え方である」**という方が適切と思えます．

2 層別の仕方

データを分ける要因としては，次のような例があります．初めの4つは，3.3節 3 で解説した4M（人，機械，材料，作業方法）です．

- 作　業　者：経験別，年齢別，男女別，班別など
- 機械・設備：機種別，号機別，新・旧別，治工具別など
- 材　　　料：メーカー別，製造ロット別，購入日別，産地別など
- 方　　　法：作業方法別，作業場所別，温度別，速度別など
- 時　　　間：時間別，月日別，曜日別，週別，季節別など
- 測　　　定：測定者別，測定器別，測定方法別など

3 層別に必要な履歴の確保

層別にあたり重要なことは，データを収集する際に使用する「チェックシー

ト」に，収集者，収集日時，使用した設備など，後からデータの層別ができるように調査項目として履歴を記載しておくことです．

4 ヒストグラムによる層別の活用

ある部品で規格上限を超えるものが発見されたため，ヒストグラムを作成したところ，**図 3.9** 左のような「ふた山型」の分布が得られたとしましょう．

「ふた山型」ということは，それぞれの「山」を形作るなんらかの根拠がありそうです．そこで，層別の必要があると判断し，納入会社別にヒストグラムを作成して，図 3.9 右のようなヒストグラムが得られたならば，B 社から購入した部品に寸法不適合が発生していることが判明します．ばらつきには問題はないのですが，平均値 $\overline{X}$ が高く，ねらいがずれているわけです．そこで，B 社に改善を依頼することになります．

このように，層別を活用することで，データの特徴がわかりやすくなります．

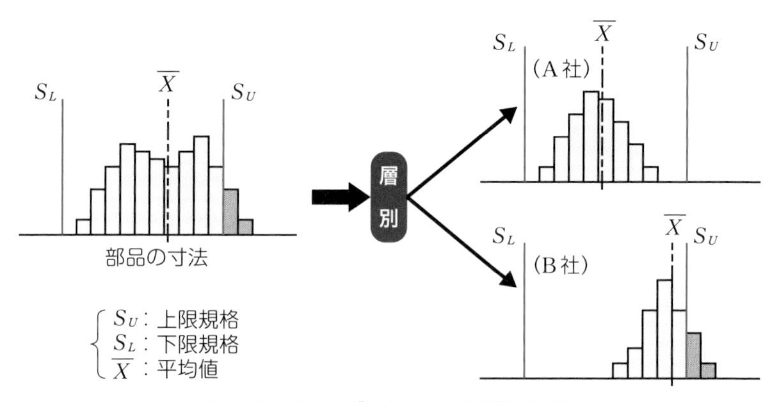

図 3.9 ヒストグラムによる層別の活用

5 散布図から分かる層別の必要性

散布図では相関があるように見えても，層別してみると相関がない場合があります．この現象は，**偽りの相関**または**疑似相関**といいます．

一般に，散布図から要因を把握することは，困難です．そこで，散布図の作成に際し，対応する 2 種類のデータの履歴をあらかじめ調べておき，層別因子がある場合には，**図 3.10** のように点の印を変えたり，色分けしたりするなどの工夫をしておくとよいことがわかります．

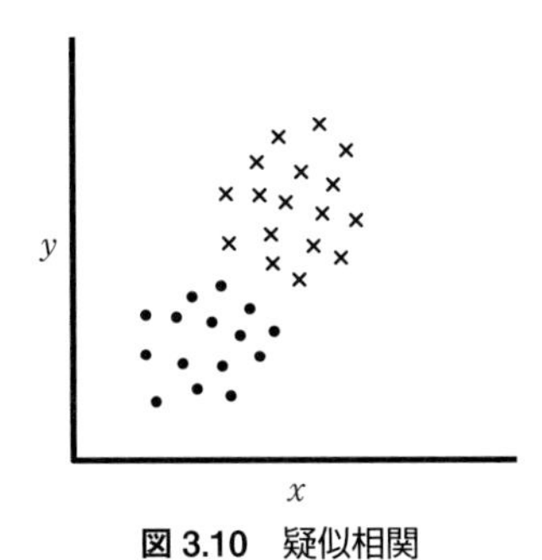

図 3.10　疑似相関

攻略の掟

其の壱　層別は全手法で使う「考え方」であることを理解すべし！

理解度確認 問題

次の文章で正しいものには○，正しくないものには×を選べ．

① ヒストグラムとは，横軸にデータの区間，縦軸に各区間に属するデータの個数（度数）をとって折れ線グラフにしたものである．

② ヒストグラムの特色は，優先して行動すべき項目を表すことができ，重点指向を反映しているということである．

③ ヒストグラムの歯抜け型は，異常なデータが入り込んでいる場合に現れる形である．

④ 散布図は，関連がありそうな 2 種類のデータをそれぞれ縦軸と横軸に配置し，データが交わるところに点を打って示すグラフである．

⑤ 散布図では，横軸方向に増加すると縦軸方向にも増加する場合を，負の相関があるという．

⑥ 特性要因図の特性とは，問題点や解決したい結果の原因のことである．

⑦ 特性要因図は，数値データを活用して要因を抽出するのが通常である．

⑧ 特性要因図で要因となる大骨を決める際には，4 M を活用するとよい．4 M とは，人，機械・設備，材料，モチベーションのことである．

⑨ ブレーンストーミングでは意見の質を重視するので，他人の意見の善し悪しは積極的に発言すべきである．

⑩ 層別とは，データを要因に基づいて分けることである．

理解度確認 解答と解説

① **正しくない（×）**．ヒストグラムは，横軸にデータの区間，縦軸に度数をとり，（折れ線グラフではなく）棒グラフにしたものである．☞ 3.1 節 1

② **正しくない（×）**．ヒストグラムの特色は，母集団の中心の位置やばらつきの大きさ（分布）を表すことである．重点指向を表すのはパレート図である．☞ 3.1 節 2

③ **正しくない（×）**．歯抜け型は，ヒストグラムの作成時に区間の幅を測定単位の整数倍にしない場合に現れる．異常なデータが入り込むと現れる形は離れ小島型である．☞ 3.1 節 4

④ **正しい（○）**．散布図は，関連がありそうな 2 種類のデータ間に相関関係があるか否かを調べるために用いる打点図（プロット図）である．☞ 3.2 節 1

⑤ **正しくない（×）**．散布図では，横軸方向に増加すると縦軸方向にも増加する場合を「正の相関がある」という．「負の相関がある」とは，横軸方向に増加すると縦軸方向に減少する場合である．☞ 3.2 節 3

⑥ **正しくない（×）**．特性要因図の特性とは，問題点や解決したい結果のことである．要因は，特性に影響を及ぼす可能性があるものであり，通常，複数が考えられる．☞ 3.3 節 1

⑦ **正しくない（×）**．特性要因図は，他の QC 七つ道具が主に数値データを活用するのと異なり，言語データを活用することが特色である．☞ 3.3 節 2

⑧ **正しくない（×）**．特性要因図の大骨設定で活用する「4 M」とは，人（Man），機械・設備（Machine），材料（Material），作業方法（Method）の頭文字からとった略語である．☞ 3.3 節 3

⑨ **正しくない（×）**．特性要因図の作成で活用するブレーンストーミングは，意見の質より量を重視するため，他人の意見の善し悪しの批判を禁止するのが基本ルールである．☞ 3.3 節 3

⑩ **正しい（○）**．層別とは，データを近い要因ごとにグループ分けすることである．他の道具は「視覚化」を特色とするが，層別はデータの扱いの「考え方」である．☞ 3.4 節 1

練習 問題

■練習では，本番に準じ，章をまたぐ内容も出題します．

【問 1】 ヒストグラムの作成に関する次の文章において，［　　］内に入るもっとも適切なものを下欄の選択肢からひとつ選べ．ただし，各選択肢を複数回用いることはない．

ヒストグラムを作成するためにデータを 50 個収集した．データの最大値は 12.9，最小値は 7.7，測定単位は 0.1 であった．

① 仮の区間の数は，［(1)］が目安となる．
② 区間の幅は，［(2)］とするのが妥当である．
③ 最初の区間の下側境界値は［(3)］となる．

【選択肢】

ア．0.5　イ．0.6　ウ．0.7　エ．5　オ．6
カ．7　キ．7.55　ク．7.65　ケ．7.70

【問 2】 特性要因図の作成に関する次の文章において，［　　］内に入るもっとも適切なものを下欄の選択肢からひとつ選べ．ただし，各選択肢を複数回用いることはない．

① 特性要因図は，仕事の結果である［(1)］に影響するさまざまな［(2)］を整理し，関連づけしてわかりやすく表したものである．
② 特性要因図を作成するときには，一般に，右側に［(1)］を書いて四角で囲み，それに向かって左から水平に太い矢印を書く．この太い矢印を［(3)］という．
③ 影響度の大きな要因には，他の要因と区別できるように丸で囲むなど［(4)］を行う．各要因間の影響度は，［(5)］のようにできるだけ客観的な事実に基づいて評価することが大切である．

【選択肢】

ア．関係者の勘　イ．重みづけ　ウ．背骨　エ．課題
オ．過去のデータ　カ．標準化　キ．大骨　ク．要因
ケ．代表者の思い　コ．特性　サ．子骨

【問 3】 ヒストグラムに関する次の文章において，[　　]内に入るもっとも適切なものを下欄の選択肢からひとつ選べ．ただし，各選択肢を複数回用いることはない．

ヒストグラムからは，母集団の中心の位置，ばらつきの大きさ，分布の形などにより様々なことが読み取れる．

① 中央が高く，左右対称に裾を引いた山型になるヒストグラムは，[(1)]といい，その図は[(2)]である．

② 工程の異常や異なるサンプルの混入，あるいは測定ミスなどにより本体よりも離れた位置に小さい山が描かれるヒストグラムの型を[(3)]といい，その図は[(4)]である．

③ 平均の異なる 2 種類のデータが混ざっていることが予想されるため，データを層別してヒストグラムを作り直す必要があると考えられる場合，もとのヒストグラムを[(5)]といい，その図は[(6)]である．

④ 区間の一つおきに度数が小さくなっているヒストグラムを[(7)]といい，その図は[(8)]である．

【[(1)][(3)][(5)][(7)]の選択肢】

ア．ふた山型　　イ．一般型　　ウ．歯抜け型　　エ．離れ小島型

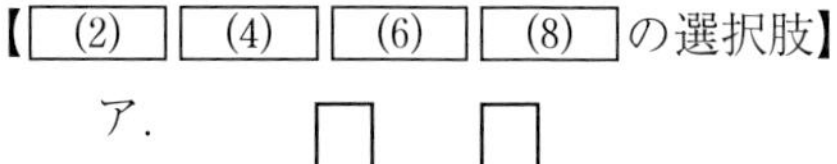

【[(2)][(4)][(6)][(8)]の選択肢】

ア．

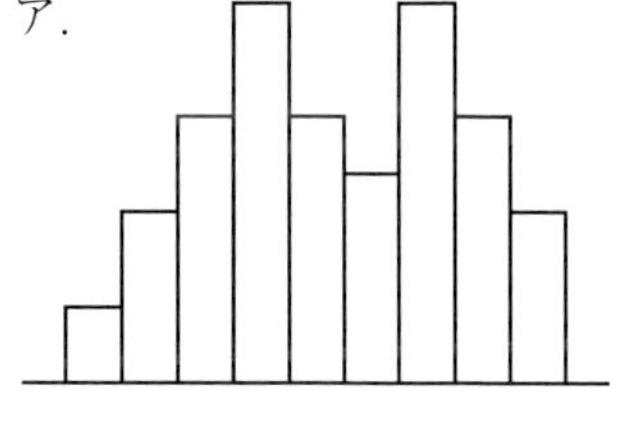

イ．

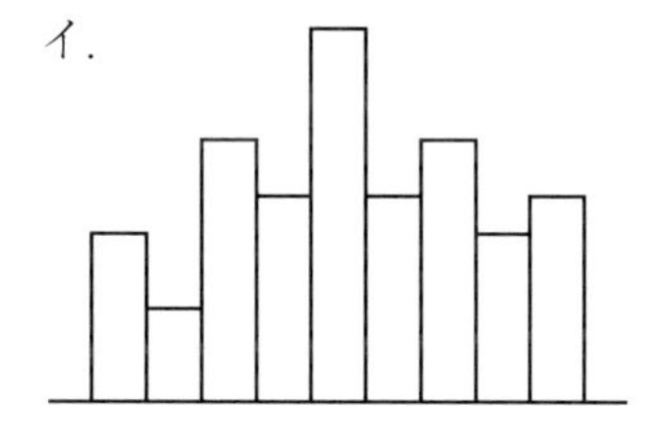

ウ．

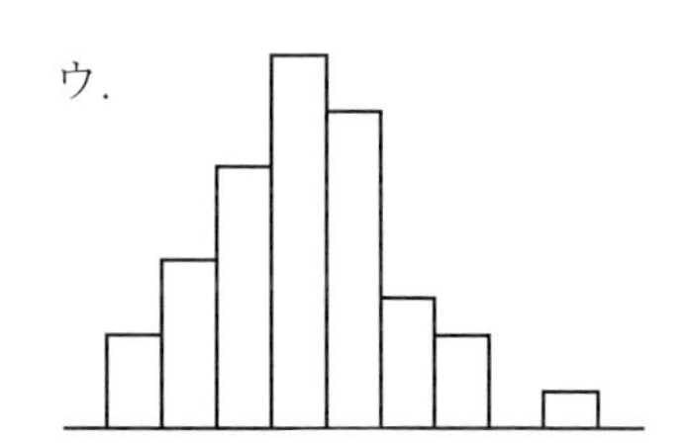

エ．

【問 4】 ある製品の寸法のヒストグラムについて説明した次の文章において，それぞれの状況に当てはまるもっとも適切なものを下欄の選択肢からひとつ選べ．ただし，各選択肢を複数回用いることはない．

① 寸法の平均を下げる必要がある．　(1)

② 寸法のばらつきを小さくする必要がある．　(2)

③ 寸法の平均を上げる必要がある．　(3)

④ 特に問題はない．　(4)

【選択肢】

ア．

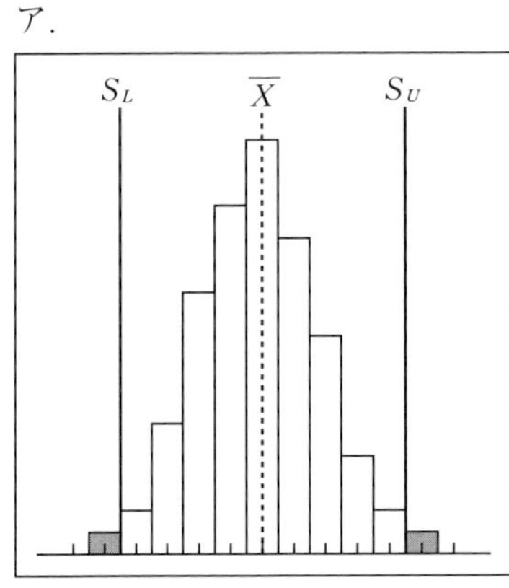

イ．

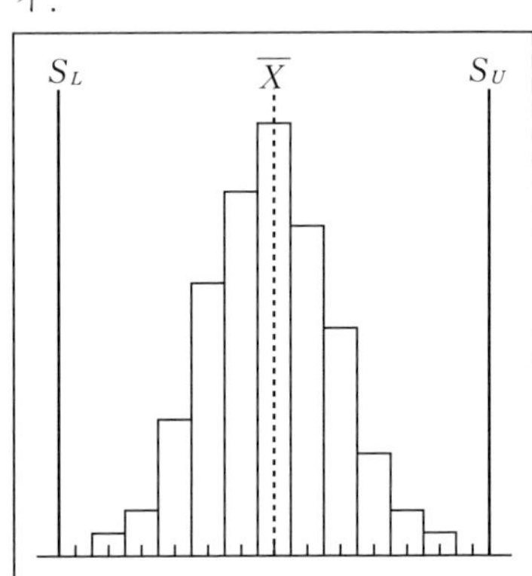

ウ．

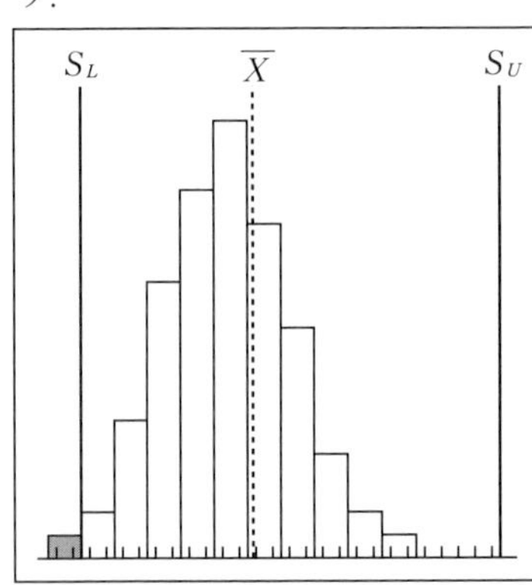

エ．

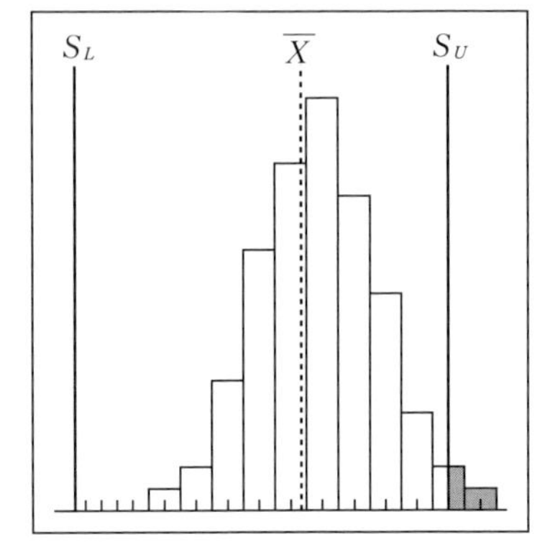

【問 5】 相関関係に関する次の文章において，□内に入るもっとも適切なものを下欄の選択肢からひとつ選べ．ただし，各選択肢を複数回用いることはない．

下記の表 3.A，表 3.B，表 3.C のように，x と y の対になった計量値データが得られた．これらをもとに散布図を作成し相関関係を考察した．

① 表 3.A では［(1)］と考えられ，相関係数は［(2)］に近い値をとる．
② 表 3.B では［(3)］と考えられ，相関係数は［(4)］に近い値をとる．
③ 表 3.C では［(5)］と考えられ，相関係数は［(6)］に近い値をとる．

表 3.A（単位 mm）

No.	1	2	3	4	5	6	7
x	7	3	2	5	4	1	6
y	8	4	2	6	3	1	5

表 3.B（単位 mm）

No.	1	2	3	4	5	6	7
x	1	4	2	6	5	3	7
y	4	5	7	2	1	2	6

表 3.C（単位 mm）

No.	1	2	3	4	5	6	7
x	1	4	2	6	5	7	3
y	8	5	7	2	3	0	4

【選択肢】

ア．x と y のデータは正の相関がある
イ．x と y のデータは負の相関がある
ウ．x と y のデータは無相関である
エ．−1
オ．0
カ．1

【問 6】 特性要因図に関する次の文章において，□内に入るもっとも適切なものを下欄の選択肢からひとつ選べ．ただし，各選択肢を複数回用いることはない．

工程管理や製品の品質改善を行うために工程分析を行い，[(1)]と要因との関係性を特性要因図により洗い出し，系統的に整理する．数名によって[(2)]を行い，抽象的な問題を具体化していく．抽出された要因はまず，[(3)]を議論し，後にデータを用いて検証することで意味のあるものになる．図の作成におけるポイントは，工程の[(4)]や解析がある程度の進捗がある段階で実施されることである．[(4)]や解析が行われていない段階で作成に着手してしまうと，要因の数が増えてしまい結果がぼやけたものになってしまうからである．

【選択肢】

ア．品質特性　イ．品質管理　ウ．ブレーンストーミング
エ．問責会議　オ．現状把握　カ．予測検証
キ．管理　ク．仮説

【問 7】 QC 七つ道具に関する次の文章において，もっとも関連の深いものを下欄の選択肢からひとつ選べ．ただし，各選択肢を複数回用いることはない．

① 同じ製品を製造している2つの工程において，不適合品の状況を調査するために結果を1つにまとめグラフを作成した．その結果，2つのグループに分かれていることが判明したため，2つの工程で別々にグラフを作成し，各々の工程における状態の違いや作業者の作業の仕方の違いなどを調べたい．[(1)]

② ある工程において焼入温度と製品の硬さの値を得ることができた．これらの値をプロットしたグラフを作成し，関係を調べたい．[(2)]

③ 毎日大量に入荷される部品から10個をランダムにサンプリングし，10日分のデータをグラフにした．そのグラフに規格値を書き込み，不適合の発生状況，データの分布の形状，ばらつき，中央値を調べたい．

[(3)]

④ 不適合品が多く出ている工程において，どのような不適合項目が多いのかを調べたい．そのため容易にデータ収集・整理ができるような道具を使用することにした．[(4)]

⑤ 不適合品を不適合の項目に分類しその数をまとめた．重点指向の考えに

則り，不適合項目の多い順にグラフ化することにした． (5)

【選択肢】

ア．ヒストグラム　イ．管理図　ウ．チェックシート　エ．層別
オ．特性要因図　カ．散布図　キ．パレート図

練習 解答と解説

【問 1】 ヒストグラムの作成に関する問題．最低限の計算手順の記憶が必要な箇所である．

(解答) (1) **カ**　(2) **ウ**　(3) **ク**

① データ数の平方根を求めて，その値に近い整数を，仮の区間の数とする．本問のデータ数 50 の平方根は $\sqrt{50}=7.07\cdots$ であるから，最も近い整数である［(1)　**カ．** 7］を仮の区間の数とする．

☞ 3.1 節 3

② 区間の幅は，データの範囲を仮の区間の数で割り，測定単位の整数倍に丸める．本問では，データの範囲は，最大値－最小値 $=12.9-7.7=5.2$ である から，$\dfrac{5.2}{7}=0.74\cdots$である．そこで測定単位は 0.1 であるから，その整数倍で 0.74…に最も近い値［(2)　**ウ．** 0.7］$(=0.1\times 7)$ を区間の幅とする．

☞ 3.1 節 3

③ 最初の区間の下側境界値は，最小値から測定単位の 1/2 倍を引いて求める．本問では，最小値$-\dfrac{\text{測定単位}}{2}=7.7-\dfrac{0.1}{2}=$ ［(3)　**ク．** 7.65］である．

☞ 3.1 節 3

【問 2】 特性要因図の作成に関する頻出の知識問題である．

(解答) (1) **コ**　(2) **ク**　(3) **ウ**　(4) **イ**　(5) **オ**

① 特性要因図は，結果として出現した問題点（特性という）について，問題

を発生させた原因を見つけるための道具である．そこで，仕事の結果である［(1)　**コ．特性**］に影響する［(2)　**ク．要因**］を整理し関連づける．

☞ 3.3 節 1

② 右側に書いた特性に向けて引く太い線は，［(3)　**ウ．背骨**］という．なお，骨の描く順に，背骨→大骨→中骨→小骨（子骨ではない）である．

☞ 3.3 節 3

③ 特性要因図は，具体的なアクションに直接結びつく要因まで書き込むので，主要因と考えられるものには，目立つように丸印などをつけて，［(4)　**イ．重みづけ**］を行う．この主要因は仮説にすぎないので，［(5)　**オ．過去のデータ**］のような客観的な事実により検証・評価することが大切である．

☞ 3.3 節 2，3

【問 3】 ヒストグラムの読み方に関する問題である．頻出問題なので，形状を確実に記憶しておくことが必要である．

(解答)　(1) イ　(2) エ　(3) エ　(4) ウ　(5) ア　(6) ア　(7) ウ　(8) イ

① 中央が高く，左右対称に裾を引いた山型になるヒストグラムは，［(1)　**イ．一般型**］という．母集団は正規分布（7.1 節参照）に近く，工程は安定しているといえる．また，一般型を表す図は，［(2)　**エ**］である． ☞ 3.1 節 4

② 工程の異常や異なるサンプルの混入，あるいは測定ミスなどにより本体よりも離れた位置に小さい山が描かれるヒストグラムの型は，［(3)　**エ．離れ小島型**］という．この場合は「離れ小島」となった原因を調べ，しかるべき処置をとる必要がある．また，離れ小島型を表す図は，［(4)　**ウ**］である．

☞ 3.1 節 4

③ 平均の異なる 2 種類のデータが混ざっていることが予想されるため，データを層別してヒストグラムを作り直す必要があると考えられる場合，もとのヒストグラムは［(5)　**ア．ふた山型**］を描く．また，ふた山型を表す図は，［(6)　**ア**］である．

☞ 3.1 節 4

④ 区間の一つおきに度数が小さくなっているヒストグラムを，［(7)　**ウ．歯抜け型**］という．また，歯抜け型を表す図は，［(8)　**イ**］である．

☞ 3.1 節 4

【問 4】 データの分布（「中心位置のずれ」と「ばらつきの程度」）およびヒストグラムの読み方に関する問題である.

(解答) (1) **エ**　(2) **ア**　(3) **ウ**　(4) **イ**

① 平均を下げる必要があるのは, 平均がねらいよりも大きいために規格限界を超えている場合であり, その様子を表す図は［(1)　**エ**］である.

☞ 3.1 節 2

② ばらつきを小さくする必要があるのは, ばらつきが大きい（横に広がっている）ために規格限界を超えている場合であり, その様子を表す図は［(2)　**ア**］である. ☞ 3.1 節 2

③ 平均を上げる必要があるのは, 平均がねらいよりも小さいために規格限界を超えている場合であり, その様子を表す図は［(3)　**ウ**］である.

☞ 3.1 節 2

④ 特に問題はないのは, 平均もばらつきも規格限界内に収まっている場合であり, その様子を表す図は［(4)　**イ**］である. ☞ 3.1 節 2

【問 5】 散布図と相関分析（6.2 節）の混合問題である. 試験中でも表のデータをもとに散布図を作図できるように訓練しておきたい.

(解答) (1) **ア**　(2) **カ**　(3) **ウ**　(4) **オ**　(5) **イ**　(6) **エ**

x を横軸, y を縦軸にとり散布図を描いて考えるのが早道である.

① 表 3.A より散布図を描くと, x の値が大きくなると y の値も大きくなる傾向があるので, ［(1)　**ア. x と y のデータは正の相関がある**］と考えられ, 相関係数は［(2)　**カ. 1**］に近い値をとる. ☞ 3.2 節 3, 6.2 節 5

表 3.A の散布図

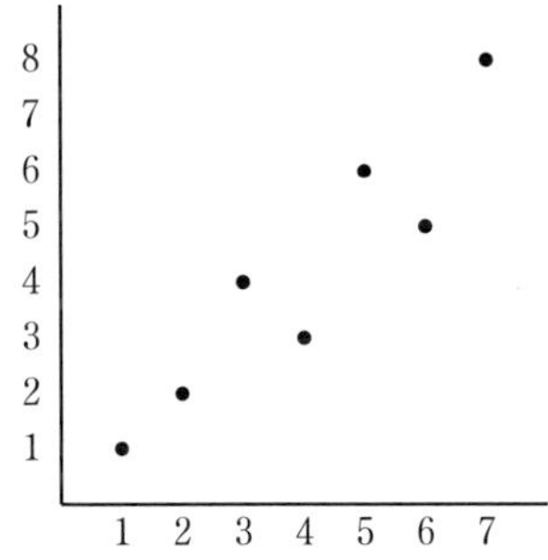

② 表 3.B より散布図を描くと，x の値と y の値には相関関係が見られないために，[(3)　**ウ．x と y のデータは無相関である**] と考えられ，相関係数は [(4)　**オ．0**] に近い値をとる．　☞ 3.2 節 3，6.2 節 5

表 3.B の散布図

7
6
5
4
3
2
1

1　2　3　4　5　6　7

③ 表 3.C より散布図を描くと，x の値が大きくなると y の値は小さくなる傾向があるので，[(5)　**イ．x と y のデータは負の相関がある**] と考えられ，相関係数は [(6)　**エ．−1**] に近い値をとる．　☞ 3.2 節 3，6.2 節 5

表 3.C の散布図

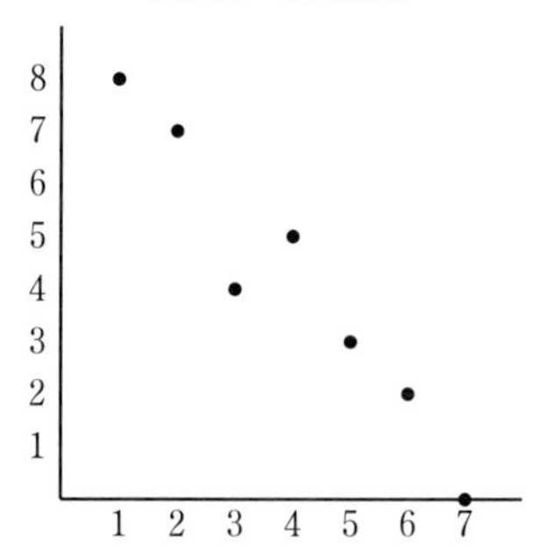

【問 6】 特性要因図についての問題である．以下では，問題文を，特性要因図の作成の目的，作成のポイントに分けてある．各文章の内容をしっかり押さえてほしい．

(解答) (1) **ア**　(2) **ウ**　(3) **ク**　(4) **オ**

① 特性要因図の作成の目的

工程管理や製品の品質改善を行うために工程分析を行い，[(1)　**ア．品質特性**] と要因との関係性を特性要因図により洗い出し，系統的に整理する．

☞ 3.3 節 1

② 特性要因図の作成のポイント

数名によって［(2)　**ウ．ブレーンストーミング**］を行い，抽象的な問題を具体化していく．抽出された要因はまず，［(3)　**ク．仮説**］を議論し，後にデータを用いて検証することで意味のあるものになる．図の作成におけるポイントは，工程の［(4)　**オ．現状把握**］や解析がある程度の進捗がある段階で実施されることである．現状把握や解析が行われていない段階で作成に着手してしまうと，要因の数が増えてしまい結果がぼやけたものになってしまうからである．☞ 3.3 節 2，3

【問 7】 QC 七つ道具に関する混合問題である．この出題形式も頻出．

(解答) (1) **エ**　(2) **カ**　(3) **ア**　(4) **ウ**　(5) **キ**

① 2 つのグラフは，「ふた山型」のヒストグラムか，散布図と考えられる．作業の違いによって平均値が異なるデータが混在した結果，2 グループに分かれたと想定できる．この場合は［(1)　**エ．層別**］を行う．なお，“グループ”や“分ける”というキーワードが現れたら，層別を連想して欲しい．

☞ 3.4 節 1

② 2 種類のデータの関係性を見るために使用される道具は［(2)　**カ．散布図**］である．“プロット”というキーワードが現れたら，散布図を連想して欲しい．

☞ 3.2 節 1

③ データの分布の形状，ばらつき，中央値，規格値を使って不適合の発生状況を知ることができる道具は［(3)　**ア．ヒストグラム**］である．“分布”や“ばらつき”というキーワードが現れたら，ヒストグラムを連想して欲しい．

☞ 3.1 節 1

④ 不適合項目の“データ収集・整理”を行う道具は，［(4)　**ウ．チェックシート**］である．☞ 2.2 節 1

⑤ 問題文の“重点指向の考えに則り，不適合項目の多い順にグラフ化”を行う道具は，［(5)　**キ．パレート図**］である．“重点指向”というキーワードが現れたら，パレート図を連想して欲しい．☞ 2.4 節 1，2

手法分野

4章 新QC七つ道具

便利な図表の
特徴や見方を
学習します

実践分野

QC的なものの見方と考え方　8章

品質とは
9章

管理とは
10章

源流管理 11章

工程管理 12-13章

日常管理 14章

方針管理 14章

実践分野に
分析・評価を提供

手法分野

収集計画
1章

データ収集
1章

計算
1章

分析と評価
2-7章

4.1 新QC七つ道具の概要

1 新QC七つ道具とは

新QC七つ道具とは，主に「言語データ」を整理し，図にまとめることにより問題を解決していく手法（道具）です．主に言語データを扱う点が，主に数値データを扱うQC七つ道具（2〜3章）との違いです．

製造現場では，数値データがとりにくい状況が数多くあります．例えば，「魅力的な企画とは」，「経営施策を具体化するには」といった課題は，数値データだけでは達成が難しいのです．このような課題の達成に便利なのが新QC七つ道具です．

2 新QC七つ道具の概要

表4.1は，新QC七つ道具の概要です．各手法の「見た目」の違いをざっと押さえましょう．

攻略の掟

其の壱　新QC七つ道具の名称，形，キーワードを押さえるべし！

表 4.1　新 QC 七つ道具

手法名	概念図	内容
親和図法 (4.2 節)	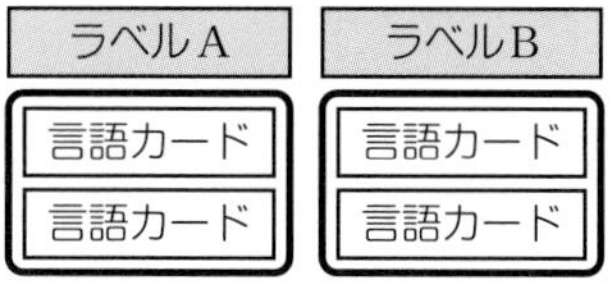 ラベルA 言語カード 言語カード ラベルB 言語カード 言語カード	**グループ化**により問題点を整理・絞り込み
連関図法 (4.3 節)	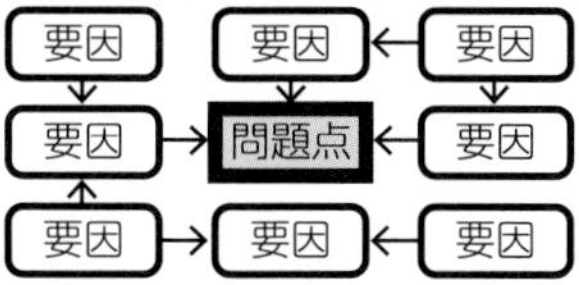 要因　要因　要因 要因　問題点　要因 要因　要因　要因	問題点の把握後，問題と要因の**因果関係**を整理
系統図法 (4.4 節)	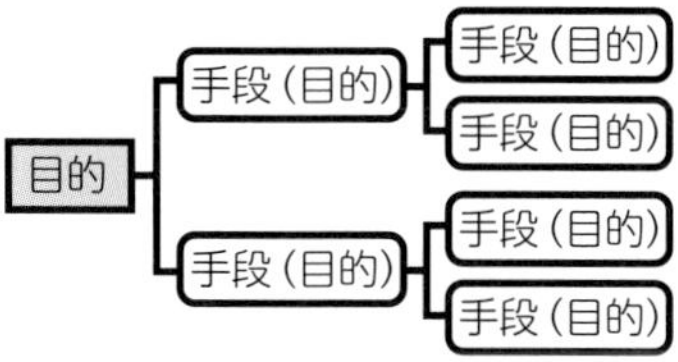 目的 手段(目的)　手段(目的)　手段(目的) 手段(目的)　手段(目的)　手段(目的)	**目的と手段**を系統的に展開し，解決手段を探究
マトリックス図法 (4.5 節)	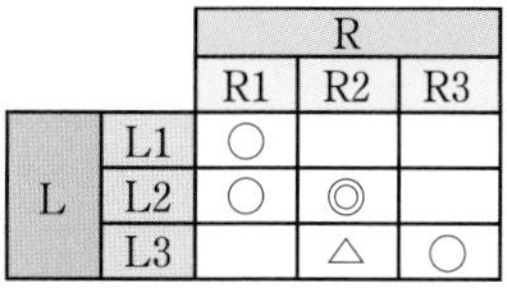 R: R1 R2 R3 L: L1 ○ L2 ○ ◎ L3 △ ○	行と列の**対により**，解決手段の重み付けを実施
アロー・ダイヤグラム法 (4.6 節)	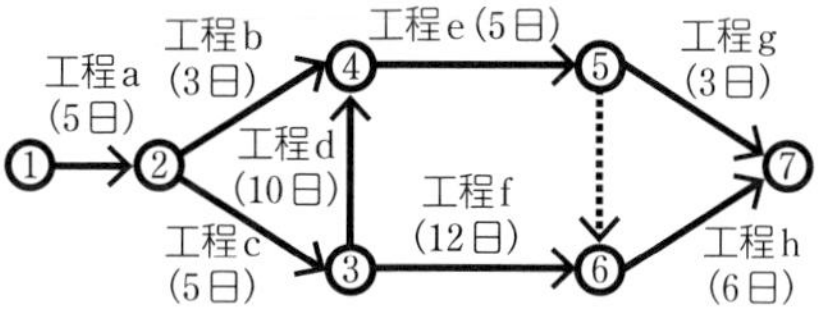 工程a (5日)　工程b (3日)　工程c (5日)　工程d (10日)　工程e (5日)　工程f (12日)　工程g (3日)　工程h (6日) ① ② ③ ④ ⑤ ⑥ ⑦	手段を時系列に配置し，**最適日程**を計画
PDPC 法 (4.7 節)	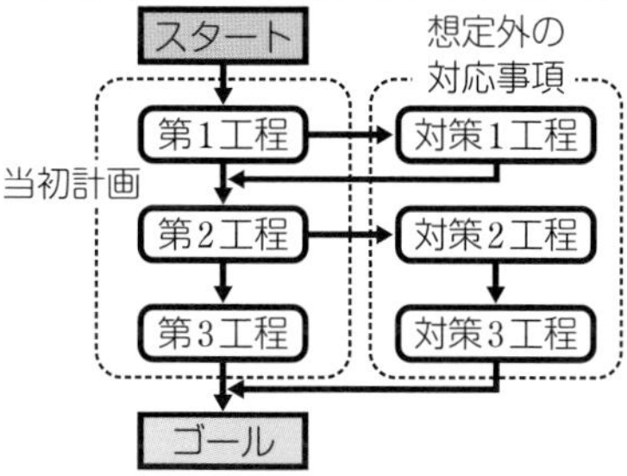 スタート 当初計画: 第1工程　第2工程　第3工程 想定外の対応事項: 対策1工程　対策2工程　対策3工程 ゴール	**トラブル予防**の代案を組込み，実行計画を策定
マトリックス・データ解析法 (4.8 節)	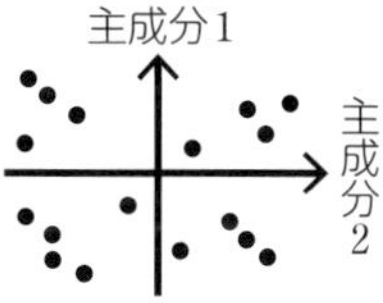 主成分1 主成分2	大量の**数値データ**を**2 以上**の項目で評価

4.2 親和図法

1 親和図とは

親和図とは，事実，意見，発想を，言語データとして捉え，相互の親和性によって整理した視覚図です．“親和性”とは，似たもの同士ということです．

問題は何か，今後はどうか等，物事がはっきりしない場合（混沌（こんとん）としている場合，といいます），関係者がブレーンストーミング等により意見や情報を言語カードに書き出し，似たもの同士をグループ化することを通して，物事を整理し，問題の要点を絞り込むことができます．

キーワードは「**グループ化**」です．層別のキーワードと同じですが，層別は考え方であり，それを複数人で検討するために視覚化したものが親和図です．

2 親和図の作り方

親和図の作り方は，例えば次のようにします（**図 4.1**）．

- 言語データを書いたカードを，グループ分けする
- 全員でボードの前に集まり，「層別」する
- 層別したものにタイトルをつける
- 全く同じ内容のカードはまとめる

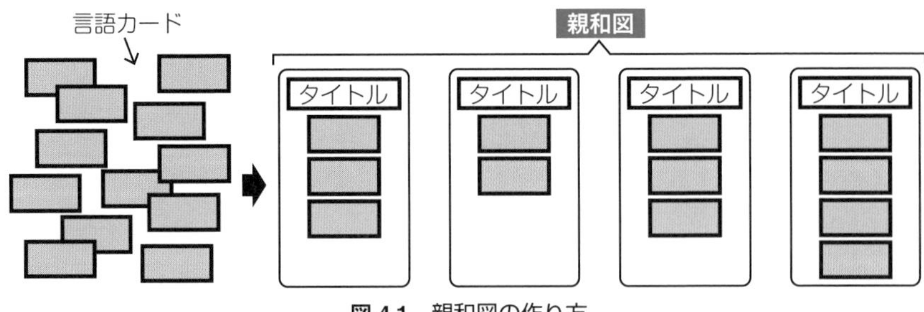

図 4.1　親和図の作り方

4.3 連関図法

連関図とは，原因―結果，目的―手段等の関係を論理的に繋げることによって，問題・課題の関係を明確にする視覚図です（**図 4.2**）.

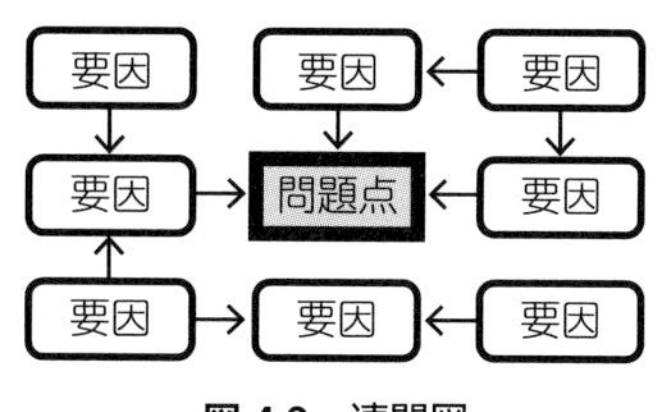

図 4.2　連関図

問題点は把握できたものの要因が複雑怪奇ではっきりしない場合，因果関係のある要因間を矢印で結び，相互の関連性をわかりやすくすることを通し，原因となる重要な要因を見つけ出すことができます．矢印が集中しているところは他の要因との関連が強く，重要な要因と考えられるので，強調します．キーワードは「**原因から結果への矢印**」,「**因果関係**」です.

4.4 系統図法

系統図とは，目的と手段の繋がり等を系統付けて展開していく視覚図です（**図 4.3**）.

目的を達成するために，必要な手段を木の枝のように分解し，これを系統的に展開することによって，次第に具体的なものとし，実行可能で重要な手段を見つけることができます．キーワードは「**目的と手段の系統化**」です.

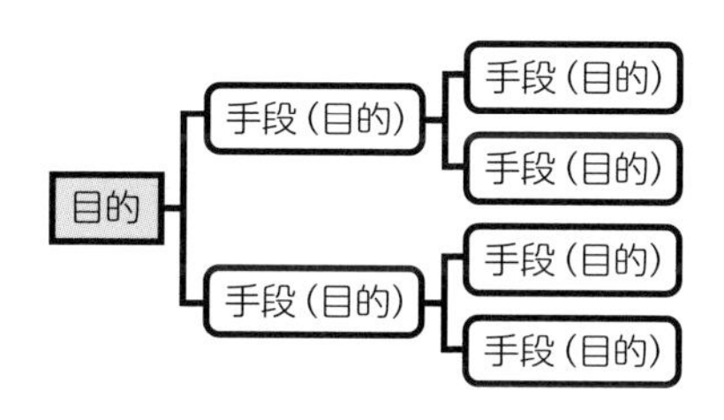

図 4.3　系統図

4.5 マトリックス図法

マトリックス図とは，問題としている事象の中から「対」になる要素を決め，行と列（マトリックス）に配置することによって，問題を多面的に整理・分析する視覚図です（**図 4.4**）．

問題の所在や形態を探り，解決への着想（仮説）を得ることができます．また，図 4.4 のように，系統図法（4.4 節参照）によって見出した手段の重み付け（優先順位付け）を行うことにも活用されます．キーワードは**「対」（=2 つ）**です．「2 つ以上」ではありません．

【マトリックス評価】
マトリックス図を用いて，項目別に点数評価を行い，優先順位を決める．

	効果	現実性	会社方針との親和性	費用	総合点
A案	3	2	2	1	8
B案	3	2	3	3	11
C案	2	1	3	1	7

- 難易度は，簡単なもの =3，難しいもの =1 とする
- 効果は QCD（Quality, Cost, Delivery のこと．8.1 節 2 参照）
- 最も優先すべき項目は得点ウェイトを上げてもよい
- 最も優先順位の高い案に○を付ける

図 4.4　マトリックス図の活用例

4.6 アロー・ダイヤグラム法

出題頻度

アロー・ダイヤグラムとは，プロジェクトを短期間かつ計画どおりに完了する方法を検討するための視覚図です（**図 4.5**）．

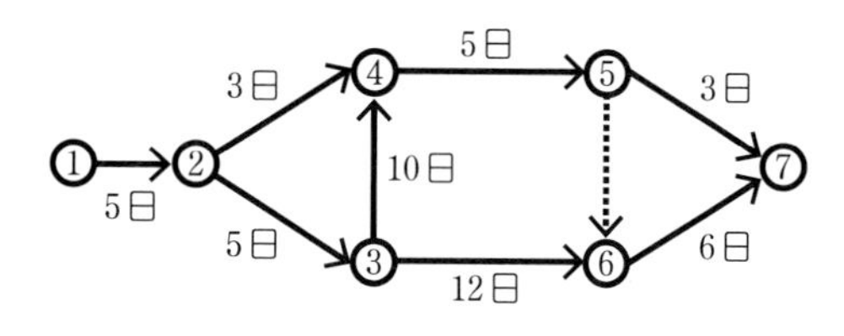

図 4.5　アロー・ダイヤグラム

問題の解決に向けた作業が絡み合っている場合，作業と作業を矢印で結び，その順序関係を図示することにより，各作業の関係と日程の繋がりを明確にして，最適な日程計画を立てることができます．キーワードは「**日程計画**」です．

4.7 PDPC法

出題頻度

PDPC（Process Decision Program Chart）とは，目標達成までの不測の事態を予測し，それに対応した代替案を明確にすることによって，プロジェクトの進行を円滑にする方法を検討するための視覚図です（**図 4.6**）．

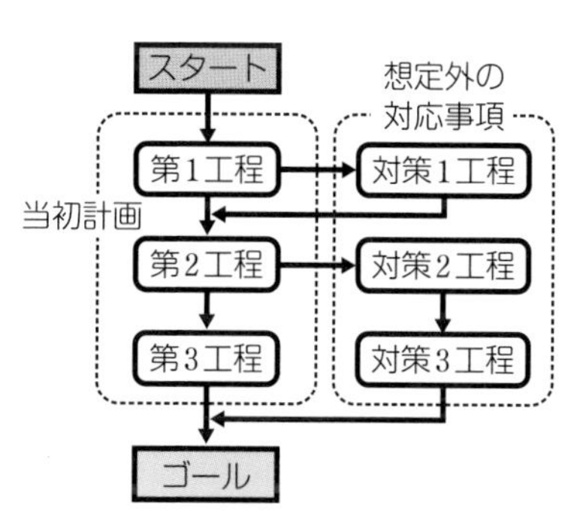

図 4.6　PDPC

実行計画が頓挫しないよう，事前にあらゆる場面を想定し，プロセスの進行をできるだけ望ましい方向に導きます．これにより，問題が生じても，軌道修正ができます．キーワードは「**予期しないトラブルの防止**」です．

4.8 マトリックス・データ解析法

マトリックス・データ解析法とは，たくさんの項目を数個の項目で評価したい場合に活用される手法です（**図 4.7**）.

マトリックス図に与えられた大量の「数値データ」を 2 以上の項目で評価することによって，全体を見通しよく整理することができます．例えば，主成分分析等が該当します.

本手法のポイントは，新 QC 七つ道具の中で，唯一，数値データを扱い計算を必要とするという点です．キーワードは「**数値データ**」と「**2 つ以上**」です.

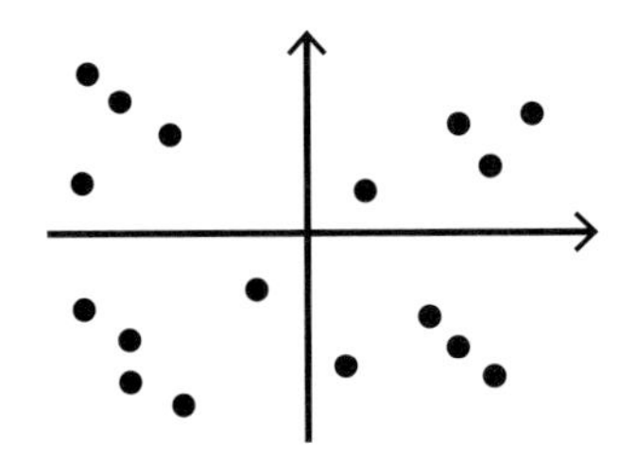

図 4.7　マトリックス・データ解析

理解度確認　問題

次の文章で正しいものには○，正しくないものには×を選べ.

① 新QC七つ道具とは，主に数値データを整理し，図にまとめることにより現状を分析する手法（道具）である.

② 親和図は，似たもの同士をグループ化することを通して，物事を整理し，問題の要点を絞り込むことができる視覚図である.

③ 連関図とは，複雑な要因関係を矢印で解きほぐし，重要要因を発見する視覚図である.

④ 系統図とは，最適な日程計画を策定できる視覚図である.

⑤ マトリックス図法では，2つ以上の多数の「数値データ」を整理することによって，全体を見通しよく整理することができる.

⑥ アロー・ダイヤグラム法とは，目的を達成するために，必要な手段を木の枝のように分解し，これを系統的に展開する手法である.

⑦ PDPC法とは，目標達成までの不測の事態を予測し，それに対応した代替案を明確にする方法である.

⑧ マトリックス・データ解析法とは，問題としている事象の中から「対」になる要素を決め，行と列（マトリックス）に配置することで，問題を多面的に整理，分析する手法である.

理解度確認 解答と解説

① **正しくない（×）**．QC 七つ道具が数値データを主に扱うのに対し，新 QC 七つ道具は主に言語データを扱う．

☞ 4.1 節 1

② **正しい（○）**．“グループ化”というキーワードは，層別と同じである．層別はデータ収集の考え方がメインであるのに対し，親和図は層別の考え方を活用して複数人でグループ化を検討するための視覚図である．

☞ 4.2 節 1

③ **正しい（○）**．連関図は，原因一結果，目的一手段等の関係（論理的な繋がり）を矢印で結ぶことによって，問題・課題の関係を明確にする視覚図である．

☞ 4.3 節

④ **正しくない（×）**．系統図は，目的と手段の繋がり等を系統付けて展開していく視覚図である．問題文の記述は，アロー・ダイヤグラムである．

☞ 4.4 節

⑤ **正しくない（×）**．マトリックス図は，二元表の交点に着目して，問題解決への着想を得る視覚図である．“2 つ以上”ではなく，“2 つ”に限られる．問題文の記述は，“数値データ”という記述からわかるように，マトリックス・データ解析法である．

☞ 4.5 節

⑥ **正しくない（×）**．アロー・ダイヤグラムは，作業の順序関係（日程計画）を表す視覚図である．問題文の記述は，系統図法である．

☞ 4.6 節

⑦ **正しい（○）**．問題文に“不測の事態を予測し，それに対応”とあるように，PDPC 法のキーワードは，「予期しないトラブルの防止」である．

☞ 4.7 節

⑧ **正しくない（×）**．マトリックス・データ解析法とは，大量の数値データを 2 以上の項目で評価することにより，全体の見通しをよくする視覚図である．“行と列（マトリックス）に配置する”のは，マトリックス図法である（なお，マトリックス図法は，数値データではなく言語データを扱う点にも注意）．

☞ 4.8 節

練習 問題

【問 1】 新 QC 七つ道具に関する次の文章において，[　　]内に入るもっとも適切なものを下欄の選択肢からひとつ選べ．ただし，各選択肢を複数回用いることはない．

① 親和図法とは，言語データを各々の[(1)]や類似性によって統合した図を作成することで，問題の所在やあり様を明確にするものである．概念図は[(2)]である．

② 連関図法とは，複雑に絡み合っている原因と結果の関係について，[(3)]のある要因を矢印で結びつけて相互関係を明確にするものである．概念図は[(4)]である．

③ 系統図法とは，目標や目的を達成するための[(5)]や方法となる事柄を段階的に明確化，具体化していくものである．目的と手段の関係性を示すタイプ，手段や方法の関係性を示す方策展開タイプがある．概念図は[(6)]である．

④ マトリックス図法とは，縦列に属する要素と横列に属する要素の[(7)]に着目し，解決への方向性や問題の所在を明確にする，あるいは仮説を立てるために使われるものである．概念図は[(8)]である．

⑤ アロー・ダイヤグラム法とは，プロジェクトを構成している各作業を矢線で結び，[(9)]の関係性を示し，最適なスケジュールを立て，管理していくために使用されるものである．概念図は[(10)]である．

⑥ PDPC 法とは，計画実行中における[(11)]を未然に防止するために，事前に予測可能な様々な結果をプロセス上に記すことでプロセスの進行をできるだけ望ましい方向へ導くために使用されるものである．PDPC とは Process Decision Program Chart の頭文字である．概念図は[(12)]である．

⑦ マトリックス・データ解析法とは，新 QC 七つ道具の中で唯一[(13)]を扱うものであり，定量化された要素間の関連を整理するために使用されるものである．概念図は[(14)]である．

【 (1) の選択肢】

ア．協力性　イ．団結性　ウ．親和性　エ．曖昧性

【 (3) の選択肢】

ア．因果関係　イ．相関関係　ウ．問題　エ．核心

【 (5) の選択肢】

ア．プロセス　イ．プログレス　ウ．ゴール　エ．手段

【 (7) の選択肢】

ア．違い　イ．近似性　ウ．交わる点　エ．相違点

【 (9) の選択肢】

ア．原因と結果　イ．上下　ウ．先行／後続処理　エ．重要さ

【 (11) の選択肢】

ア．コスト不足　イ．予期せぬトラブル　ウ．規格外れ　エ．人員不足

【 (13) の選択肢】

ア．数値データ　イ．言語データ　ウ．外国語データ　エ．記号データ

【 (2) (4) (6) (8) (10) (12) (14) の選択肢】

ア．

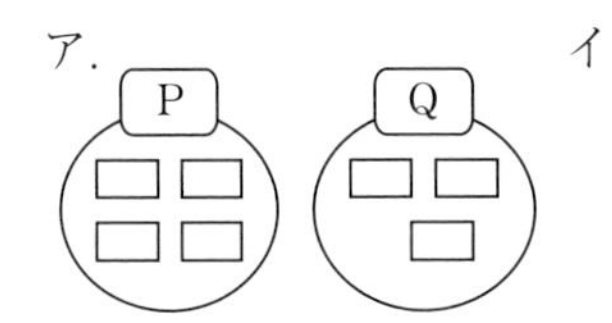

イ．

	B1	B2	B3	B4
A1				
A2				
A3				

ウ．

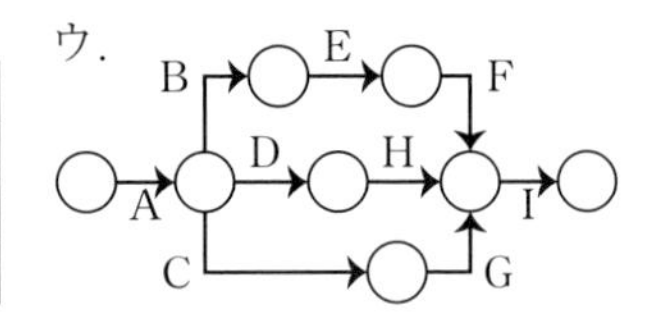

エ．

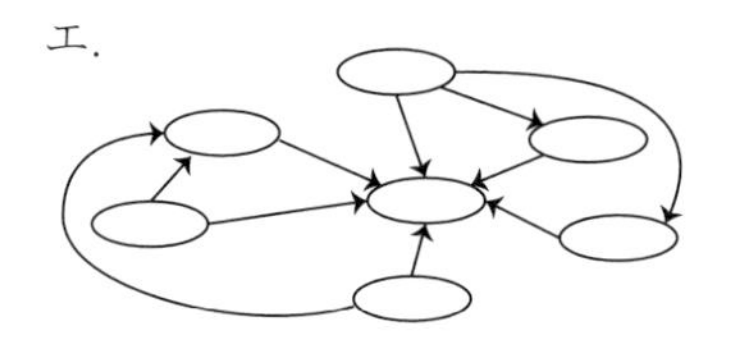

オ．

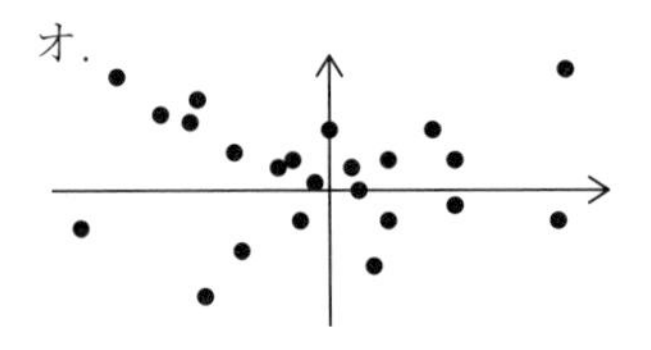

カ．

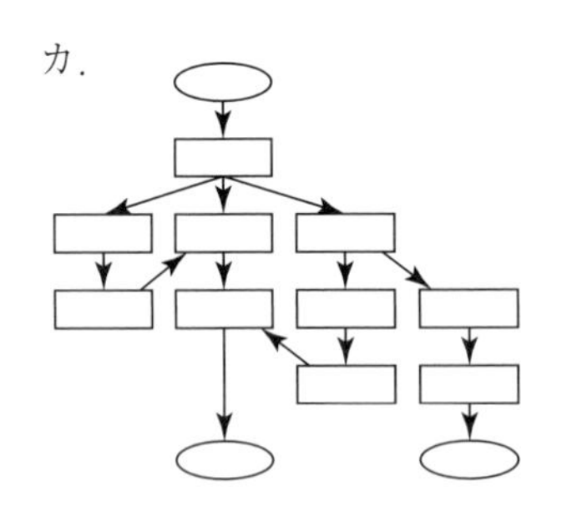

キ．

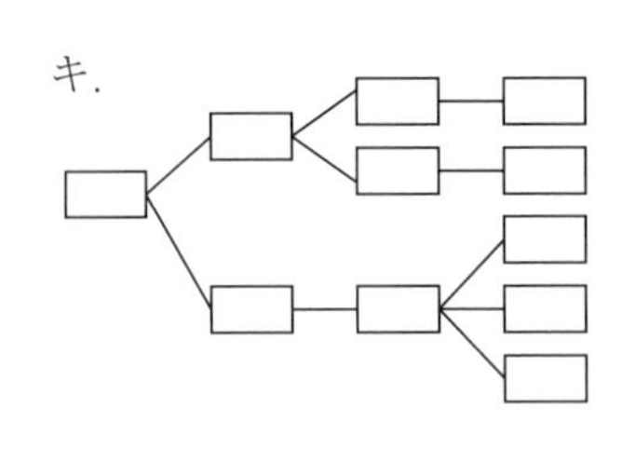

練習 解答と解説

【問 1】新 QC 七つ道具は，3 級ではほぼ総合問題の形式で出題される．各道具のキーワードを確実に記憶してほしい．

解答 (1) ウ (2) ア (3) ア (4) エ (5) エ (6) キ (7) ウ (8) イ
(9) ウ (10) ウ (11) イ (12) カ (13) ア (14) オ

手法名	概念図	キーワード
親和図法 (4.2 節)	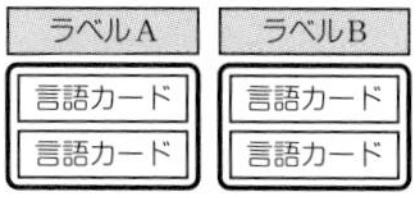 ラベルA ラベルB 言語カード 言語カード 言語カード 言語カード	グループ化
連関図法 (4.3 節)	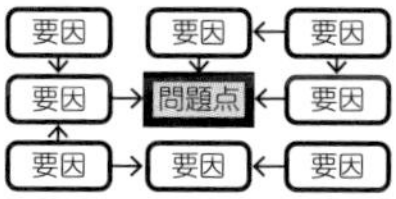 要因 要因 要因 要因 問題点 要因 要因 要因 要因	原因から結果への矢印 因果関係
系統図法 (4.4 節)	目的 手段(目的) 手段(目的) 手段(目的) 手段(目的) 手段(目的) 手段(目的)	目的と手段の系統化
マトリックス図法 (4.5 節)	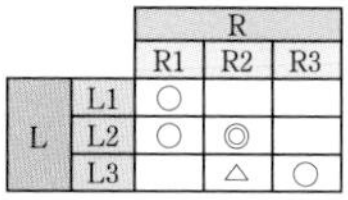 R: R1 R2 R3 L: L1 ○ L2 ○ ◎ L3 △ ○	対（縦横）
アロー・ダイヤグラム法 (4.6 節)	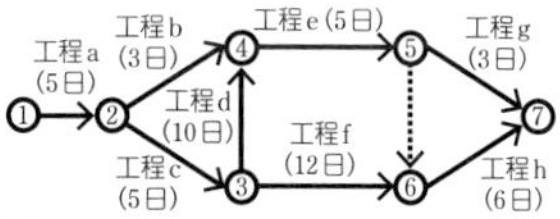 工程a (5日) 工程b (3日) 工程c (5日) 工程d (10日) 工程e (5日) 工程f (12日) 工程g (3日) 工程h (6日) ① ② ③ ④ ⑤ ⑥ ⑦	日程計画
PDPC 法 (4.7 節)	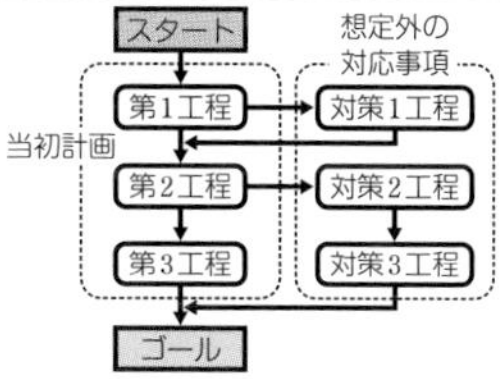 スタート 当初計画: 第1工程 第2工程 第3工程 想定外の対応事項: 対策1工程 対策2工程 対策3工程 ゴール	トラブル予防
マトリックス・データ解析法 (4.8 節)	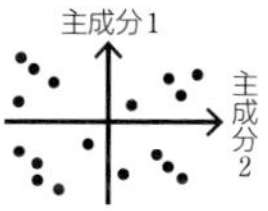 主成分1 主成分2	2 つ以上 数値データ

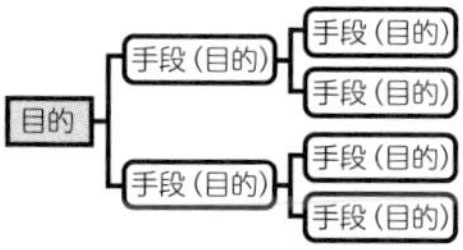

手法分野

5章 管理図

実践分野	QC的なものの見方と考え方　8章			
	品質とは 9章	管理とは 10章	源流管理 11章	工程管理 12-13章
			日常管理 14章	方針管理 14章
	↑ 実践分野に分析・評価を提供			
手法分野	収集計画 1章	データ収集 1章	計算 1章	分析と評価 2-7章

5.1 管理図の特徴と種類

1 管理図の特徴

管理図とは，工程が管理された安定状態になっているかを把握するための折れ線グラフです（**図 5.1**）．**管理された安定状態**とは，常にばらつきが小さく，良品を継続して作り出せる状態，すなわち不適合品が出にくい状態をいいます．

他の視覚図と異なる管理図の特徴は，次の 2 点です．

- **時系列による管理**

  ばらつきの把握はヒストグラム（3.1 節参照）が得意ですが，ヒストグラムは，ある時点での姿にすぎません．業務環境は常に動いていますので，管理図を用いた時系列（日々や時間推移）による把握も必要なのです．

- **異常事態の警告機能**

  時系列を見るのなら，折れ線グラフ（2.3 節参照）で十分と思えます．管理図は，工程の異常事態を管理限界線によって警告する機能をもちます．これは管理図に追加された強い武器なのです．

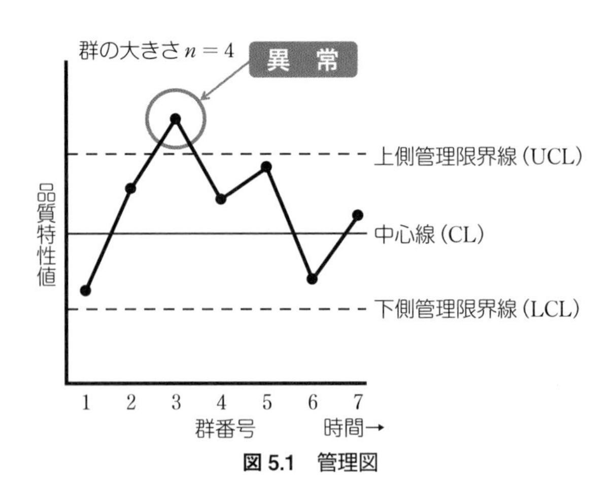

図 5.1　管理図

2 管理線（安定状態の把握方法）

管理図には，図 5.1 のとおり，3 本の線が引かれています．この 3 本の線のことを**管理線**といいます．管理線の名称と略称は次のとおりです．

- **中心線**（略称 CL：Central Line）
- **上側管理限界線**（略称 UCL：Upper Control Limit）
- **下側管理限界線**（略称 LCL：Lower Control Limit）

管理限界線が，異常事態の警告という管理図の特徴を発揮する強い武器であることを，1 で述べました．すなわち，管理限界線から外れたら，異常が発生したと考え，原因を追究して処置をします．他方，管理外れもなく，かつ打点にくせもないのであれば，工程は管理された安定状態と判断できます（次ページの**図 5.2**）．

3 管理図は異常の発生を警告する

同じ製品を繰り返し作っていく場合，同じ条件で製造しても，完成品のばらつきをなくすことはできません．

ばらつきの発生原因は，次の 2 種類に分類できます．

- **偶然原因**
  十分に管理しても発生する，やむを得ないばらつきの原因
- **異常原因**
  管理不足によるもので，避けようと思えば避けることができたばらつき（機械の故障，作業者の操作ミス等）の原因

管理図は，2 つのばらつきの原因を峻別するとともに，異常発生の警告機能をもちます．偶然原因だけでばらついている状態ならば，管理された安定状態と評価します．

4 管理限界と規格限界（3 シグマ管理）

管理図の管理限界は，規格限界（1.2 節参照）とは異なります．規格限界は

顧客要求ですから，超えると不適合になります．管理図では，規格から外れることがないように，規格限界の内側に管理限界線を引き，管理限界線の外に出たら，再び管理限界線の内側に入るように異常を警告します．

管理図の管理限界は，工程が管理状態であるか否かを見るために，自社の基準で設定します．顧客が要求する規格限界とは異なる点です．

管理限界線は，通常，中心線 $\pm 3\sigma$（3 シグマ，標準偏差 σ の 3 倍）の位置に引きます．これを **3 シグマ管理**といいます．工程が安定状態である場合には，$\pm 3\sigma$ の範囲内に全体の約 99.7 % の打点値が入ることが実証されています（7.1 節 5 参照）．3 シグマ管理を行う場合には，管理限界から外れる確率は 0.3 % となり，滅多に発生しない確率です．管理限界から外れる場合には，何らかの異常があると評価できるのです．

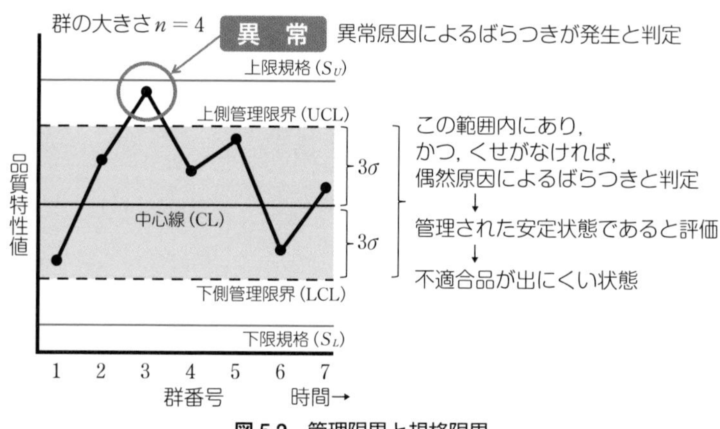

図 5.2 管理限界と規格限界

攻略の掟

其の壱 管理図の二大機能を理解すべし！
-管理された安定状態の把握と異常の予知！

5 管理図の分類

(1) 扱うデータの種類による分類

3 級で出題される管理図は，$\overline{X}$-R 管理図，np 管理図，p 管理図の 3 種類です（**表 5.1**）．データの種類により，扱う管理図が異なります．

表 5.1 管理図の種類

データの種類	管理図の種類	読み方，測定対象，例	分布
計量値(*1)	$\overline{X}$-R **管理図**	・読み方：エックスバー・アールかんりず **・測定対象：平均値と範囲** 【例】毎日 10 個を抜き取り測定している部品の外形寸法の日別推移	正規分布 (7.1 節)
計数値(*2)	np **管理図**	・読み方：エヌピーかんりず **・測定対象：不適合品数** 【例】毎日 300 個をサンプリングし，発見された不適合品数の日別推移	二項分布 (7.2 節)
	p **管理図**	・読み方：ピーかんりず **・測定対象：不適合品率** 【例】ロットの大きさが異なる製造工程における不適合品率の日別推移	

(*1) 計量値（量るデータ）
重量，長さ，時間，速度，温度など測定器を用いて計測される値のこと
(*2) 計数値（数えるデータ）
不適合品数，故障回数など 1 個，2 個，3 個と数えられる値のこと

(2) 使用目的による分類

管理図の使用目的が初期の解析用なのか，解析後の管理用なのかによっても分類されます．

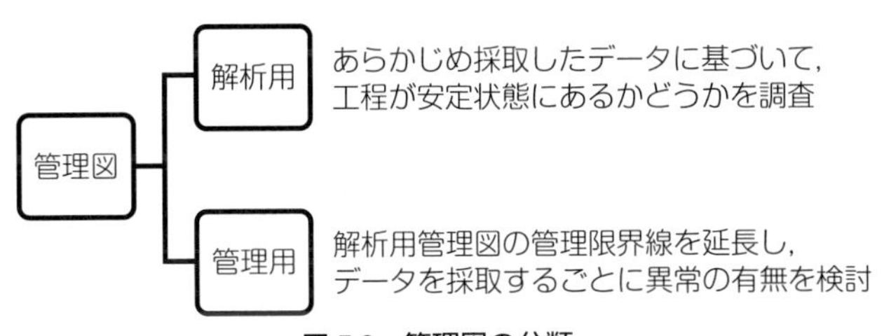

図 5.3 管理図の分類

5.2 $\overline{X}$-R 管理図

1 $\overline{X}$-R 管理図の特徴

$\overline{X}$-R 管理図は，平均値（記号 $\overline{X}$）の時系列を表す管理図と，範囲（記号 R）の時系列を表す管理図を上下に組み合わせた，**計量値**の管理図です．

管理図は，ばらつき具合を時系列で表す視覚図ですから，$\overline{X}$-R 管理図は，中心位置のずれに平均値を，ばらつきの程度に範囲を，活用するものです．

2 $\overline{X}$-R 管理図の作り方

例を通して，$\overline{X}$-R 管理図の作り方を解説します．

【例】 ある機械部品について，1日を群として，1日あたり5回，25日間のサンプリングデータを採取したところ，**表 5.2** を得た．この場合の管理線の位置を計算せよ．

表 5.2　管理図の計算

群番号	日付	X_1 ❶	X_2 ❶	X_3 ❶	X_4 ❶	X_5 ❶	$\overline{X}$ ❷	R ❸
1	10/1	61	56	58	61	53	57.8	8
2	10/2	62	60	58	61	59	60.0	4
⋮	⋮	⋮	⋮	⋮	⋮	⋮	⋮	⋮
25	10/25	60	57	60	56	60	58.6	4
						合計	1454.0 ❹	180 ❹

手順❶ 群の大きさを求める

群は，日・直・ロットなど工程を時間的に区分（群分け）したデータの集合体です．**群の大きさ**（記号 n で表す）は，1つの群内におけるデータ数のことで，4，5が多く活用されます．群の大きさは，サンプルサイズともいいます．

この例では，1日を群とするので，1群の大きさは5となります．

手順❷ 群ごとの平均値を計算する

この例では，1群ごとの平均値（1.3節1参照）を計算し，表5.2の「$\overline{X}$」欄に記載しています．

例えば，群番号1では，次のようになります．

$$平均値 = \frac{データの和}{データ数} = \frac{61+56+58+61+53}{5} = 57.8$$

手順❸ 群ごとの範囲を計算する

この例では，1群ごとの範囲（1.4節1参照）を計算し，表5.2の「R」欄に記載しています．

例えば，群番号1では，範囲＝最大値－最小値＝61－53＝8です．

手順❹ 管理線を計算する

$\overline{X}$-R 管理図の管理線は，**表5.3**の公式と**表5.4**の係数表を用いて計算します．この計算は頻出です（なお，表5.4の係数表は試験問題に載っています）．

5章 管理図

表5.3　管理線の計算公式

$\overline{X}$ 管理図	中心線（CL）	$\overline{X}$ の平均値（$\overline{\overline{X}}$）
	上側管理限界線（UCL）	$\overline{\overline{X}} + A_2 \times \overline{R}$
	下側管理限界線（LCL）	$\overline{\overline{X}} - A_2 \times \overline{R}$
R 管理図	中心線（CL）	R の平均値（$\overline{R}$）
	上側管理限界線（UCL）	$D_4 \times \overline{R}$
	下側管理限界線（LCL）	$D_3 \times \overline{R}$
A_2，D_3，D_4 の値は，係数表から求める．		

表5.4　係数表†

群の大きさ n	A_2	D_3	D_4
2	1.880	–	3.267
3	1.023	–	2.575
4	0.729	–	2.282
5	0.577	–	2.114
6	0.483	–	2.004
7	0.419	0.076	1.924
8	0.373	0.136	1.864
9	0.337	0.184	1.816
10	0.308	0.223	1.777

（備考）
表の「-」は，「考えなくてもよい」という意味．理由：D_3 は範囲に関する係数値．範囲は最大値と最小値の差であるから常に正の値．数値が計算上，マイナスになる場合には考慮する必要がない．

† JIS Z 9020-2：2016「管理図ー第2部：シューハート管理図」（日本規格協会，2016年）6.1 表2

（1）$\overline{X}$ 管理図の管理線の計算

- 中心線（CL）は，$\overline{X}$ の平均値 $\overline{\overline{X}}$ を計算します．
  この例では，群番号 1 から 25 までの $\overline{X}$ を合計し 25 で割ることになります．表 5.2 では，$\overline{X}$ の合計が 1454.0 と計算されているので

$$\overline{\overline{X}} = \frac{1454.0}{25} = 58.16$$

- 上側管理限界線（UCL）は，$\overline{\overline{X}} + A_2 \times \overline{R}$ を計算します．
  $\overline{\overline{X}}$ は，58.16 です．
  A_2 は，表 5.4 の係数表で「群の大きさ」5 の数値を読み取り，0.577 です．
  $\overline{R}$ は，範囲 R の平均値です．表 5.2 では，R の合計が 180 と計算されているので，$\overline{R} = \dfrac{180}{25} = 7.2$ です．

$$\mathrm{UCL} = 58.16 + 0.577 \times 7.2 \fallingdotseq 62.31$$

- 下側管理限界線（LCL）は，$\overline{\overline{X}} - A_2 \times \overline{R}$ を計算します．

$$\mathrm{LCL} = 58.16 - 0.577 \times 7.2 \fallingdotseq 54.01$$

（2）R 管理図の管理線の計算

- 中心線（CL）は，R の平均値 $\overline{R}$ を計算します．上の（1）で求めたように

$$\overline{R} = 7.2$$

- 上側管理限界線（UCL）は，$D_4 \times \overline{R}$ を計算します．
  D_4 は，表 5.4 の係数表で「群の大きさ」5 の数値を読み取り，2.114 です．

$$\mathrm{UCL} = 2.114 \times 7.2 \fallingdotseq 15.2$$

- 下側管理限界線（LCL）は，$D_3 \times \overline{R}$ を計算します．
  D_3 は，表 5.4 の係数表で「群の大きさ」5 の数値を読み取ると「-」となっています．これは，LCL は考えなくて良い，ということです．

実際には，上記の手順で管理線の位置を計算した後，具体的に $\overline{X}$-R 管理図を描き，工程の安定状態を評価することになります．上記の手順から続けると，次のようになります．

手順❺　手順❹ で得た値をもとに，管理線を引く

手順❻　群ごとの平均値と範囲をグラフに打点し，折れ線を作成する

手順❼　工程の安定状態を評価する（詳細は，5.4 節を参照）

3 $\overline{X}$-R 管理図の見方

まずは，R 管理図を見て，個々の群内のばらつきに変化があるか否か（「群内変動」といいます）を観察します．次に，$\overline{X}$ 管理図を見て，群の中心位置に変化があるか（「群間変動」といいます）を観察します．**図 5.4** は，$\overline{X}$-R 管理図の見方の一例です．

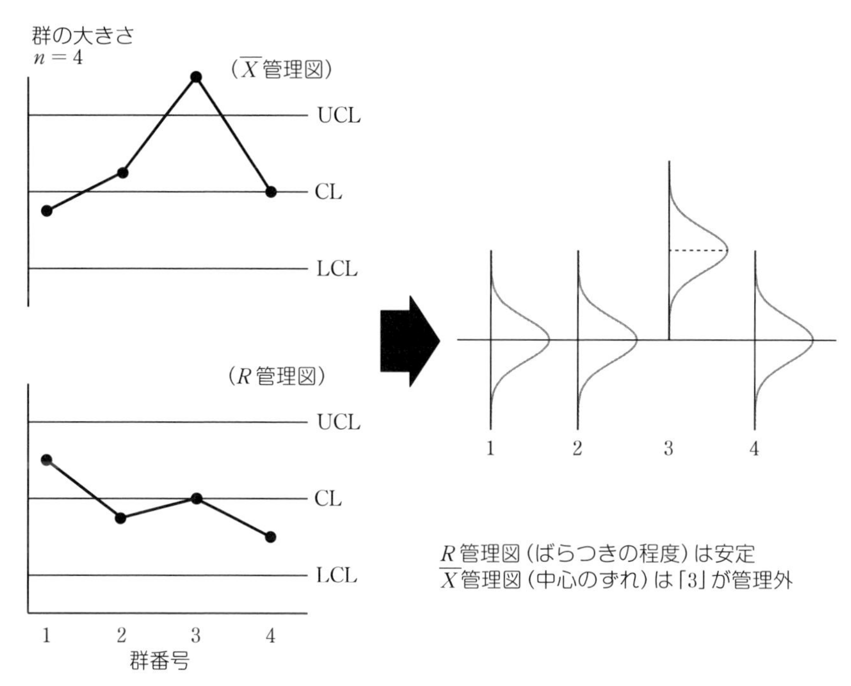

図 5.4 $\overline{X}$-R 管理図の見方

なお，異常を見逃さないためには，群分けが重要です．群内変動には偶然原因だけが入るように群分けすると，異常原因は群間変動に現れます．

攻略の掟

○其の壱 $\overline{X}$-R 管理図の管理線の略称と計算式を記憶すべし！

5.3 np 管理図と p 管理図

np 管理図と p 管理図の概要は，**表 5.5** のとおりです．

表 5.5　np 管理図と p 管理図

名称	データの種類	群の大きさ	内容
np 管理図	**計数値**	一定	サンプルサイズ（群の大きさ）が一定のとき，**不適合品数**によって工程を管理する場合に用いる管理図 【例】毎日 300 個をサンプリングして発見された不適合品数の日別推移
p 管理図		異なる	サンプルサイズ（群の大きさ）が異なるとき，比率や % で表される**不適合品率**によって工程を管理する場合に用いる管理図 【例】ロットの大きさが異なる食品製造工程での不適合品率の日別推移

np 管理図の中心線は $n \times \overline{p}$，p 管理図の中心線は $\overline{p}$ で計算できます．「n」はサンプルサイズ（群の大きさ），「p」は不適合品率を表します．また，「$\overline{p}$」は不適合品率の平均で，$\dfrac{\text{不適合品の総数}}{\text{全検査数}}$ で計算されます．

p 管理図は，群ごとにサンプルサイズが異なるので，管理限界を群ごとに計算する必要があります．群ごとに管理限界線の幅が異なるので，管理図に記入した管理限界線は凹凸があり，サンプルサイズ（群の大きさ）が大きいほど限界幅は狭くなります．一方，中心線は，群ごとに変わることがありません．

攻略の掟

其の壱　np 管理図と p 管理図の違い（数と率）を押さえるべし！

5.4 管理図の読み方

出題頻度

管理図は，打点が上限と下限の管理限界線の範囲内でばらついているのであれば偶然原因によるばらつきと判定され，工程は管理された安定状態と評価されるのが原則です．

異常と判定される場合には，**図 5.5** に示す 8 つのルールがあり，JIS 規格で示されています．端的に表すと，次のようになります．

①打点が管理限界線から外れた場合（図 5.5 のルール 1）
②管理限界線の範囲内であっても，打点に「くせ」がある場合（図 5.5 のルール 2〜8）

異常の判定は，管理限界線から外れた場合だけでなく，打点にくせがある場合を含みます．くせがある場合とは，ルール 2〜8 のように，特定の傾向がある場合です．例えば，ルール 3 に見られるのは，上昇や下降の傾向です．ばらつきはゼロにならないので，特定の傾向が発見されるときには，異常であると判定されます．また，ルール 7 のように打点が中心付近に集中し，安定しすぎている場合も，くせがあると判断され，原因の追究が必要になります．異常とは通常と異なる状態のことですから，安定しすぎていることも異常と疑われることになります．

異常判定ルールの詳細を図 5.5 に示しましたが，3 級では，上記①，②を理解していれば十分です．異常が発見された場合には，原因を調査し，是正を行います（異常時の対応，10.4 節参照）．

攻略の掟

●**其の壱**　管理図の異常判定は，外れとくせの二つを押さえるべし！

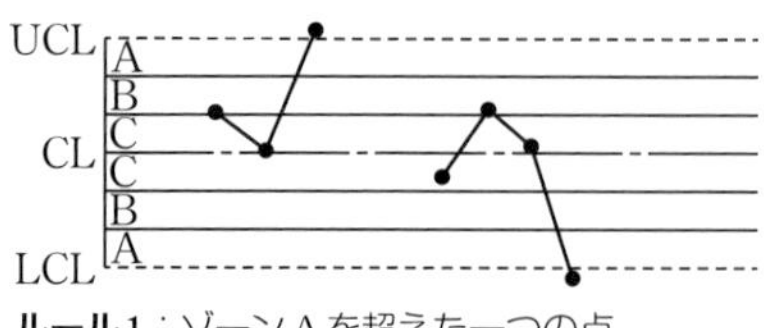

ルール1：ゾーンAを超えた一つの点

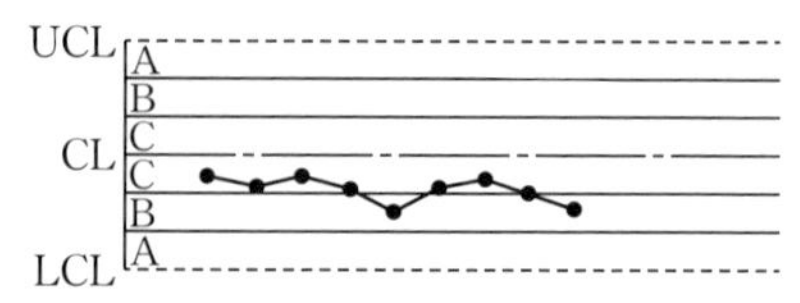

ルール2：中心線の片側上のゾーンCの中で又はそれを超えて，一列になった9点

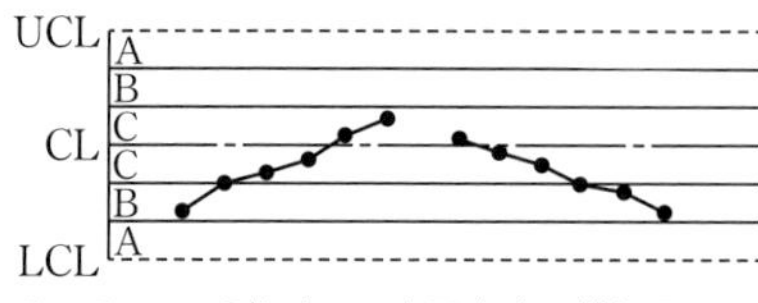

ルール3：一列になって上下方向に増加又は減少する6点

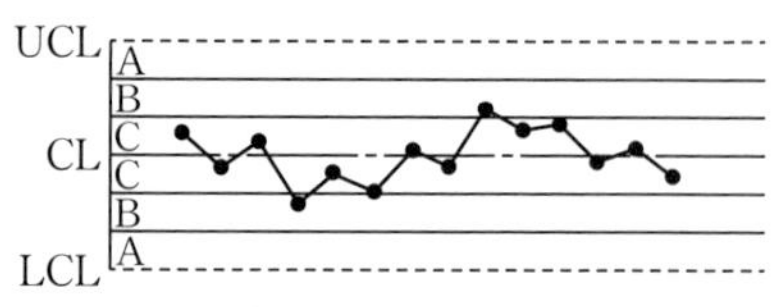

ルール4：一列になって交互に上下する14点

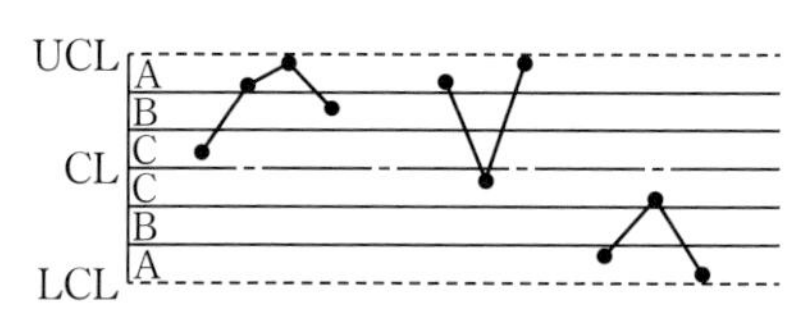

ルール5：中心線の片側上のゾーンAの中で又はそれを超えて，一列になった三つのうちの二つの点

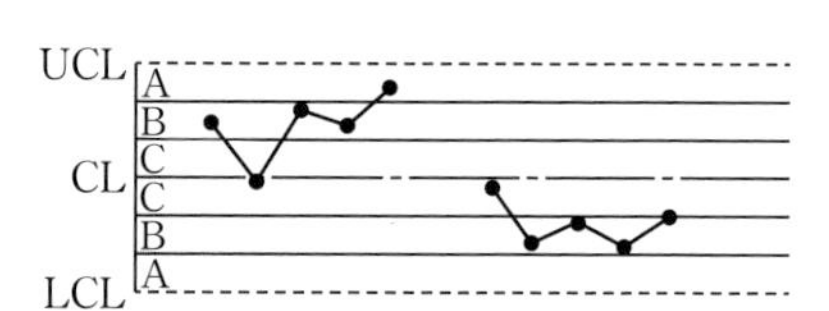

ルール6：中心線の片側上のゾーンBの中で又はそれを超えて，一列になった五つのうちの四つの点

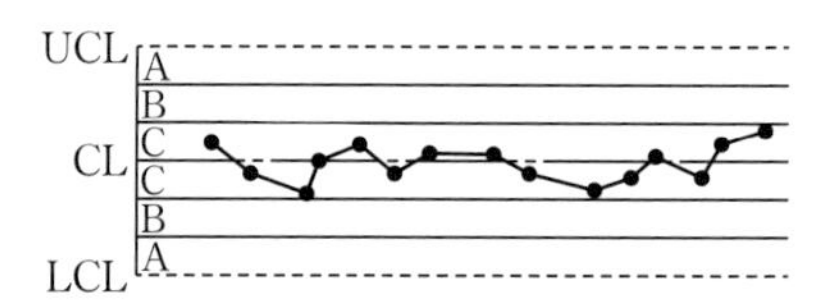

ルール7：中心線の上下のゾーンCの中で一列になった15点

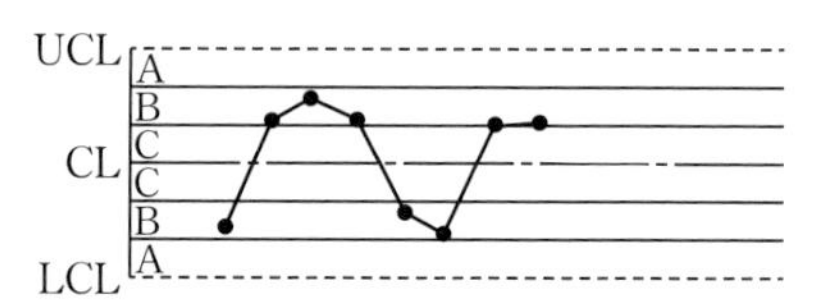

ルール8：中心線の両側上で一列になった八つの点で，ゾーンCに点はない

・CLは中心線，UCLは上側管理限界線，LCLは下側管理限界線である．
・管理限界線は，中心線から両側へ3シグマの距離にある．
・図中のA，B及びCの各ゾーンは，1シグマの幅である．

図 5.5　8つの異常判定ルール†

† JIS Z 9020-2:2016「管理図―第2部：シューハート管理図」（日本規格協会，2016年）附属書B 図B.1を改変

理解度確認　問題

次の文章で正しいものには○，正しくないものには×を選べ．

① 管理図は，工程が管理された安定状態になっているかという現状と傾向を把握するための時系列グラフである．

② $\overline{X}$-R 管理図では，不適合品数を測定対象とする．

③ 偶然原因によるばらつきとは，避けようと思えば避けることができるばらつきである．

④ $\overline{X}$-R 管理図は，中心位置のずれに「範囲」を，ばらつきの程度に「平均」を活用する管理図である．

⑤ 1日4個のデータをとり，日間変動を $\overline{X}$-R 管理図に表す場合，群は4個であり，群の大きさは1日である．

⑥ 管理図の管理限界線は，顧客が要求する規格限界の内側に配置する．

⑦ R 管理図では，上側管理限界線と下側管理限界線が必ず引かれる．

⑧ 管理図に関する8つの異常判定ルールでは，管理限界線から外れなければ異常と判定されることはない．

⑨ np 管理図は，群の大きさが一定のとき，不適合品率によって工程を管理図する場合に用いる．

⑩ p 管理図は，群の大きさが異なるとき，不適合品数によって工程を管理図する場合に用いる．

理解度確認　解答と解説

① **正しい（○）**．管理図は，現状の悪さ加減を時系列により把握する現状分析の機能と，警告を発する傾向把握の機能をもつグラフである．

☞ 5.1 節 1

② **正しくない（×）**．$\overline{X}$-R 管理図は，平均値と範囲を測定対象とする計量値の管理図である．不適合品数は計数値であるから，$\overline{X}$-R 管理図の利用は適さない．

☞ 5.1 節 5

③ **正しくない（×）**．避けようと思えば避けることができるばらつきは，異常原因によるばらつきといい，管理図の異常警告の対象となる．偶然原因によるばらつきは，十分に管理しても発生するやむを得ないばらつきである．

☞ 5.1 節 3

④ **正しくない（×）**．$\overline{X}$-R 管理図は，中心位置のずれに「平均」を，ばらつきの程度に「範囲」を活用する管理図である．

☞ 5.2 節 1

⑤ **正しくない（×）**．1 日 4 個のデータという場合，群は 1 日のことであり，群の大きさは 4 個である．

☞ 5.2 節 2

⑥ **正しい（○）**．管理限界線は，規格から外れないように事前警告を行う．事前に行うには規格限界の内側に配置する必要がある．

☞ 5.1 節 4

⑦ **正しくない（×）**．R 管理図で下側管理限界線の位置を係数表により計算するとき，D_3 は「考えなくて良い」とされる場合がある．この場合は下側管理限界線を引く必要はない．

☞ 5.2 節 2

⑧ **正しくない（×）**．管理図に関する 8 つの異常判定ルールは，管理限界線から外れる場合，あるいは管理限界線から外れなくても打点にくせがある場合は，異常となる．ばらつきは常に存在するはずであり，例えば全部が管理限界線内に留まる場合でも，ばらつきがほとんどない，というような変動がない状態は，異常と考えられる．

☞ 5.4 節

⑨ **正しくない（×）**．np 管理図は，不適合品率ではなく，不適合品数を測定対象とする．

☞ 5.3 節

⑩ **正しくない（×）**．p 管理図は，群の大きさが異なる場合を扱うため，不適合品数では比較が困難であるから，不適合品率で管理を行う．

☞ 5.3 節

練習 問題

【問 1】 管理図に関する次の文章において，[　　]内に入るもっとも適切なものを下欄の選択肢からひとつ選べ．ただし，各選択肢を複数回用いることはない．

① 管理図は，工程から得たデータの[(1)]度合いをもとに，工程の状態が[(2)]であるかを判断するために用いられる．

② 用いられるデータの種類によって，使用される管理図は異なる．例えば，重量，長さなどの計量値には[(3)]が使われ，不適合品率，不適合品数などの計数値には[(4)]が使われる．

③ [(4)]の管理線の計算方法は，各々違う．不適合品数の管理に使用され，その群の大きさが一定である[(5)]の場合，すべての群に対して，同じ上側，下側管理限界線が使用できる．しかし，不適合品率の管理に使用され，その群によって群の大きさが異なる[(6)]の場合は，各々の群に対して別々に管理限界線を計算する必要がある．

【選択肢】

ア．p 管理図や np 管理図　　イ．p 管理図　　ウ．np 管理図
エ．$\overline{X}$ 管理図や R 管理図　　オ．サンプル　　カ．ばらつき
キ．$\overline{X}$ 管理図や p 管理図　　ク．安定状態　　ケ．変動状態
コ．R 管理図や np 管理図

【問 2】 管理図に関する次の文章において，[　　]内に入るもっとも適切なものを下欄の選択肢からひとつ選べ．ただし，各選択肢を複数回用いることはない．

ある工程の安定状態を調べるために，表 5.A のデータを得た．このデータから $\overline{X}$-R 管理図を作成し，管理限界線の計算には，表 5.B を用いた．

① 表 5.A のデータより，$\overline{X}$ 管理図の中心線の値は[(1)]となり，上側管理限界線の値は[(2)]，下側管理限界線の値は[(3)]となる．

② 表5.Aのデータより，R管理図の中心線の値は［(4)］となり，上側管理限界線の値は［(5)］となる．ここではサンプル数が3であるために，下側管理限界線の値は限りなく［(6)］に近いために考慮しない．

表5.A

日	X_1	X_2	X_3	小計	平均	R
1	3.01	5.22	3.84	12.07	4.02	2.21
2	4.34	2.99	4.02	11.35	3.78	1.35
3	4.64	4.44	4.22	13.30	4.43	0.42
4	8.04	3.96	7.24	19.24	6.41	4.08
5	7.03	2.99	5.54	15.56	5.19	4.04
6	4.02	4.04	4.01	12.07	4.02	0.03
7	4.14	3.03	5.01	12.18	4.06	1.98
8	4.63	4.00	6.02	14.65	4.88	2.02
9	6.32	5.02	8.04	19.38	6.46	3.02
10	6.01	5.03	7.03	18.07	6.02	2.00
合計					49.29	21.15

表5.B　管理限界線を計算するための係数

サンプル数 n	A_2	D_3	D_4
2	1.880	—	3.267
3	1.023	—	2.575
4	0.729	—	2.282
5	0.577	—	2.114
6	0.483	—	2.004
7	0.419	0.076	1.924
8	0.373	0.136	1.864
9	0.337	0.184	1.816
10	0.308	0.223	1.777

【選択肢】

ア．0　　イ．2.115　　ウ．2.765

エ．4.929　　オ．5.446　　カ．7.093

【問3】 管理図に関する次の文章において，［　　］内に入るもっとも適切なものを下欄の選択肢からひとつ選べ．ただし，各選択肢を複数回用いることはない．

管理図を使用して工程を管理しているが，グループ A と B で特性値に違いがありそうだという意見が QC サークルメンバーから出た．1 日あたりサンプルを 4 つ取り，グループ A と B で層別した管理図（図 5.A 及び図 5.B）を作成し，工程の状態を見ることにした．

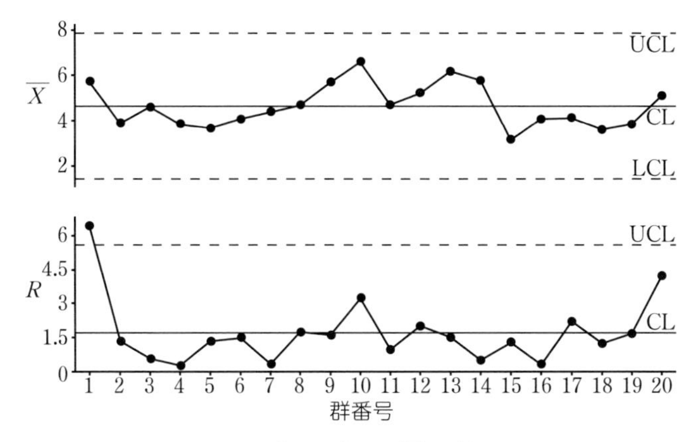

図 5.A グループ A の $\overline{X}$-R 管理図

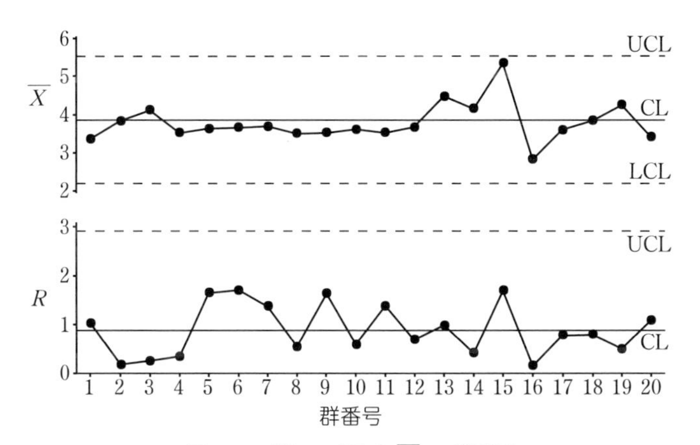

図 5.B グループ B の $\overline{X}$-R 管理図

工程が統計的管理状態にないと判断するための基準を活用して，これらの管理図から読み取れることは，次のとおりである．

① 管理限界線を外れる点が見られるのは，［(1)］である．

② 上昇傾向が見られるのは，［(2)］である．

③ 中心傾向が見られるのは，［(3)］である．

④ グループAとBでは，大きく［(4)］が異なるために，［(5)］することが望ましい．

【選択肢】

ア．グループAの $\overline{X}$ 管理図　イ．グループBの $\overline{X}$ 管理図

ウ．グループAの R 管理図　エ．グループBの R 管理図

オ．全体の R 管理図　カ．製品のばらつきを是正

キ．半日ごとの管理図を作成　ク．計量値　ケ．範囲

【問 4】 管理図に関する次の文章において，［　］内に入るもっとも適切なものを下欄の選択肢からひとつ選べ．ただし，各選択肢を複数回用いることはない．なお，解答にあたって必要であれば【問 2】の表5.Bを用いよ．

$\overline{X}$-R 管理図を作成するために，群の大きさ $n=7$ のデータを24組収集した．このデータに基づき，$\overline{X}$，R それぞれについて中心線と管理限界線を図に表したところ，図5.Cが得られた．

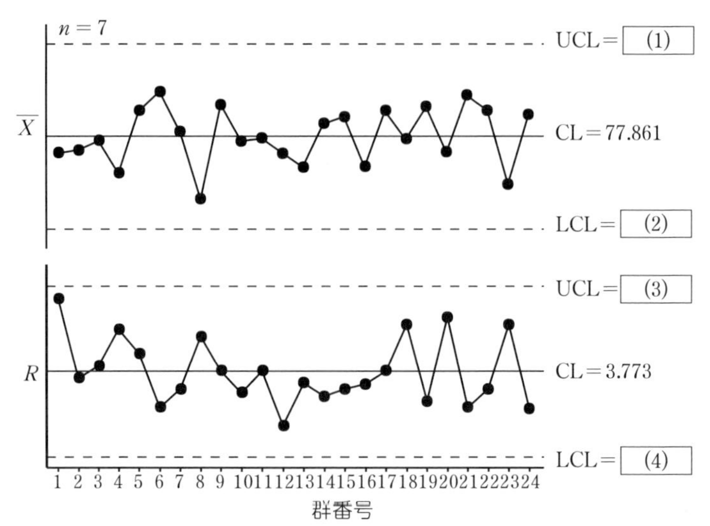

図 5.C $\overline{X}$-R 管理図

【選択肢】

ア．0　　イ．0.287　　ウ．7.259　　エ．7.561
オ．76.280　　カ．76.454　　キ．79.442　　ク．79.684

【問 5】 管理図に関する次の文章において，[　　　]内に入るもっとも適切なものを下欄の選択肢からひとつ選べ．ただし，各選択肢を複数回用いることはない．

① [(1)]管理図は，あらかじめ採取したデータに基づいて工程が安定状態であるかどうかを調べるための管理図である．他方，[(2)]管理図は，[(1)]管理図の管理限界線を延長して，データを採取するごとに異常がないかどうかを検討する管理図である．

② 代表的な管理図として，$\overline{X}$-R 管理図がある．$\overline{X}$-R 管理図では，[(3)]の変化（[(4)]変動）を表すものが R 管理図であり，[(5)]の変化（[(6)]変動）を表すものが $\overline{X}$ 管理図である．

【選択肢】

ア．安定　　イ．異常　　ウ．解析用　　エ．管理用　　オ．改善用
カ．品質　　キ．平均　　ク．ばらつき　　ケ．群内　　コ．群外
サ．群間　　シ．偶然

練習 解答と解説

【問 1】 管理図の概要に関する問題である．

解答 (1) **カ**　(2) **ク**　(3) **エ**　(4) **ア**　(5) **ウ**　(6) **イ**

① 管理図は，工程から得たデータの［(1) **カ．ばらつき**］度合いをもとに，工程が統計的に管理された状態，すなわち［(2) **ク．安定状態**］であるかを判断するために使われる．

☞ 5.1 節 1

② 用いられるデータの種類（計量値，計数値）により，使用される管理図は

異なる．重量，長さなどの計量値には［(3)　**エ．$\overline{X}$ 管理図や R 管理図**］を，不適合品率，不適合品数などの計数値には［(4)　**ア．p 管理図や np 管理図**］を，それぞれ用いる．

☞ 5.1 節 5

③　p 管理図と np 管理図の管理線の計算方法は，各々違う．

［(5)　**ウ．np 管理図**］は，不適合品数の管理に使用され，その群の大きさは一定である．すべての群に対して，同じ上側管理限界線，下側管理限界線が使用できる．一方，［(6)　**イ．p 管理図**］は，不適合品率の管理に使用され，その群によって群の大きさが異なるので，各々の群に対して別々に管理限界線を計算する必要がある．

☞ 5.3 節

【問 2】 $\overline{X}$-R 管理図の計算に関する問題である．

（解答）　(1) **エ**　(2) **カ**　(3) **ウ**　(4) **イ**　(5) **オ**　(6) **ア**

(1)　$\overline{X}$ 管理図の中心線の位置は「$\overline{X}$ の平均値」である．表 5.A では，1 日のサンプルが X_1，X_2，X_3 の 3 つ（群の大きさ）であり，日ごとの平均 $\overline{X}$ の 10 日間の平均 $\overline{\overline{X}}$ が，$\overline{X}$ 管理図の中心線の値となる．

$\overline{\overline{X}}$ は，10 日間の $\overline{X}$ の平均であるから，$\dfrac{49.29}{10} = 4.929$ である．よって，

$\overline{X}$ 管理図の中心線の値は，［(1)　**エ．4.929**］である．

☞ 5.2 節 2

(2)　$\overline{X}$ 管理図の上側管理限界線の値を求める公式は，$\overline{\overline{X}} + A_2 \times \overline{R}$ である．

R の平均 $\overline{R}$ は，$\dfrac{21.15}{10} = 2.115$ である．

係数 A_2 の値は，表 5.B（管理限界線を計算するための係数）より，サンプル数が 3 の場合は 1.023 である．

これらの数値と (1) で求めた $\overline{\overline{X}}$ の値より，$4.929 + 1.023 \times 2.115 = 7.092645$

よって，$\overline{X}$ 管理図の上側管理限界線の値は，［(2)　**カ．7.093**］である．

☞ 5.2 節 2

(3)　$\overline{X}$ 管理図の下側管理限界線の値を求める公式は，$\overline{\overline{X}} - A_2 \times \overline{R}$ である．

(2) と同様に計算すると，$4.929 - 1.023 \times 2.115 = 2.765355$

よって，$\overline{X}$ 管理図の下側管理限界線の値は，［(3)　**ウ．2.765**］である．

☞ 5.2 節 2

(4)　R 管理図の中心線の値は，範囲 R の平均 $\overline{R}$ である．この値は (2) で求めており，その値は［(4)　**イ．2.115**］である．　☞ **5.2 節 2**

(5)　R 管理図の上側管理限界線の値を求める公式は，$D_4 \times \overline{R}$ である．

R の平均 $\overline{R}$ は，(2) で求めたように，2.115 である．

係数 D_4 の値は，表 5.B（管理限界線を計算するための係数）より，サンプル数が 3 の場合は 2.575 である．

これらの数値より，$2.575 \times 2.115 = 5.446125$

よって，R 管理図の上側管理限界線の値は，［(5)　**オ．5.446**］である．

☞ **5.2 節 2**

(6)　R 管理図の下側管理限界線の値を求めるときは，サンプル数に注意する．サンプル数が 6 以下の場合は，限りなく［(6)　**ア．0**］に近い値をとるので，下側管理限界線を考慮しなくてよい．　☞ **5.2 節 2**

【問 3】 $\overline{X}$-R 管理図の読み方に関する問題である．

（**解答**）　(1) **ウ**　(2) **ア**　(3) **イ**　(4) **ケ**　(5) **カ**

①　管理限界線を外れている点（プロット）が見られるのは，［(1)　**ウ．グループ A の R 管理図**］の群番号 1 である（**図 5.a**）．　☞ **5.4 節**

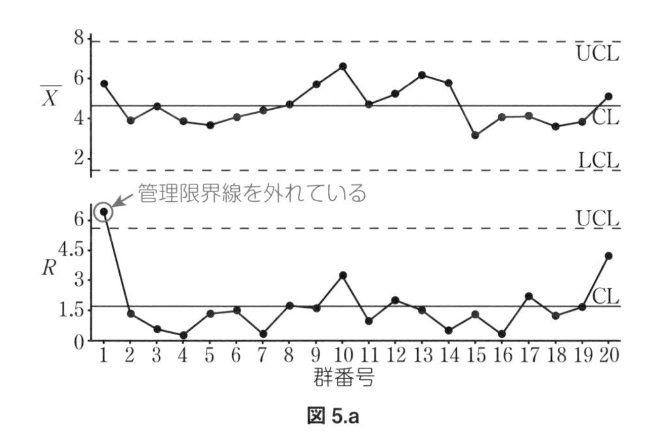

図 5.a

②　上昇傾向が見られるのは，［(2)　**ア．グループ A の $\overline{X}$ 管理図**］である（**図 5.b**）．　☞ **5.4 節**

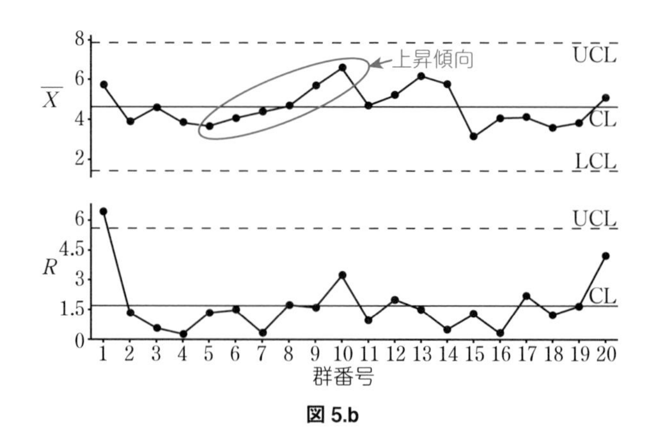

図 5.b

③ 中心傾向が見られるのは［(3) **イ．グループ B の $\overline{X}$ 管理図**］である（**図 5.c**）．

☞ 5.4 節

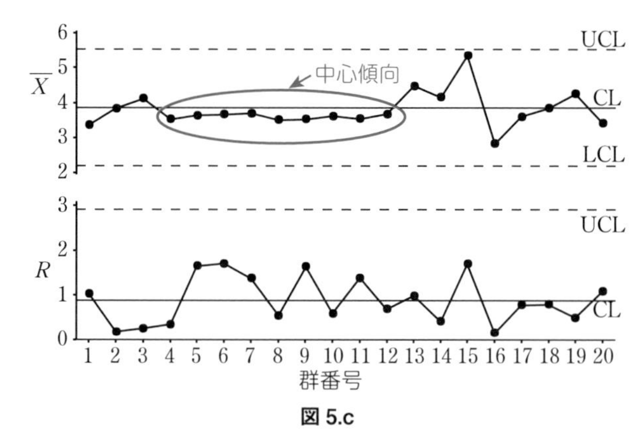

図 5.c

④ グループ A と B の R 管理図を比較すると，［(4) **ケ．範囲**］が大きく異なることがわかる．グループ A の製品の範囲は大きいことから，グループ A の製品は「ばらつき」が大きいことがわかる．そのため，［(5) **カ．製品のばらつきを是正**］することが望ましい．

☞ 5.4 節

【問 4】$\overline{X}$-R 管理図の計算に関する問題である．

解答 (1) **キ** (2) **オ** (3) **ウ** (4) **イ**

(1)　$\overline{X}$ 管理図の上側管理限界線 UCL の値を求める公式は，$\overline{\overline{X}}+A_2\times\overline{R}$ である．

図 5.C の $\overline{X}$ 管理図の中心線 CL の値は $\overline{\overline{X}}$ であり，その値は 77.861 である．また，図 5.C の R 管理図の中心線 CL の値は $\overline{R}$ であり，その値は 3.773 である．さらに，係数 A_2 の値は，表 5.B（管理限界線を計算するための係数）より，n が 7 の場合は 0.419 である．これらの数値より

$$77.861+0.419\times3.773=79.441887$$

よって，$\overline{X}$ 管理図の UCL の値は，［(1)　**キ．79.442**］である．

☞ 5.2 節 2

(2)　$\overline{X}$ 管理図の下側管理限界線 LCL の値を求める公式は，$\overline{\overline{X}}-A_2\times\overline{R}$ である．

必要な数値は (1) ですでに求めており，それらの数値より

$$77.861-0.419\times3.773=76.280113$$

よって，$\overline{X}$ 管理図の LCL の値は，［(2)　**オ．76.280**］である．

☞ 5.2 節 2

(3)　R 管理図の上側管理限界線 UCL の値を求める公式は，$D_4\times\overline{R}$ である．

$\overline{R}$ は，(1) で求めたように，3.773 である．

係数 D_4 の値は，表 5.B（管理限界線を計算するための係数）より，n が 7 の場合は 1.924 である．これらの数値より

$$1.924\times3.773=7.259252$$

よって，R 管理図の UCL の値は，［(3)　**ウ．7.259**］である．☞ 5.2 節 2

(4)　R 管理図の下側管理限界線 LCL の値を求める公式は，$D_3\times\overline{R}$ である．

$\overline{R}$ は，(1) で求めたように，3.773 である．

係数 D_3 の値は，表 5.B（管理限界線を計算するための係数）より，n が 7 の場合は 0.076 である．これらの数値より

$$0.076\times3.773=0.286748$$

よって，R 管理図の LCL の値は，［(4)　**イ．0.287**］である．☞ 5.2 節 2

【問 5】ばらつきの管理と管理図の機能に関する問題である．

（解答）　(1) **ウ**　(2) **エ**　(3) **ク**　(4) **ケ**　(5) **キ**　(6) **サ**

①　管理図には，解析用管理図と管理用管理図がある．

解析用管理図は，まずデータを採取し，その後に計算を行い，管理線を設定する．他方，管理用管理図は，既に解析用管理図により管理線が設定されている状態であり，引き続きデータを組み込み安定状態の維持を管理するものである．

以上をヒントに問題文を読むと，“ (2) 管理図は (1) 管理図の管理限界線を延長して ”という記述より，[(1)　**ウ．解析用**]，[(2)　**エ．管理用**]である．

☞ 5.1 節 5

②　$\overline{X}$-R 管理図の基本機能に関する問題である．前提知識として，$\overline{X}$-R 管理図の作成手順を確認する．

❶ 例えば1日を群としてデータをとる．群の大きさ n は 2, 4, 5 が多い（1日で2回，4回，5回のデータ収集という意味である）．
❷ $\overline{X}$ 管理図の作成用に，群ごとに平均値を計算する．
❸ R 管理図の作成用に，群ごとに範囲（最大値−最小値 のことで，常に正の値である）を計算する．
❹ 管理線を計算する．

以上の知識から，本問を検討する．

- $\overline{X}$ 管理図では，群の平均値を計算してプロットするので，群間の変動を観察することができる．
- R 管理図では，群の最大値と最小値の差（すなわち，ばらつき）をプロットするので，群内の変動を観察することができる．

このことから，R 管理図は [(3)　**ク．ばらつき**] の変化（[(4)　**ケ．群内**] 変動）を表すものであり，$\overline{X}$ 管理図は [(5)　**キ．平均**] の変化（[(6)　**サ．群間**] 変動）を表すものである．

☞ 5.2 節 3

手法分野

6章 工程能力指数・相関分析

工程能力指数と
相関分析の計算方法
を学習します

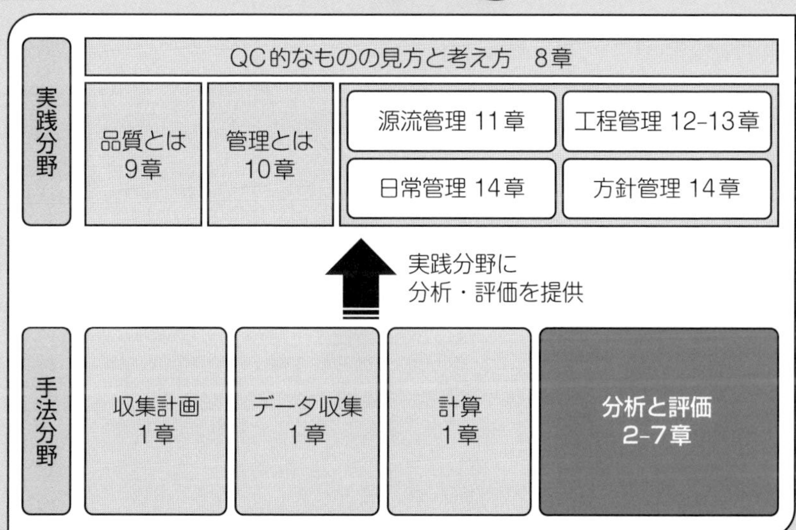

6.1 工程能力指数

出題頻度

1 工程能力指数とは

工程能力とは，工程において規格どおりに製品・サービスを作り出すことができる能力のことです．工程が安定状態にあることが能力測定の前提条件となります．**工程能力指数**とは，この工程能力を数値で表した指標です．なお，工程が安定状態か否かは管理図により評価できます（5.1 節参照）．

工程能力を数値で表す理由は，事実に基づく管理です．数値であれば，誰にでもわかりやすく客観的かつ定量的に工程能力を把握できるからです．

工程能力指数は，その数値が高いほど，規格どおりに製品が生産されている良い製造工程となります．反対に工程能力指数が低い場合には，規格はずれの不適合品が多くなることが予想され，改善が必要な製造工程といえます†．

2 工程能力指数（その 1：C_p）

工程能力は「規格どおりに」がポイントです．自社の能力が一定でも，規格（顧客要求）が変動した場合には，工程能力指数も変動します．工程能力指数は，規格と工程のばらつき具合の対比なのです．すなわち，分布の中心位置のずれとばらつきの程度（**図 6.1**）が影響します．

まずは，「ばらつきの

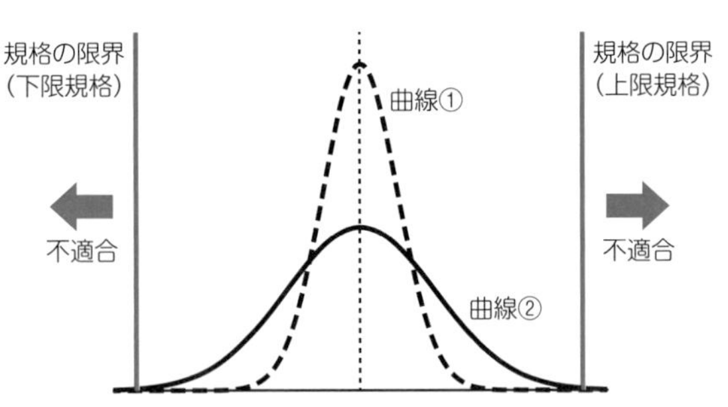

図 6.1　ばらつき具合と規格限界

† 関根嘉香『品質管理の統計学』（オーム社，2012 年）p.63

程度」を考えます．両側に規格があり，中心位置のずれがない場合には，規格幅（公差）と工程のばらつき程度を対比し，工程能力指数を計算します．この場合，工程能力指数は，記号 $\boldsymbol{C_p}$（シーピー：Process Capability）で表します．

C_p の計算式は，次のとおりです．ただし，上限規格値は記号 S_U（エスユー：Upper Specification），下限規格値は記号 S_L（エスエル：Lower Specification）で表します．

$$C_p = \frac{\text{上限規格値}-\text{下限規格値}}{6\times\text{標準偏差}} = \frac{S_U - S_L}{6\sigma}$$

分母の「6σ」は，工程のばらつきが $\pm 3\sigma$（幅 6σ）である，ということです（5.1 節 4 参照）．上の計算式から，$C_p = 1.00$（分母 = 分子 の場合）とは，規格幅が 6σ の場合とわかります．

3 工程能力指数（その2：C_{pk}）

次は，中心位置にずれがある場合（**かたより**がある場合，ともいう）を考えます．片側だけに規格が存在する場合や，母平均が規格の中心からずれている場合です．この場合には，別の工程能力指数である $\boldsymbol{C_{pk}}$ を使用します．

C_{pk} の計算式は，次のとおりです．分母が「3σ」であることに注意です．

- **上限規格値しかない場合**

$$C_{pk} = \frac{\text{上限規格値}-\text{平均値}}{3\times\text{標準偏差}} = \frac{S_U - \mu}{3\sigma}$$

- **下限規格値しかない場合**

$$C_{pk} = \frac{\text{平均値}-\text{下限規格値}}{3\times\text{標準偏差}} = \frac{\mu - S_L}{3\sigma}$$

- **両側に規格値があるが，母平均が規格の中心からずれている場合**

  両側に規格があっても，平均値が規格の中心と一致しない場合には，C_{pk} の計算を行うのが適切です．この場合，$C_p > C_{pk}$ の関係があるので，C_p は工程能力指数が高めに計算され，適切とはいえないからです．この場合の C_{pk} には，2 つの計算方法があります．

方法①：上の片側規格の式を用いて，上限・下限それぞれに対する C_{pk} を求め，小さい方の値を，C_{pk} として採用する

方法②：平均値に近い方の規格値と平均値との差を 3σ（標準偏差の 3 倍）で割った値を，C_{pk} として採用する

4 工程能力指数による判断基準

1 では，工程能力指数を“工程能力を数値で表した指標”と述べました．**2** と **3** で工程能力指数の計算式を示しましたが，実際に，計算から得た数値が，「工程能力としてどうなのか」を判断する必要があります．

工程能力指数の判断基準は，**表 6.1** のとおりです．

表 6.1　工程能力の判断基準†

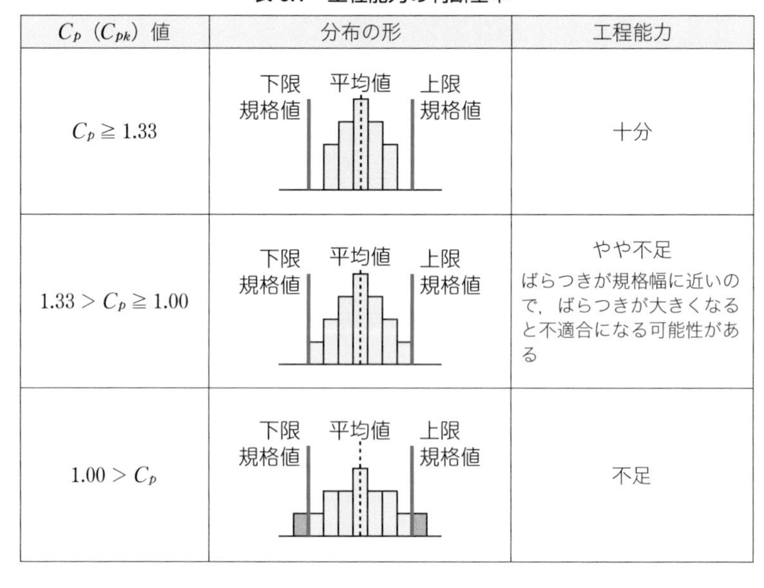

C_p（C_{pk}）値	分布の形	工程能力
$C_p \geqq 1.33$	下限規格値　平均値　上限規格値	十分
$1.33 > C_p \geqq 1.00$	下限規格値　平均値　上限規格値	やや不足 ばらつきが規格幅に近いので，ばらつきが大きくなると不適合になる可能性がある
$1.00 > C_p$	下限規格値　平均値　上限規格値	不足

† JIS Q 9027：2018「マネジメントシステムのパフォーマンス改善 ― プロセス保証の指針」（日本規格協会，2018 年）4.3.3 表 2 を改変

5 工程能力調査の手順

工程能力が不足ならば改善や検査の強化が必要ですし，十分ならば標準化を進めることになります．したがって，工程能力指数の評価によって，その後の行動がそれぞれ変わります．

工程能力を活用した品質管理の手順は，次のとおりです．

手順❶ 調査対象の工程を明確にして，データを収集する

手順❷ 管理図（5 章参照）**を作成し，工程が安定状態であることを確認する**

手順❸ ヒストグラム（3.1 節参照）**を作成し，工程能力指数を計算する**

手順❹ 工程能力を判断する（不足であれば改善する）

6 工程能力指数の計算

工程能力指数の計算を，例題を通して理解しましょう．

例題 6.1

ある製品のサイズを測定したところ，**図 6.2** が得られた．上限規格値 S_U は 45 mm，下限規格値 S_L は 15 mm，平均値 μ は 30 mm，標準偏差 σ は 5 mm である．工程能力指数を計算し，工程能力を評価せよ．

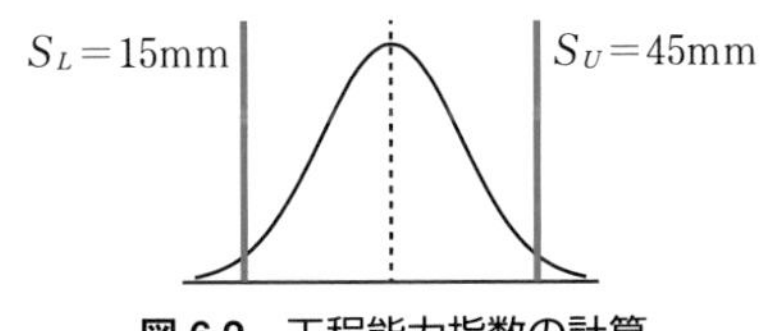

図 6.2 工程能力指数の計算

解答

QC 検定 3 級の試験問題では，上限規格値，下限規格値の記号 S_U，S_L が，その説明なしに示される場合があるので，S_U，S_L の意味はしっかり覚えておく必要があります．また，本問の問題文と同じ意味で「規格値は 30 ± 15 mm」と示される場合もありますが，その場合は，上限規格値 S_U が 45 mm（$=30$ mm$+15$ mm），下限規格値 S_L が 15 mm（$=30$ mm-15 mm）であることを押さえる必要があります．

本問では，規格の中心と平均値が一致しているので，C_p を計算します．

$$C_p = \frac{S_U - S_L}{6\sigma} = \frac{45-15}{6\times5} = 1.00$$

C_p の計算では，分母は 6×σ

この計算で得られた工程能力指数 $C_p = 1.00$ は，工程能力が**「やや不足」**と評価されます（表 6.1 参照）．工程の改善が必要です．

例題 6.2

平均値が規格の中心から偏っている製品を測定したデータがある．S_U は 112 mm，S_L は 100 mm，標準偏差 σ は 3 mm であった．平均値 μ が 109 mm である場合，工程能力指数を計算し，工程能力を評価せよ．

解答

本問では，規格の中心（106 mm）と平均値がずれていますが，上下両側に規格があるので，上限規格と下限規格の両方の C_{pk} を計算します（**3** 参照）．

方法①：上限・下限それぞれに対する C_{pk} を求め，小さい方の値を，C_{pk} として採用する．

上限規格について

$$C_{pk} = \frac{S_U - \mu}{3\sigma} = \frac{112-109}{3\times3} \fallingdotseq 0.33$$

下限規格について

$$C_{pk} = \frac{\mu - S_L}{3\sigma} = \frac{109-100}{3\times3} = 1.00$$

C_{pk} の計算では，分母は 3×σ

上限規格については 0.33，下限規格については 1.00 なので，C_{pk} は値が小さい方の 0.33 を採用します．

方法②：平均値に近い方の規格値と平均値との差を 3σ（標準偏差の3倍）で割った値を，C_{pk} として採用する．

言葉で書くとわかりづらいのですが，手順を分けると簡単です．

手順❶ S_U と S_L とで平均値に近い方を選択する（ここがポイント）

手順❷ 片側規格の場合と同じ方法で C_{pk} を計算する

本問の場合，$S_U = 112\text{mm}$，$S_L = 100\text{mm}$，平均値109mmですから，平均値に近いのは S_U です．そこで，C_{pk} は，上限規格についてのみ計算します．

$$C_{pk} = \frac{S_U - \mu}{3\sigma} = \frac{112-109}{3\times 3} \fallingdotseq 0.33$$

当然ながら，**方法**①と**方法**②とでは，結果として得られる C_{pk} は同じ値になりますが，**方法**②の方が短時間で計算できるメリットがあります．ただし，分子の差は必ず正の値としますので，注意してください．

工程能力指数0.33は，工程能力が「**不足**」と評価されます（表6.1参照）．工程の改善が必要です．

攻略の掟

- **其の壱** 工程能力指数は，計算ができるようにすべし！
- **其の弐** 工程能力指数の合格は1.33以上，と記憶すべし！

6.2 相関分析

出題頻度

1 相関分析とは

相関分析とは，2 種類のデータに，どの程度，直線的な関係があるかを数値で表す分析です．

3.2 節で散布図を扱った際，“2 種類のデータを散布図に表す場合，両者の間に「**直線的な関係**」がある場合のことを，「**相関関係がある**」といいます”と解説しましたが，相関分析は，この相関関係の程度を数値化するものです．そして，この相関関係の程度を数値化したものを，**相関係数**といいます．相関係数は，記号 r で表します．

2 相関分析の手順

相関分析の手順は，次のとおりです．

手順❶ 散布図を描き，異常なデータの有無や，層別の要否を判断する

手順❷ 散布図により，打点のばらつきから相関の有無を判定する

手順❸ 相関係数を計算する

手順❶ と 手順❷ は，3.2 節で扱いましたので，以下では，手順❸ の相関係数の計算を解説します．

3 相関係数の計算式

相関係数の計算では，基本統計量（1.2 節参照）の知識を活用します．相関係数の計算式は，次のとおりです．

$$相関係数：r = \frac{S_{xy}}{\sqrt{S_{xx} \times S_{yy}}}$$

ただし，S_{xx} は x の偏差平方和，S_{yy} は y の偏差平方和，S_{xy} は x と y の偏(へん)差積和(させきわ)です．

偏差積和とは，次のような意味です．言葉を分解して解説します．

- 「偏差」とは，測定値−平均値 のこと
- 「偏差積」とは，「偏差」同士の「積」，すなわち，x の偏差と y の偏差を掛けたもの
- 「偏差積和」とは，「偏差積」の「和」，すなわち，全ての偏差積を合計したもの

相関係数の計算式と，各記号の意味は，覚えておく必要があります．ただし，相関係数を求めるための偏差平方和や偏差積和の数値は，問題文の中に提示されているのが通例です．相関係数の計算を，以下の例題で理解しましょう．

例題 6.3

あるデータにおいて，$S_{xx}=28$，$S_{yy}=28$，$S_{xy}=25$ であることがわかっている．この場合の相関係数 r を計算せよ．

解答

与えられた数値を相関係数の計算式に代入して計算します．

$$r=\frac{S_{xy}}{\sqrt{S_{xx}\times S_{yy}}}=\frac{25}{\sqrt{28\times 28}}=\frac{25}{28}\fallingdotseq 0.89$$

4 相関係数の特徴

相関係数により，相関関係の程度を定量的に表すことができます．相関係数の特徴は，次のとおりです．

- 相関係数 r の値は，-1 以上 1 以下である（$-1\leqq r\leqq 1$）
- 相関係数 r が -1 に近いほど，分布は右下がりの直線に近くなる
- 相関係数 r が 1 に近いほど，分布は右上がりの直線に近くなる

5 相関係数の評価

散布図と相関係数の関係は，**図 6.3** のようになります．

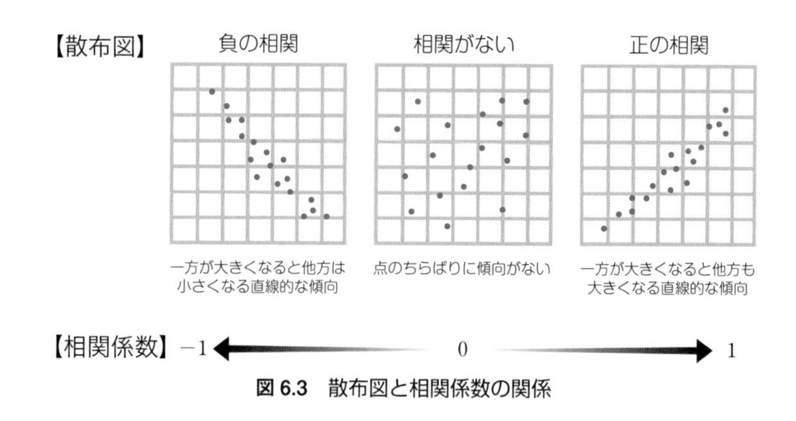

図 6.3 散布図と相関係数の関係

相関を調べた 2 種類のデータについては，相関係数により，評価を行います．評価のおおよその目安は，**表 6.2** のとおりです．

表 6.2 相関係数と相関分析の評価†

相関係数	評価
0.7～1.0	強い正の相関がある
0.4～0.7	正の相関がある
0.2～0.4	弱い正の相関がある
−0.2～0.2	ほとんど相関がない
−0.4～−0.2	弱い負の相関がある
−0.7～−0.4	負の相関がある
−1.0～−0.7	強い負の相関がある

相関係数が 1 の場合は「**完全な正の相関**」，−1 の場合は「**完全な負の相関**」と評価し，いずれの場合も分布は同一直線に乗ります．一方，相関係数が 0 の場合は「**無相関**」と評価し，直線的な分布を全く示しません．なお，散布図の点のちらばりに**二次関数の傾向**が見える（放物線状に分布する）場合，傾向はありますが，直線的な関係がないため無相関と評価されることがあります．

攻略の掟

- **其の壱** 相関係数の計算式は，記憶すべし！
- **其の弐** 散布図を相関係数で評価できるようにすべし！

† 佐々木隆宏『流れるようにわかる統計学』（KADOKAWA，2017 年）p.101

理解度確認 問題

次の文章で正しいものには○，正しくないものには×を選べ.

① 工程能力は，工程が安定状態であるか否かを示す能力である.

② 工程能力指数は，規格（顧客要求）と工程のばらつき程度の対比である.

③ 上下の両側に規格限界があり，中心位置に規格中心からのずれがある場合，工程能力指数はC_pの計算式により計算する.

④ C_pの計算式は，$\dfrac{\text{上限規格値}-\text{下限規格値}}{3\times\text{標準偏差}}$である.

⑤ 片側規格の工程能力指数は，C_{pk}の計算式により計算する.

⑥ $C_p=1.00$は，規格幅が6σの場合である.

⑦ $C_p=1.00$である場合，工程能力は十分であると評価できる.

⑧ 相関分析とは，2種類のデータの間に直線的な関係がある場合，この相関関係の程度を数値化するものである.

⑨ 2種類のデータx，yについての相関係数の計算式は，$\dfrac{S_{xx}}{\sqrt{S_{xy}\times S_{yy}}}$である.

⑩ 相関係数は，-1以上$+1$以下の値で示され，相関係数が$+1$あるいは-1に近いほど，相関関係は弱いと評価される.

理解度確認　解答と解説

① **正しくない（×）**．工程能力は，工程が安定状態にあることを前提に，規格どおりに製品・サービスを作り出す能力である．工程が安定状態であるか否かを示す能力ではない．　☞ 6.1 節 1

② **正しい（○）**．工程能力指数は，規格どおりに製品を作り出す能力を数値で表す．製品を作り出す能力は，工程のばらつきから影響を受けることを踏まえ，工程能力指数は規格とばらつきの程度を対比した値で定義する．　☞ 6.1 節 2

③ **正しくない（×）**．工程能力指数 C_p は，両側に規格があり，中心位置のずれがない場合に使用する．ずれがある場合は C_{pk} を使用する．　☞ 6.1 節 3

④ **正しくない（×）**．C_p の計算式は，$\dfrac{\text{上限規格値}-\text{下限規格値}}{6\times\text{標準偏差}}$ である．分母の係数に注意してほしい．　☞ 6.1 節 2

⑤ **正しい（○）**．規格が上限値または下限値の一方だけである片側規格の場合は，C_{pk} の計算式により工程能力指数を計算する．　☞ 6.1 節 3

⑥ **正しい（○）**．$C_p=1.00$ は，計算式 $\dfrac{\text{上限規格値}-\text{下限規格値}}{6\times\text{標準偏差}}$ の分母と分子が同じ数値であることを意味する．分子は規格幅を意味し，分母は6σであるから，$C_p=1.00$ の場合，分子の規格幅は分母 6σ と等しい．　☞ 6.1 節 2

⑦ **正しくない（×）**．$C_p=1.00$ は，工程能力として「やや不足」である．十分と評価されるには 1.33 以上が必要である．　☞ 6.1 節 4

⑧ **正しい（○）**．相関分析は，2 種類のデータの相関関係（直線的関係）の程度を，客観的な指標として数値で表すものである．　☞ 6.2 節 1

⑨ **正しくない（×）**．相関係数の計算式は，$\dfrac{S_{xy}}{\sqrt{S_{xx}\times S_{yy}}}$ である．　☞ 6.2 節 3

⑩ **正しくない（×）**．相関係数は直線的な関係を表し，-1 以上 1 以下の数値で示される．$+1$ に近いほど強い正の相関と評価され，-1 に近いほど強い負の相関と評価される．　☞ 6.2 節 5

練習問題

■練習では，本番に準じ，章をまたぐ内容も出題します．

【問 1】 工程能力指数に関する次の文章において，[　　]内に入るもっとも適切なものを下欄の選択肢からひとつ選べ．ただし，各選択肢を複数回用いることはない．

① 工程能力指数とは，工程における[(1)]の関係を表す定量的尺度であり，工程が[(2)]状態で測定される．工程能力指数は，[(3)]が小さい方が精度は良いことになる．

② 工程能力指数が$C_p = 1.00$である場合，標準偏差をσとすると，規格の幅は[(4)]と等しい．この場合，正規分布の性質から全体の[(5)]%が規格の範囲内に入る良品となり，[(6)]%は規格から外れる．

③ 工程能力指数$C_p = 1.00$から工程能力を評価すると，[(7)]と判定されるので，工程の[(3)]を改善する必要性が[(8)]．

④ 規格が片側だけの場合，工程能力指数はC_{pk}で表す．C_{pk}はまた，[(9)]がある，すなわち平均と規格の中心が一致しない場合にも使用される．

⑤ 両側規格がある場合でも，平均と規格の中心が一致しない可能性がある場合には，C_pによる管理だけでなく，C_{pk}による管理も行うのが良い．これは，この場合，C_pとC_{pk}の間に[(10)]の関係が成り立つからである．

【[(1)]～[(6)]の選択肢】

ア．規格と分布　イ．不安定な　ウ．ばらつき　エ．6σ
オ．平均と分散　カ．安定した　キ．平均　ク．3σ
ケ．0.3　コ．5　サ．95　シ．99.7

【[(7)]～[(10)]の選択肢】

ア．十分　イ．やや不足　ウ．不足　エ．ない
オ．ある　カ．かたより　キ．欠陥　ク．不適合
ケ．$C_p = C_{pk}$　コ．$C_p < C_{pk}$　サ．$C_p > C_{pk}$

【問 2】工程能力指数に関する次の文章において，[　　]内に入るもっとも適切なものを下欄の選択肢からひとつ選べ．ただし，各選択肢を複数回用いることはない．

製品Aを製造している工程は安定状態であり，平均10.0，標準偏差1.0である．製品の規格は両側にあり，規格値は10.5±4.0である．

この場合の工程能力指数C_pは[(1)]であり，平均のかたよりを考慮した工程能力指数C_{pk}は[(2)]である．この結果，工程能力は[(3)]と判定できる．

【選択肢】

ア．0.67　イ．1.00　ウ．1.17　エ．1.33
オ．1.50　カ．不足　キ．やや不足　ク．十分

【問 3】工程能力指数に関する次の文章において，[　　]内に入るもっとも適切なものを下欄の選択肢からひとつ選べ．ただし，各選択肢を複数回用いることはない．

機械部品Aの外径の規格は35.00±0.50 mmである．機械部品Aの製造工程は安定状態であり，標準偏差は0.17 mmであった．工程能力指数C_pを計算すると[(1)]であることから，工程能力は不足といえる．また，平均値は下限規格値側にかたよっていて，$C_{pk}=0.67$であるならば，平均値は，約[(2)]mmで，規格の中心から約[(3)]mmずれていることがわかる．

【選択肢】

ア．0.158　イ．0.342　ウ．0.98
エ．1.02　オ．34.158　カ．34.842

【問 4】工程能力指数に関する次の文章において，[　　]内に入るもっとも適切なものを下欄の選択肢からひとつ選べ．ただし，各選択肢を複数回用いることはない．

製品Qの製作ラインからサンプルを取り100個の重量を測定したところ，平均が7.0 g，標準偏差が0.2 gであり，製作工程は安定状態とみなしてよい状態だった．この製品の上限規格値は7.6 g，下限規格値は6.6 gである．

工程能力指数C_pを計算したところ［(1)］であり，かたよりを考慮したC_{pk}は［(2)］であった．$C_p = 1.33$とするためには，標準偏差を［(3)］gになるようにしなければならない．平均を7.0 gのままにしつつ，$C_{pk} = 1.33$とするためには，標準偏差が［(4)］gになるように工程を改善する必要がある．

【選択肢】

ア．0.10　イ．0.125　ウ．0.20　エ．0.225

オ．0.38　カ．0.67　キ．0.77　ク．0.83

【問 5】 相関分析に関する次の文章において，［　］内に入るもっとも適切なものを下欄の選択肢からひとつ選べ．ただし，各選択肢を複数回用いることはない．

ある開発途中の合成製品に含まれる成分を調査するために，その製品を10サンプル用意し，成分Aの含有量X_1と成分Bの含有量X_2を測定し，表6.Aのデータを得た．

表 6.A　データ

No.i	X_{1i}	X_{2i}
1	31	36
2	28	30
3	33	34
4	36	39
5	37	38
6	30	31
7	34	36
8	35	35
9	32	34
10	38	40
合計	334	353
平均値	33.4	35.3

$(X_{1i}-\overline{X}_1)^2$	$(X_{2i}-\overline{X}_2)^2$	$(X_{1i}-\overline{X}_1)(X_{2i}-\overline{X}_2)$
5.76	0.49	−1.68
29.16	28.09	28.62
0.16	1.69	0.52
6.76	13.69	9.62
12.96	7.29	9.72
11.56	18.49	14.62
0.36	0.49	0.42
2.56	0.09	−0.48
1.96	1.69	1.82
21.16	22.09	21.62
92.40	94.10	84.80

また，得られたデータX_1とデータX_2の散布図は図6.Aのとおりである．

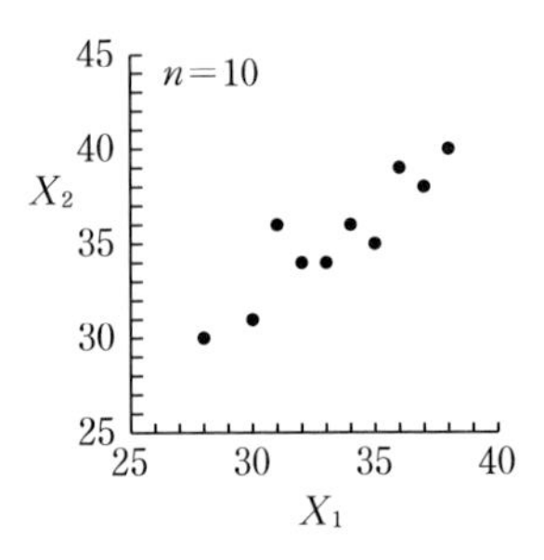

図 6.A X_1 と X_2 の散布図

一般に，2種類のデータの組 (x, y) がある場合，x の (1) を S_{xx}，y の (1) を S_{yy}，x と y の (2) を S_{xy} とすると，x と y の相関係数の計算式は (3) である．

X_1 と X_2 の相関係数の値を求めると (4) である．図 6.A の散布図と相関係数の値より，X_1 と X_2 の間については (5) といえる．

【(1) ～ (3) の選択肢】

ア．偏差平方和　イ．偏差積和　ウ．$\dfrac{S_{xy}}{\sqrt{S_{xx}S_{yy}}}$　エ．$\dfrac{S_{yy}}{\sqrt{S_{xx}S_{xy}}}$

【(4) (5) の選択肢】

ア．正の相関がある　イ．負の相関がある　ウ．無相関

エ．0.91　オ．93.25

【問 6】 散布図と相関分析に関する次の文章において，　　内に入るもっとも適切なものを下欄の選択肢からひとつ選べ．ただし，各選択肢を複数回用いることはない．

① QC 七つ道具の中で，2つの変数データの関係性を見るために活用されるツールは (1) であり，その2つの変数データを定量的に分析する方法は (2) である．

② 2つの変数データ (x, y) の相関係数を r とすると，その特徴として，r は常に (3) の範囲にある．x が大きくなると y も大きくなる傾向があるとき，r は (4) の値となり，x が大きくなると y が小さくなる傾向があるとき，r は (5) の値となる．

③ rの値が1または -1 に近い場合，散布図における点の配置は［(6)］に近くなり，相関関係は［(7)］い．rが0の場合，相関関係は［(8)］い．

④ 相関係数rを求めるとき，偏差平方和 $S_{xx}=47.5$，$S_{yy}=27.2$，偏差積和 $S_{xy}=29.4$ の場合，$r=$［(9)］であり，xとyの相関関係は［(10)］と考えられる．

【［(1)］［(2)］の選択肢】

ア．層別図　　イ．散布図　　ウ．相関関係　　エ．相関分析

【［(3)］の選択肢】

ア．$-1 \leqq r \leqq 1$　　イ．$-1 < r < 1$

ウ．$-1 \leqq r \leqq 0$　　エ．$0 \leqq r \leqq 1$

【［(4)］～［(8)］の選択肢】

ア．弱　　イ．直線　　ウ．負　　エ．無　　オ．正　　カ．強

【［(9)］～［(10)］の選択肢】

ア．負の相関　　イ．無相関　　ウ．正の相関

エ．0.28　　オ．0.82

練習 解答と解説

【問 1】工程能力指数の基本知識に関する総合問題である．

解答　(1) **ア**　(2) **カ**　(3) **ウ**　(4) **エ**　(5) **シ**　(6) **ケ**　(7) **イ**　(8) **オ**
(9) **カ**　(10) **サ**

① 工程能力指数は，規格幅と工程のばらつきを対比した値である，すなわち，[(1)　**ア．規格と分布**] の関係を表す定量的尺度である．工程能力は，管理図により工程が [(2)　**カ．安定した**] 状態であることが確認されたことを前提として測定される．工程能力指数は，規格幅と工程のばらつきの対比であるから，[(3)　**ウ．ばらつき**] が小さくなると，規格に対する精度は良くなる．なお，工程能力指数の数値は，値が大きいほど良い．工程能力指数が大きい場合とは，ばらつきが小さい場合，すなわち精度が良い場合である（下

線部の表現に注意してほしい）．　☞ 6.1節 1，2

② C_p の計算式は，$\frac{上限規格値-下限規格値}{6\times標準偏差}$，すなわち $\frac{規格の幅}{6\times標準偏差}$ であり，$C_p=1.00$ は，分母と分子の値が同じであることを意味する．よって，分子の規格の幅は，6×標準偏差，すなわち［(4)　**エ．6σ**］と等しい．この 6σ という値の意味は，分布が正規分布である場合，6σ 中に全体の［(5)　**シ．99.7**］％が規格の範囲内に入る良品となり，［(6)　**ケ．0.3**］％が規格から外れる，ということを意味する．　☞ 6.1節 2，4

③ 工程能力指数 $C_p=1.00$ から工程能力を評価すると，［(7)　**イ．やや不足**］と判定されるので，工程のばらつきを改善する必要性が［(8)　**オ．ある**］．

☞ 6.1節 4

④ 片側規格である場合には，工程能力指数は C_{pk} で計算を行う．また，C_{pk} は，片側規格の場合だけでなく，両側規格があっても中心位置のずれがある場合に活用する．この"中心位置のずれがある"場合とは，"平均と規格の中心が一致しない"場合，いいかえれば［(9)　**カ．かたより**］がある場合である．

☞ 6.1節 3

⑤ 上記のとおり，両側規格がある場合でも，平均が規格の中心と一致しない可能性がある場合には，C_{pk} の計算を行うのが適切である．この場合，［(10)　**サ．$C_p > C_{pk}$**］の関係があるので，C_p では工程能力指数が高めに計算され，適切とはいえないからである．　☞ 6.1節 3

【問 2】工程能力指数の計算と判定に関する基本問題である．

解答　(1) **エ**　(2) **ウ**　(3) **キ**

(1) C_p の計算式は，$\frac{上限規格値-下限規格値}{6\times標準偏差}$ である．与えられた規格値は 10.5 ± 4.0 であるから，分子の上限規格値−下限規格値は 8.0 である．また，問題文より，標準偏差は 1.0 である．これらの数値を計算式にあてはめると，

$C_p=\frac{8.0}{6\times1.0}\fallingdotseq$［(1)　**エ．1.33**］である．　☞ 6.1節 2，6

(2) 本問の設定は，片側規格ではなく，両側規格である．また，平均値 10.0 と規格の中心値 10.5 が一致しない．この場合，次の 2 つの計算方法がある．

方法①：片側規格の式を用いて，上限・下限それぞれに対する C_{pk} を求め，小さい方の値を，C_{pk} として採用する

方法②：平均値に近い方の規格値と平均値との差を，標準偏差の3倍で割った値を，C_{pk} として採用する

本問は，どちらの方法を選択しても良い．以下では，両方の方法を示す．

- **方法①**

$$上限規格値で計算：\frac{上限規格値-平均値}{3\times標準偏差}=\frac{14.5-10.0}{3\times1.0}=1.50$$

$$下限規格値で計算：\frac{平均値-下限規格値}{3\times標準偏差}=\frac{10.0-6.5}{3\times1.0}\fallingdotseq 1.17$$

小さい方の値を採用するので，$C_{pk}=$［(2)　**ウ．1.17**］となる．

- **方法②**

平均値10.0に近い規格値は，下限規格値の6.5である．これより

$$C_{pk}=\frac{下限規格値と平均値との差}{3\times標準偏差}$$

$$=\frac{10.0-6.5}{3\times1.0}\fallingdotseq 1.17$$

（当然ながら，計算結果は**方法①**の場合に等しい）

なお，分子の「差」は正の値で考える．平均値は下限規格値より大きいので，差は 平均値−下限規格値 で計算する（下限規格値−平均値 ではない）．上の計算では，下限規格値と平均値との差は，$10.0-6.5=3.5$ である．

☞ 6.1節 3，6

(3)　以上の計算の結果，$C_p=1.33$，$C_{pk}=1.17$ と判明した．本問は，平均値と規格の中心が一致しない場合であるから，$C_{pk}=1.17$ を採用する．よって，工程能力は［(3)　**キ．やや不足**］と判定される．☞ 6.1節 4

【問 3】工程能力指数の計算に関する問題である．

（解答）　(1) **ウ**　(2) **カ**　(3) **ア**

(1)　機械部品Aの外径の規格は 35.00 ± 0.50 mm であるので，規格幅（上限規格値と下限規格値の差）は1.00 mm である．また，標準偏差は0.17 mm である．したがって，C_p の値は，$\frac{1.00}{6\times0.17}\fallingdotseq$［(1)　**ウ．0.98**］である．また，

この C_p の値から，問題文にあるように，工程能力は不足と判断できる．

☞ 6.1 節 2，4，6

(2)　本問は，両側に規格値があるが，平均値が下限規格値側にかたよっている場合である．そこで，C_{pk} を求める計算の**方法②**を採用し，平均値を求める．$C_{pk}=0.67$ であり，差を考える際に平均値は下限規格値より大きいことに注意して

$$C_{pk}=\frac{\text{下限規格値と平均値との差}}{3\times\text{標準偏差}}$$

$$=\frac{\text{平均値}-34.50}{3\times 0.17}=0.67$$

よって，平均値 $=34.8417$，すなわち約［(2)　**カ．34.842**］mm である．

☞ 6.1 節 3，6

(3)　本問の規格値は 35.00±0.50 mm であるから，規格の中心値は 35.00 mm である．この規格の中心値と平均値とのずれは

$$\text{規格の中心値}-\text{平均値}\fallingdotseq 35.00\,\text{mm}-34.842\,\text{mm}=0.158\,\text{mm}$$

すなわち，約［(3)　**ア．0.158**］mm である．

☞ 6.1 節 3

【問 4】工程能力指数の計算に関する問題である．

(解答)　(1) **ク**　(2) **カ**　(3) **イ**　(4) **ア**

(1)　工程能力指数 C_p の計算である．

$$C_p=\frac{\text{上限規格値}-\text{下限規格値}}{6\times\text{標準偏差}}=\frac{7.6-6.6}{6\times 0.2}\fallingdotseq［(1)\quad \text{ク．}0.83］$$

☞ 6.1 節 2，6

(2)　工程能力指数 C_{pk} の計算である．

C_{pk} には 2 つの計算方法があるが，本問では**方法②**で計算する．平均値 7.0 g に近いのは下限規格値の 6.6 g であるから

$$C_{pk}=\frac{\text{下限規格値と平均値との差}}{3\times\text{標準偏差}}=\frac{7.0-6.6}{3\times 0.2}\fallingdotseq［(2)\quad \text{カ．}0.67］$$

☞ 6.1 節 3，6

(3)　$C_p=1.33$ とするための標準偏差を求めるには，C_p の計算式を次のように用いるとよい．

$$1.33 = \frac{上限規格値 - 下限規格値}{6 \times 標準偏差}$$

$$= \frac{7.6 - 6.6}{6 \times 標準偏差} = \frac{1.0}{6 \times 標準偏差}$$

$$標準偏差 = \frac{1.0}{6 \times 1.33} \fallingdotseq$$ [(3) **イ．0.125**]

☞ 6.1 節 2，6

(4) 平均を 7.0 g のままにしつつ，$C_{pk} = 1.33$ とするための標準偏差を求めるには，C_{pk} の計算式を次のように用いるとよい．

$$1.33 = \frac{下限規格値と平均値との差}{3 \times 標準偏差}$$

$$= \frac{7.0 - 6.6}{3 \times 標準偏差} = \frac{0.4}{3 \times 標準偏差}$$

$$標準偏差 = \frac{0.4}{3 \times 1.33} \fallingdotseq$$ [(4) **ア．0.10**]

☞ 6.1 節 3，6

【問 5】相関係数の計算に関する総合問題である．

解答 (1) **ア** (2) **イ** (3) **ウ** (4) **エ** (5) **ア**

(1)〜(3) 相関係数の公式を求める問題である．公式は，記憶する必要がある．「分子に xy がくる」ことは押さえてほしい．

2 種類のデータの組 (x, y) がある場合，x の［(1) **ア．偏差平方和**］を S_{xx}，y の偏差平方和を S_{yy}，x と y の［(2) **イ．偏差積和**］を S_{xy} とすると，x と y の相関係数の計算式は［(3) **ウ．** $\frac{S_{xy}}{\sqrt{S_{xx}S_{yy}}}$］である． ☞ 6.2 節 3

(4)，(5) 2 つのデータ X_1 と X_2 の相関関係についての問題である．

表 6.A より，X_1 の偏差平方和は 92.40，X_2 の偏差平方和は 94.10，X_1 と X_2 の偏差積和は 84.80 である．上の解説で，x を X_1，y を X_2 とすると，X_1 と X_2 の相関係数は

$$\frac{84.80}{\sqrt{92.40 \times 94.10}} \fallingdotseq$$ [(4) **エ．0.91**]

そこで，まずは図 6.A の散布図を見ると，X_1 が増加すると X_2 も増加し，プロットは右上がりの直線に近い状態であるから，X_1 と X_2 の間に［(5) **ア．**

正の相関がある］様子がわかる．実際，(4) で求めた相関係数の値は正であり，しかも +1 に近いので，X_1 と X_2 の間に強い正の相関があるといえる．

☞ 6.2 節 3 ～ 5

【問 6】 散布図と相関分析に関する混合問題である．

（解答） (1) **イ**　(2) **エ**　(3) **ア**　(4) **オ**　(5) **ウ**　(6) **イ**　(7) **カ**　(8) **エ**
(9) **オ**　(10) **ウ**

① QC 七つ道具の中で，2 つの変数データの関係性を見るために活用されるツールは，［(1)　**イ．散布図**］である．その 2 つの変数データを定量的に分析する方法が［(2)　**エ．相関分析**］である．☞ 3.2 節 1，6.2 節 1

② 2 つの変数データ (x, y) の相関係数を r とすると，相関係数は 2 つのデータの直線的な関係を表し，常に［(3)　**ア．$-1 \leqq r \leqq 1$**］の範囲にある．x が大きくなると y も大きくなる傾向があるとき，r は［(4)　**オ．正**］の値となり，x が大きくなると y が小さくなる傾向があるとき，r は［(5)　**ウ．負**］の値となる．☞ 6.2 節 4，5

③ 相関係数の値が 1 または -1 に近い場合，散布図における点の配置は［(6)　**イ．直線**］に近くなり，相関関係は［(7)　**カ．強**］い．r が 0 の場合，相関関係は［(8)　**エ．無**］い．☞ 6.2 節 4，5

④ 相関係数の公式に与えられた数値をあてはめると

$$r = \frac{29.4}{\sqrt{47.5 \times 27.2}} \fallingdotseq [(9)\quad \textbf{オ．} 0.82]$$

r は正の値であるから，x と y の相関関係は［(10)　**ウ．正の相関**］と考えられる．

☞ 6.2 節 3 ～ 5

手法分野

7章 統計的方法の基礎

実践分野	QC的なものの見方と考え方 8章			
	品質とは 9章	管理とは 10章	源流管理 11章	工程管理 12-13章
			日常管理 14章	方針管理 14章

↑ 実践分野に分析・評価を提供

手法分野	収集計画 1章	データ収集 1章	計算 1章	分析と評価 2-7章

7.1 正規分布

1 確率とは

この章では，分布データを活用した確率の計算方法を解説します．

確率とは，ある出来事（事象）が起こり得る可能性の度合いです．通常「発生確率 0.8」あるいは「発生確率 80 %」というように，小数や %（百分率）で表現されます．確率が計算できると，例えば，不適合発生の可能性を数値で推測できます．「不適合品が発生しそうだ」という定性的な表現より，「不適合品の発生確率が 80 % だ」という定量的な表現の方が，具体的であるため，事実に基づく管理を適切に行うことができます．

ところで，大量の製造品のできばえ（規格に適合か不適合か）を統計的に処理するにあたり，確率を分布としてグラフに表すと便利です．例えば，ネジの製造工程について，10 mm，10.1 mm，10.2 mm，……と長さを横軸に，長さごとに製造される確率を縦軸にとると，ネジの長さと確率との間の関係をグラフに表すことができます．この場合の，長さごとの確率を，確率分布といいます．また，確率の総和は 1（＝100 %）であるという確率の性質から，ネジの長さのような計量値については，確率分布を表すグラフ（曲線）と横軸の間の面積はつねに 1 になります（**図 7.1**）．

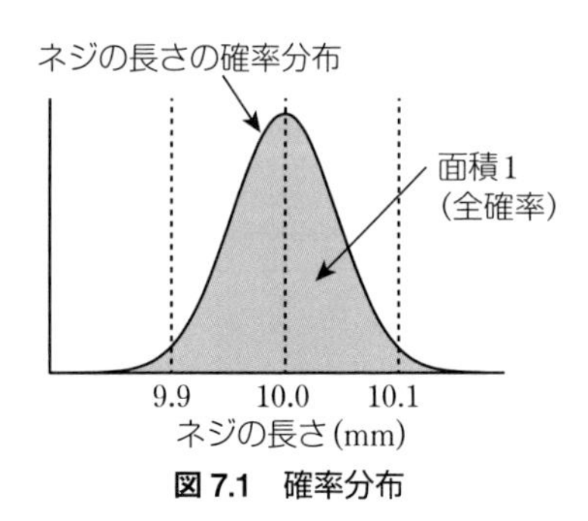

図 7.1　確率分布

2 正規分布とは

正規分布とは，「よくある通常の確率分布」という意味です．自然・社会に見られる事象の多くが正規分布に従うことが知られており，このことがまさに「正規」といわれる由縁です．正規分布を表す曲線は図 7.1 のように描かれ，その形状から，ベルカーブともいいます．また，正規分布は計量値データの分布を表し，次のような性質をもちます．

- 平均値を中心に左右対称である（したがって，平均値＝中央値）
- 平均値で最大となり，平均値から遠ざかると減少する（したがって，平均値＝最頻値）
- ばらつきが小さいほど曲線の山は高くなり中心に集中し（**図 7.2** の曲線①），ばらつきが大きいほど曲線の山は低くなり左右に広がる（図 7.2 の曲線②）．
- 工程が管理された安定状態にある場合，製品の特性値は正規分布に従う．正規分布にならない場合，何らかの異常原因が関係している可能性がある．

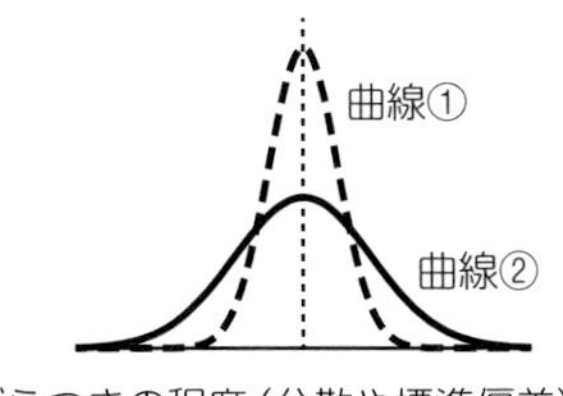

ばらつきの程度（分散や標準偏差）は，（曲線①）＜（曲線②）である．

図 7.2　正規分布

3　正規分布の表し方

正規分布の形は，分布の中心位置（平均値）とばらつきの程度（標準偏差）によって決まります．そこで，平均値 μ（ミュー），標準偏差 σ（シグマ）（分散 σ^2）の正規分布を，記号 $\mathbf{N}(\boldsymbol{\mu}, \boldsymbol{\sigma}^2)$ で表します．「N」は正規分布（Normal distribution）を意味します．例えば，平均値 20，標準偏差 2 の正規分布は，$\mathrm{N}(20, 2^2)$ と表します．

正規分布は，通常は標本ではなく母集団（1.1 節 5 参照）が従うと考えられるため，実際には，μ は母平均，σ は母標準偏差（σ^2 は母分散）を表します．以下では，「母」を略し，μ は単に「平均」，σ は単に「標準偏差」とします．

4　正規分布のグラフと面積

1 で少し触れましたが，正規分布のグラフが表す面積は確率を表します．具体的には，**図 7.3** のように，「a〜b の区間と正規分布のグラフが囲む部分の面積は，a〜b が発生する確率」です．

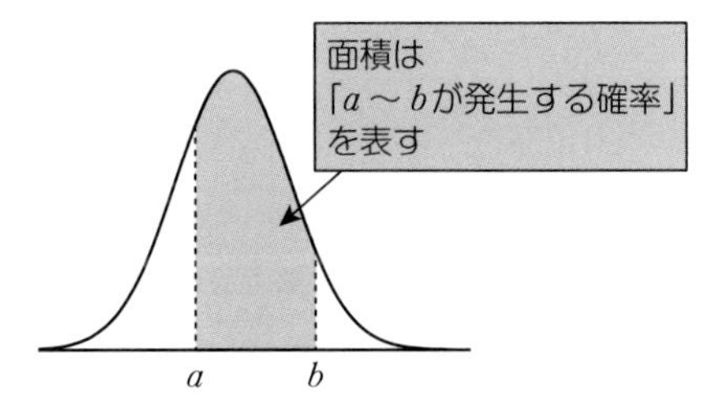

図 7.3　正規分布のグラフの面積と確率

正規分布のグラフに関する次の性質は，非常に重要です．

- グラフが囲む面積全体が表す確率は 1（100 %）である（**図 7.4**，**1** 参照）．
- 正規分布は中央（平均の位置）に関して左右対称なので，中央から右半分，中央から左半分の面積が表す確率は，ともに 0.50（50 %）である（**図 7.5**）．

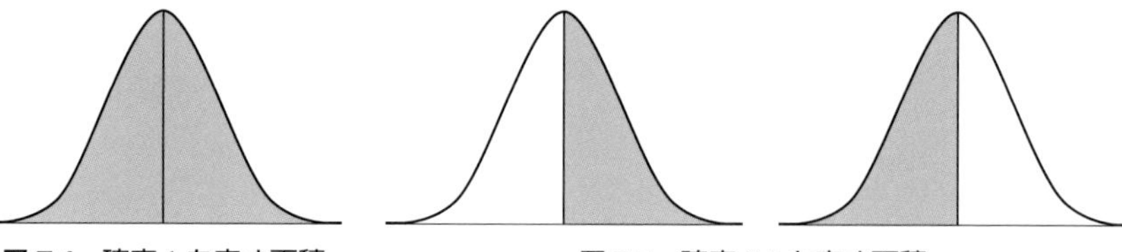

図 7.4 確率 1 を表す面積　　**図 7.5** 確率 0.5 を表す面積

- 中央（平均の位置）に関して左右対称な部分の面積（確率）は等しい（**図 7.6**）．

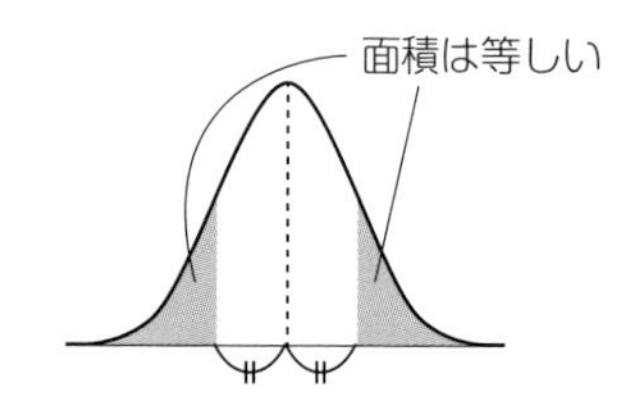

図 7.6 中央（平均の位置）に関して左右対称な部分の面積

5 正規分布と確率

正規分布 $N(\mu,\ \sigma^2)$ については，次の事実が知られています（**図 7.7**）．

- $\mu\pm1\sigma$ の範囲には，全体の約 68.3 % が含まれる（$\mu\pm1\sigma$ の範囲に含まれる確率は，約 68.3 % である）
- $\mu\pm2\sigma$ の範囲には，全体の約 95.4 % が含まれる（$\mu\pm2\sigma$ の範囲に含まれる確率は，約 95.4 % である）
- $\mu\pm3\sigma$ の範囲には，全体の約 99.7 % が含まれる（$\mu\pm3\sigma$ の範囲に含まれる確率は，約 99.7 % である）

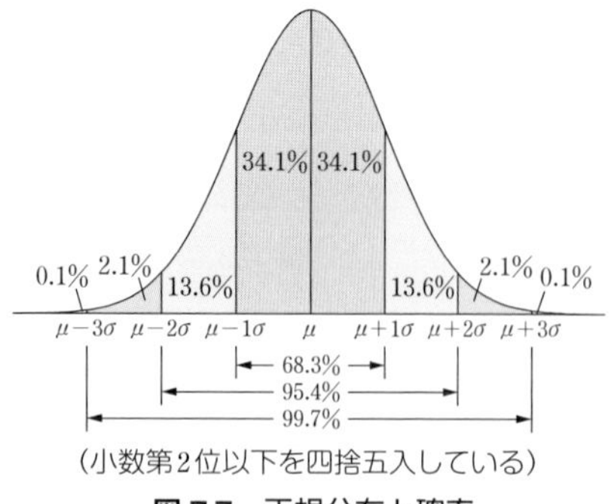

図 7.7 正規分布と確率

例題 7.1

ある試験を受けた1,000人の得点は正規分布に従い，平均50点，標準偏差10点であった．平均±20点の範囲には何人が含まれるか．

解答

平均μが50点，標準偏差σが10点ですから，平均±20点の「20点」は2σを意味します．正規分布では，$\mu \pm 2\sigma$には全体の約95.4％が含まれますから，平均±20点，すなわち30点から70点の範囲には，全体1,000人×0.954=954人が含まれると推定できます．

6 標準正規分布とは

標準正規分布とは，平均0，標準偏差1となる特別な正規分布のことです（**図7.8**）．記号で書く場合は，**N(0, 1²)** です．

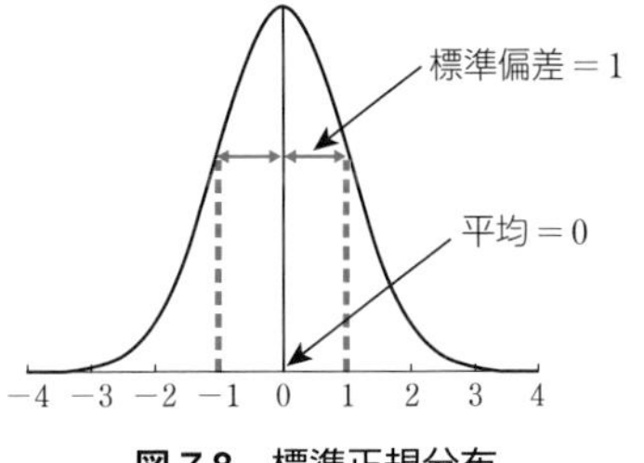

図 7.8　標準正規分布

標準正規分布を利用するメリットは，一般的な正規分布を標準正規分布に変換することにより，正規分布表を用いて確率が簡単に求められることです．この“変換する”ことを，専門用語では**規準化**（または**標準化**）といいます．

7 正規分布の確率計算の手順

6で述べた“一般的な正規分布を標準正規分布に変換することにより，正規分布表を用いて確率が簡単に求められる”手順は，次のとおりです．

手順❶ 図を描く

正規分布の曲線と，問題で考える範囲を図示します．

手順❷ 規準化する

正規分布$N(\mu, \sigma^2)$を標準正規分布$N(0, 1^2)$に変換することです．

測定値をx，規準化した値をK_Pとすると

$$\text{規準化：}\quad K_P = \frac{x-\mu}{\sigma}\left(= \frac{\text{測定値}-\text{平均}}{\text{標準偏差}}\right)$$

測定値から平均値を引いて，標準偏差で割るのが規準化の計算式です．

手順❸　確率を求める

規準化した値 K_P を「正規分布表」に当てはめて，数値を読み取ります．

ここで読み取った数値が，測定値 x 以上の確率になります．

8　正規分布表の読み方

正規分布は規準化の計算を行い，計算結果を正規分布表に当てはめると，確率が求められます．QC 検定では，試験問題の巻末に正規分布表が掲載されます．例題を通して，正規分布表の読み方を身につけましょう．

例題 7.2

ある試験の結果が，平均 20 点，標準偏差 2.0 点の正規分布に従う場合，得点が 24 点以上である確率を求めよ．

解答

7 で解説した手順に従って考えていきます．

手順❶　図を描く

ここでは「24 点以上」を考えるので，この部分を右図のようにアミや斜線等で図示します．

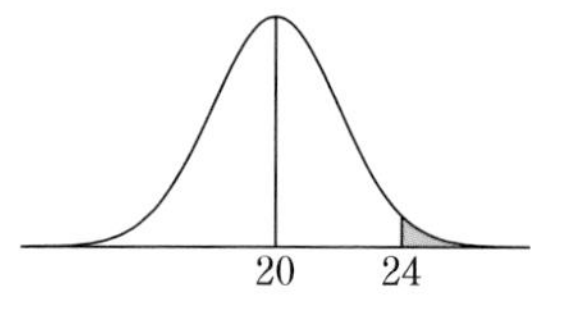

手順❷　規準化する

規準化により，本問の正規分布 $N(20, 2.0^2)$ を，標準正規分布 $N(0, 1^2)$ に変換します．$\mu = 20$ 点，$\sigma = 2.0$ 点ですから，$x = 24$ に対応する K_P は

$$K_P = \frac{x-\mu}{\sigma} = \frac{24-20}{2.0} = 2.00$$

手順❸　確率を求める

表 7.1（p.145）の正規分布表を用います．正規分布表は，規準化してはじめて使えることに注意してください．

正規分布表は，次の順に読み取りを行います（**図 7.9**）．

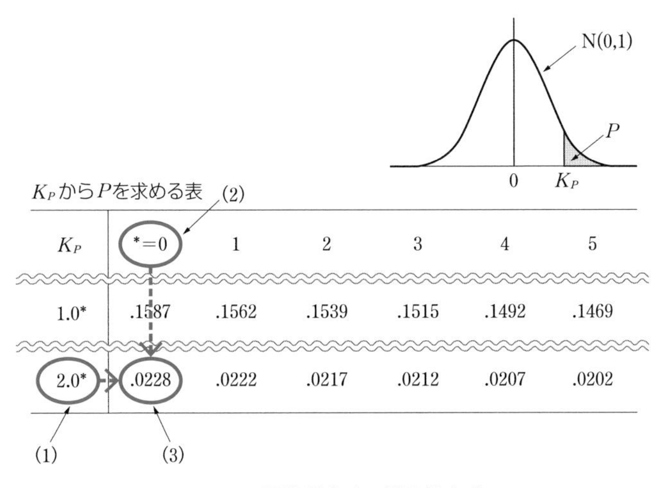

図 7.9 正規分布表の読み取り方

(1) **手順❷** で得た K_P の小数第 1 位までの数値を，正規分布表の左見出しにある数値から選びます．

　→ここでは，「2.0*」を選びます．

(2) **手順❷** で得た K_P の小数第 2 位の数値を，正規分布表の上見出しにある数値から選びます．

　→ここでは，「*＝0」を選びます．

(3) (1) と (2) で選んだ数値の交差する位置にある数値を読みます．この数値が，K_P から右の部分の面積に対応する確率 P です（正規分布表の右上の図を参照してください）．

　→ここでは，$P = 0.0228$（2.28 %）です．

以上より，24 点以上となる確率は，**0.0228（2.28 %）**とわかります．

9 正規分布の確率計算

正規分布の確率計算は，さまざまなパターンで問われます．ここでは基本的なパターンを例題として取りあげます．**7** で解説した手順に従い，表 7.1 の正規分布表を参照しながら，例題を通して計算方法を身につけましょう．

7章 統計的方法の基礎

例題 7.3

平均 20 点，標準偏差 2.0 点の正規分布に従う得点結果において，18 点以下である確率を求めよ．

解答

手順❶　図を描く

ここでは「18 点以下」を考えるので，この部分を右図のようにアミや斜線等で図示します．

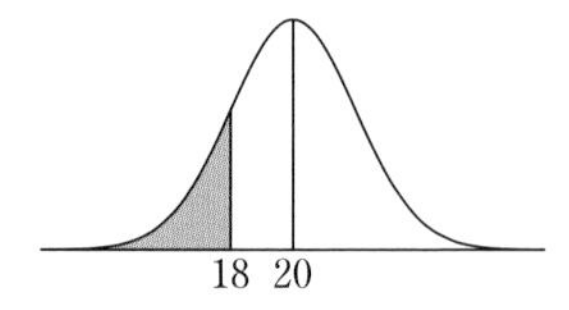

手順❷　規準化する

$\mu = 20$ 点，$\sigma = 2.0$ 点ですから，$x = 18$ に対応する K_P は

$$K_P = \frac{x - \mu}{\sigma} = \frac{18 - 20}{2.0} = -1.00$$

手順❸　確率を求める

マイナスの数値は正規分布表にないため，そのままでは先に進むことができません．そこで，同じ面積の部分を見つけます．

正規分布は左右対称なので（4 参照），「-1.00 以下」の確率（**図 7.10** の A の面積）は，「1.00 以上」の確率（図 7.10 の B の面積）と同じです．正規分布表から $K_P = 1.00$ に対応する数値を読み取ると，「0.1587」とわかりますから，$K_P \geqq 1.00$ の確率（図 7.10 の B の面積）は 0.1587 です．したがって，$K_P \leqq -1.00$ の確率（図 7.10 の A の面積）も 0.1587 です．

以上より，18 点以下となる確率は，0.1587（15.87 %）とわかります．

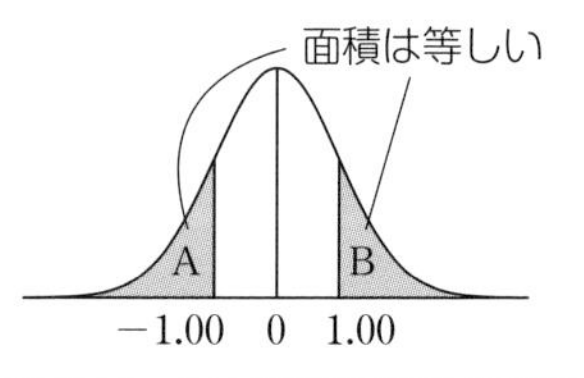

図 7.10　左右対称な部分の面積

例題 7.4

平均 20 点，標準偏差 2.0 点の正規分布に従う得点結果において，18 点以上である確率を求めよ．

解答

手順❶　図を描く

ここでは「18 点以上」を考えるので，この部分を右図のようにアミや斜線等で図示します．

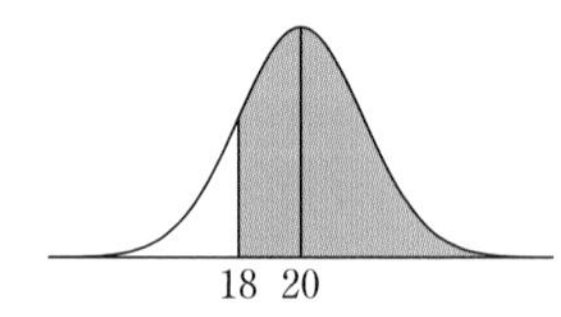

手順❷　規準化する

$x = 18$ に対応する K_P は，$K_P = -1.00$ です（例題 7.3）．

手順❸ 確率を求める

正規分布表では，$K_P \geqq 0$ つまり中央（平均）から右の部分の面積（確率）しか読み取ることができないため，そのままでは先に進むことができません．そこで，「グラフが囲む面積全体が表す確率は 1」（**4** 参照）に着目します．すると，**図 7.11** において

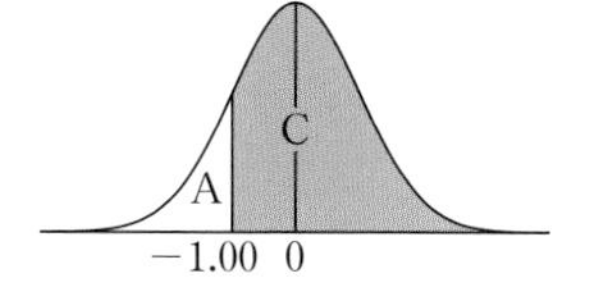

図 7.11

$$\text{Aの面積} + \text{Cの面積} = 1$$

つまり

$$\text{Cの面積} = 1 - \text{Aの面積}$$

がわかります．ここから確率を求めることができます．

A の面積は，例題 7.3 と同様に 0.1587 ですから，C の面積は

$$1 - 0.1587 = 0.8413$$

以上より，18 点以上である確率は，0.8413（84.13 %）とわかります．

例題 7.5

平均 20 点，標準偏差 2.0 点の正規分布に従う得点結果において，18 点以上かつ 24 点以下となる確率を求めよ．

解答

手順❶ 図を描く

ここでは「18 点以上かつ 24 点以下」を考えるので，この部分を右図のようにアミや斜線等で図示します．

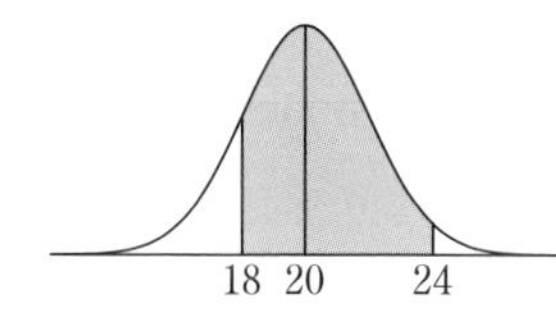

手順❷ 規準化する

$x = 18$ に対応する K_P は，$K_P = -1.00$ です（例題 7.3）．また，$x = 24$ に対応する K_P は，$K_P = 2.00$ です（例題 7.2）．

手順❸ 確率を求める

ここでも，「グラフが囲む面積全体が表す確率は 1」（**4** 参照）に着目します．すると，**図 7.12** において

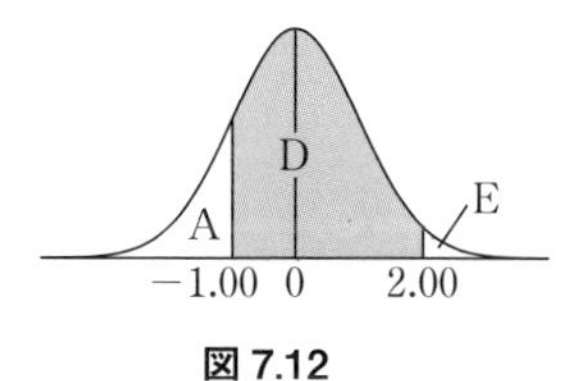

図 7.12

$$\text{Aの面積} + \text{Dの面積} + \text{Eの面積} = 1$$

つまり

$$\text{Dの面積} = 1 - \text{Aの面積} - \text{Eの面積}$$

がわかります．ここから確率を求めることができます．

Aの面積（18点以下の確率）は，0.1587（例題7.3）

Eの面積（24点以上の確率）は，0.0228（例題7.2）

したがって，Dの面積は

$$1-0.1587-0.0228=0.8185$$

以上より，18点以上かつ24点以下となる確率は，**0.8185（81.85％）**とわかります．

10 PからK_Pを求める方法

P（確率）からK_P（規準化した値）を求める場合には，正規分布表の「PからK_Pを求める表」を利用します．例えば，確率0.01（1％）に対応するK_Pは2.326とわかります．

例題 7.6

例題7.2より試験結果が正規分布（20，2.0^2）に従う場合，得点が24点以上である確率は2.28％であることが判明した．平均20点を維持し，得点が24点以上となる確率を5.0％にしたい場合，標準偏差は何点になるか．

解答

手順❶ PからK_Pを求める

確率5.0％（0.05）に対応するK_Pを求めます．正規分布表の「PからK_Pを求める表」より，$P=0.05$に対応するK_Pは1.645とわかります．

手順❷ 標準偏差を求める

規準化の計算式に，$K_P=1.645$，$x=24$，$\mu=20$を入れます．

$$K_P=\frac{x-\mu}{\sigma}\rightarrow 1.645=\frac{24-20}{\sigma}\rightarrow 1.645\sigma=24-20\rightarrow \sigma=2.4316$$

以上より，標準偏差は**2.4316点**とわかります．

攻略の掟

- **其の壱** 68％，95％，99.7％は記憶すべし！
- **其の弐** 正規分布の確率は，計算ができるようにすべし！

表 7.1 正規分布表†

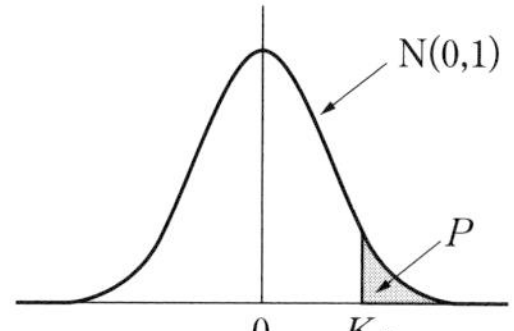

K_PからPを求める表

K_P	*=0	1	2	3	4	5	6	7	8	9
0.0*	**.5000**	.4960	.4920	.4880	.4840	**.4801**	.4761	.4721	.4681	.4641
0.1*	**.4602**	.4562	.4522	.4483	.4443	**.4404**	.4364	.4325	.4286	.4247
0.2*	**.4207**	.4168	.4129	.4090	.4052	**.4013**	.3974	.3936	.3897	.3859
0.3*	**.3821**	.3783	.3745	.3707	.3669	**.3632**	.3594	.3557	.3520	.3483
0.4*	**.3446**	.3409	.3372	.3336	.3300	**.3264**	.3228	.3192	.3156	.3121
0.5*	**.3085**	.3050	.3015	.2981	.2946	**.2912**	.2877	.2843	.2810	.2776
0.6*	**.2743**	.2709	.2676	.2643	.2611	**.2578**	.2546	.2514	.2483	.2451
0.7*	**.2420**	.2389	.2358	.2327	.2296	**.2266**	.2236	.2206	.2177	.2148
0.8*	**.2119**	.2090	.2061	.2033	.2005	**.1977**	.1949	.1922	.1894	.1867
0.9*	**.1841**	.1814	.1788	.1762	.1736	**.1711**	.1685	.1660	.1635	.1611
1.0*	**.1587**	.1562	.1539	.1515	.1492	**.1469**	.1446	.1423	.1401	.1379
1.1*	**.1357**	.1335	.1314	.1292	.1271	**.1251**	.1230	.1210	.1190	.1170
1.2*	**.1151**	.1131	.1112	.1093	.1075	**.1056**	.1038	.1020	.1003	.0985
1.3*	**.0968**	.0951	.0934	.0918	.0901	**.0885**	.0869	.0853	.0838	.0823
1.4*	**.0808**	.0793	.0778	.0764	.0749	**.0735**	.0721	.0708	.0694	.0681
1.5*	**.0668**	.0655	.0643	.0630	.0618	**.0606**	.0594	.0582	.0571	.0559
1.6*	**.0548**	.0537	.0526	.0516	.0505	**.0495**	.0485	.0475	.0465	.0455
1.7*	**.0446**	.0436	.0427	.0418	.0409	**.0401**	.0392	.0384	.0375	.0367
1.8*	**.0359**	.0351	.0344	.0336	.0329	**.0322**	.0314	.0307	.0301	.0294
1.9*	**.0287**	.0281	.0274	.0268	.0262	**.0256**	.0250	.0244	.0239	.0233
2.0*	**.0228**	.0222	.0217	.0212	.0207	**.0202**	.0197	.0192	.0188	.0183
2.1*	**.0179**	.0174	.0170	.0166	.0162	**.0158**	.0154	.0150	.0146	.0143
2.2*	**.0139**	.0136	.0132	.0129	.0125	**.0122**	.0119	.0116	.0113	.0110
2.3*	**.0107**	.0104	.0102	.0099	.0096	**.0094**	.0091	.0089	.0087	.0084
2.4*	**.0082**	.0080	.0078	.0075	.0073	**.0071**	.0069	.0068	.0066	.0064
2.5*	**.0062**	.0060	.0059	.0057	.0055	**.0054**	.0052	.0051	.0049	.0048
2.6*	**.0047**	.0045	.0044	.0043	.0041	**.0040**	.0039	.0038	.0037	.0036
2.7*	**.0035**	.0034	.0033	.0032	.0031	**.0030**	.0029	.0028	.0027	.0026
2.8*	**.0026**	.0025	.0024	.0023	.0023	**.0022**	.0021	.0021	.0020	.0019
2.9*	**.0019**	.0018	.0018	.0017	.0016	**.0016**	.0015	.0015	.0014	.0014
3.0*	**.0013**	.0013	.0013	.0012	.0012	**.0011**	.0011	.0011	.0010	.0010

PからK_Pを求める表

P	.001	.005	.010	.025	.05	.1	.2	.3	.4
K_P	3.090	2.576	2.326	1.960	1.645	1.282	.842	.524	.253

† 森口繁一編『新編 統計的方法 改訂版』(日本規格協会, 1989 年) p.262「付表 1 正規分布表 1.1, 1.2」から記号を変更 ($\varepsilon \to P$, $K_\varepsilon \to K_p$)

7.2 二項分布

出題頻度

1 二項分布とは

二項分布とは，成功か失敗か，表か裏かのように，2とおりの結果しか起こらない試行を繰り返した場合における計数値の分布です．例えば，コイントスを何度も繰り返したときに表が出た回数の確率は，二項分布に従います．QC検定では，適合品と不適合品に関する出題が典型的です．

2 二項分布の確率

二項分布の確率計算を，例題を通して理解しましょう．

例題 7.6

不適合品率が10％の製品について5個の標本を抜き取る場合，その中に不適合品が1個だけ含まれる確率を求めよ．

解答

二項分布の確率計算とは，1回の試行で事象Aが起こる確率をpとするとき，この試行をn回行った場合に，事象Aがr回起こる確率$P(r)$を求める，という計算です．二項分布の確率計算では，次の計算式を使用します．

$$P(r) = {}_nC_r \times p^r \times (1-p)^{n-r}$$

ただし，${}_nC_r = \dfrac{n!}{r!(n-r)!}$（$n!$は$n$の階乗（かいじょう）で，$n! = n \times (n-1) \times \cdots \times 2 \times 1$）

手順❶ 問題文を分析する

ここでは，次のように対応させます．

- 「事象A」は「不適合品の発生」
- 「1回の試行で事象Aが起こる確率p」は「不適合品率10％（0.1）」
- 「この試行をn回行う」は「5個の標本を抜き取る」

- 「事象 A が r 回起こる」は「不適合品が 1 個だけ含まれる」

ちなみに，二項分布は，B(n, p) という記号で表します．例えば，B(5, 0.1) は，本問のように，不適合品率 0.1 の母集団から 5 個の標本を抜き取ったときの二項分布という意味です．

手順❷ **手順❶ の分析結果を計算式に当てはめる**

$n=5$, $r=1$, $p=0.1$ ですから

$$P(1) = {}_5C_1 \times 0.1^1 \times (1-0.1)^{5-1} = {}_5C_1 \times 0.1 \times 0.9^4$$

ここで

$${}_5C_1 = \frac{5!}{1!(5-1)!} = \frac{5!}{1! \times 4!} = \frac{5 \times 4 \times 3 \times 2 \times 1}{1 \times (4 \times 3 \times 2 \times 1)} = 5$$

結果，$P(1) = 5 \times 0.1 \times 0.6561 \fallingdotseq 0.328$（32.8 %）とわかります．

3 二項分布のグラフ

二項分布は、二項（例：適合品数と不適合品数）のうち一方が起きる回数の確率を表した分布です．二項分布のグラフは左右対称ではありません（例外：p=0.50 の場合は左右対称）．

例題 7.6，B(5, 0.1) のグラフを**図 7.13** に示します．

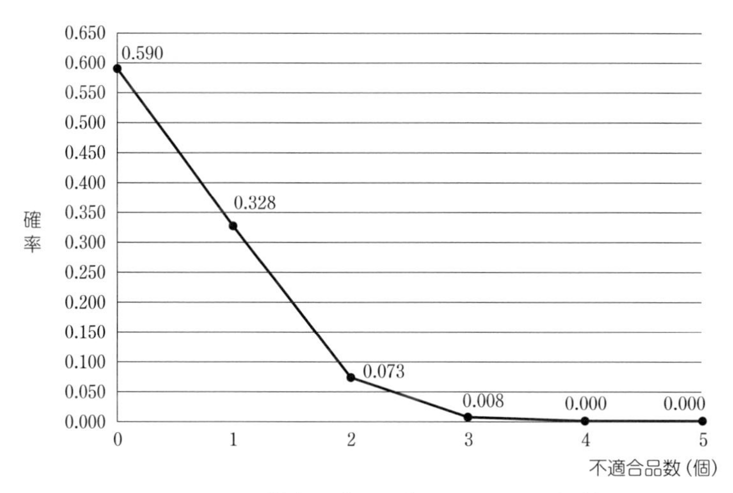

図 7.13 二項分布のグラフ（n=5，p=0.1 の場合）

理解度確認 問題

次の文章で正しいものには○，正しくないものには×を選べ．

① 正規分布は通常のよくある分布であるから，ヒストグラムの通常型も異常型も，正規分布になる．

② 正規分布のグラフは，平均値を中心に左右対称である．

③ 正規分布とは，平均値で最大となり，平均値から遠ざかると減少する．

④ 正規分布では，平均値 $\pm 3\sigma$ の範囲内に，全体の約 68％ のデータが入る．

⑤ 正規分布の形は，平均値と標準偏差によって決まる．

⑥ $N(10,\ 6^2)$ は，平均値が 10 で，標準偏差が 36 の正規分布のことである．

⑦ 標準正規分布とは，平均値が 0，標準偏差が 1 となる正規分布をいう．

⑧ 正規分布を規準化すると，正規分布表により確率計算が簡単にできる．

⑨ 正規分布を規準化した値 K_P は，以下の公式により計算できる．

$$K_P = \frac{\text{測定値} - \text{標準偏差}}{\text{平均値}}$$

⑩ 平均値 20，標準偏差 2.0 の正規分布において，測定値が 22 以上となる確率を求めたい．測定値 22 に対応する規準化した値は 2.0 である．

理解度確認 解答と解説

① **正しくない（×）**．工程が安定していることを示すヒストグラムの通常型は正規分布になるが，異常値を含む異常型は正規分布にならない．

☞ 7.1 節 2

② **正しい（○）**．正規分布の特徴は，平均を中心に左右対称となることである．左右対称という性質から，グラフが囲む面積の割合は，平均値から左側は 50 %，平均値から右側も 50 % である．

☞ 7.1 節 2

③ **正しい（○）**．正規分布の特徴は，平均値で最大となり，平均値から遠ざかると減少することである．

☞ 7.1 節 2

④ **正しくない（×）**．正規分布では，平均値 $\pm 1\sigma$ の範囲内に全体の約 68.3 %，平均値 $\pm 2\sigma$ の範囲内に全体の約 95.4 %，平均値 $\pm 3\sigma$ の範囲内に全体の約 99.7 %（ほとんど全部）が入る．

☞ 7.1 節 5

⑤ **正しい（○）**．正規分布の形は，平均値（分布の中央位置）と，標準偏差（分布のばらつきの程度）により決まる．

☞ 7.1 節 3

⑥ **正しくない（×）**．$N(10,\ 6^2)$ は，平均値が 10 で，標準偏差が 6 の正規分布のことである．ちなみに，標準偏差の 2 乗は分散であるから，「6^2」は分散を意味する．

☞ 7.1 節 3

⑦ **正しい（○）**．正規分布の中でも，$N(0,\ 1^2)$ の正規分布のことを，標準正規分布という．

☞ 7.1 節 6

⑧ **正しい（○）**．規準化とは，正規分布を標準正規分布に変換することである．規準化により，複雑な計算を行うことなく，正規分布表を活用し簡単に確率計算ができる．

☞ 7.1 節 7

⑨ **正しくない（×）**．正規分布を規準化する公式は，$\dfrac{\text{測定値}-\text{平均値}}{\text{標準偏差}}$ である．

☞ 7.1 節 7

⑩ **正しくない（×）**．規準化した値 K_P は $\dfrac{\text{測定値}-\text{平均値}}{\text{標準偏差}} = \dfrac{22-20}{2.0} = 1.0$ である．

☞ 7.1 節 7

練習 問題

※以下の【問 1】〜【問 3】では，正規分布の規準化と確率計算に関する特訓を行う．試験とは異なる出題方式である．解答にあたって必要であれば表7.1の正規分布表を用いよ．

【問 1】 以下を計算し，適切に解答せよ．

(1) $N(10, 2^2)$ において，11 以上となる確率 (%) を求めよ．
(2) $N(10, 2^2)$ において，7 以下となる確率 (%) を求めよ．
(3) $N(10, 2^2)$ において，7 以上，11 以下となる確率 (%) を求めよ．

【問 2】 以下を計算し，適切に解答せよ．

(1) $N(30, 5^2)$ において，40 以上となる確率 (%) を求めよ．
(2) $N(20, 1.5^2)$ において，18.5 以下となる確率 (%) を求めよ．

【問 3】 A 社では社員 100 人に対して力量評価試験を行った．その得点の平均は 60 点，標準偏差は 10 点であった．得点の分布は正規分布に従っているものとする．

(1) 80 点以上は，何人いるか．
(2) 70 点未満は，何人いるか．

【問 4】 正規分布に関する次の文章において，[　　] に入るもっとも適切なものを下欄の選択肢からひとつ選べ．ただし，各選択肢を複数回用いることはない．

B 社ではトラック部品を製造している．部品の長さは計量値である．現在，この製造工程は管理された状態にあるので，この部品の長さの分布は [(1)] に従うと考えられる．この分布のグラフは [(2)] の形状である．この分布のばらつきの大きさは標準偏差で表されるが，その 2 乗である [(3)] を用いて示すこともある．

【選択肢】

ア．正規分布　イ．二項分布　ウ．左右対称　エ．原点対称
オ．分散　カ．平方和　キ．変動係数

【問 5】正規分布に関する次の文章において，［　　］に入るもっとも適切なものを下欄の選択肢からひとつ選べ．ただし，各選択肢を複数回用いることはない．

① 正規分布に従う母集団の平均 μ と標準偏差 σ において，$\mu \pm 1\sigma$，$\mu \pm 2\sigma$，$\mu \pm 3\sigma$ の範囲内に入る確率は次のとおりである．

$\mu \pm 1\sigma$ の場合　約［(1)］%

$\mu \pm 2\sigma$ の場合　約［(2)］%

$\mu \pm 3\sigma$ の場合　約［(3)］%

【［(1)］～［(3)］の選択肢】　ア．62　イ．68　ウ．95　エ．98　オ．99.7

② ある工程において，製品重量の測定結果は正規分布に従っている．重量のばらつきが平均値 $\pm 3\sigma$ である場合，1,000 個生産したときには［(4)］個の不適合品が発生すると考えられる．

【［(4)］の選択肢】ア．0.3　イ．0.6　ウ．3　エ．6

【問 6】正規分布に関する次の文章において，［　　］に入るもっとも適切なものを下欄の選択肢からひとつ選べ．ただし，各選択肢を複数回用いることはない．なお，解答にあたって必要であれば表 7.1 の正規分布表を用いよ．

$N(40.0, 2.0^2)$ に従っているデータがある．このとき 42.5 以上となる確率は約［(1)］% である．また，36.0 以上 44.0 以下となる確率は［(2)］% である．［(3)］以上となる確率は 2.5 % である．

【選択肢】

ア．10.6　イ．43.9　ウ．49.3
エ．89.4　オ．95.4　カ．99.7

【問 7】 正規分布に関する次の文章において, □ に入るもっとも適切なものを下欄の選択肢からひとつ選べ. ただし, 各選択肢を複数回用いることはない. なお, 解答にあたって必要であれば表 7.1 の正規分布表を用いよ.

F 弁当社の直営工場では, 1 パック 200 g 入りの総菜を製造している. 200 g に満たないと苦情になるので, 普段から少し多めに詰めている. 1 パックあたりの標準偏差が 2 g である場合, 1 パックの平均が 202 g になるように詰めると, 総菜の重量が 200 g 未満になる確率は, 正規分布を仮定すると [(1)] % である. 1 パックの平均を 205 g に増やせば, この確率を [(2)] % に下げることができる.

【選択肢】

ア. 0.6　イ. 1.2　ウ. 2.3　エ. 4.6　オ. 6.7
カ. 13.4　キ. 15.9　ク. 30.9　ケ. 31.7　コ. 61.7

【問 8】 二項分布に関する次の文章において, □ に入るもっとも適切なものを下欄の選択肢からひとつ選べ. ただし, 各選択肢を複数回用いることはない.

① ある工程から無作為に部品を抜き取る場合, その中に含まれる不適合品を調査すると, 二項分布 B(3, 0.2) に従っていた. この場合, 不適合品が 1 個である確率は [(1)] % となる.

② 不適合品率が 10 % の製品について, 5 個のサンプルを抜き取る場合, その中に不適合品が 1 個だけ含まれる確率は [(2)] % となる.

【選択肢】

ア. 32.8　イ. 33.3　ウ. 38.4

練習　解答と解説

【問 1】 正規分布の規準化と確率計算に関する特訓である. $N(10, 2^2)$ は, 平均 10，標準偏差 2 の正規分布である．

解答 (1) 30.85 % (2) 6.68 % (3) 62.47 %

(1) 手順に従って計算する．

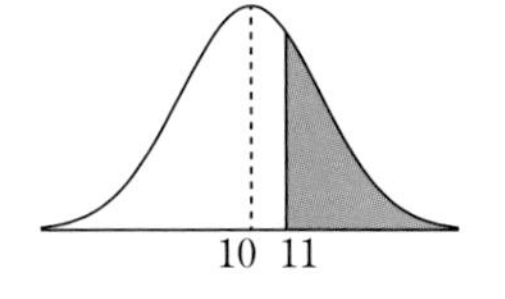

図　示：「11 以上」は右図の青い部分である．

規準化：$K_P = \dfrac{\text{測定値}-\text{平均}}{\text{標準偏差}} = \dfrac{11-10}{2} = 0.5$

確　率：「0.5」に対応する P を正規分布表で探すと「0.3085」である．

したがって，11 以上となる確率は，**30.85 %** である． ☞ 7.1 節 7～9

(2) 手順に従って計算する．

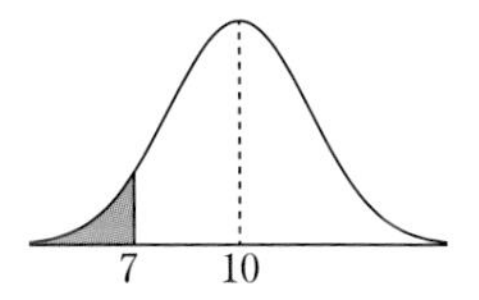

図　示：「7 以下」は右図の青い部分である．

規準化：$K_P = \dfrac{7-10}{2} = -1.5$

確　率：「-1.5」に対応する P は正規分布表にない．

しかし，正規分布のグラフは左右対称なので，「-1.5 以下」の確率（面積）は，「1.5 以上」の確率（面積）と同じである．そこで，「1.5」に対応する P を正規分布表で探すと「0.0668」であるから，「1.5 以上」の確率は 6.68 % である．

したがって，7 以下となる確率は，**6.68 %** である． ☞ 7.1 節 7～9

(3) 手順に従って計算する．

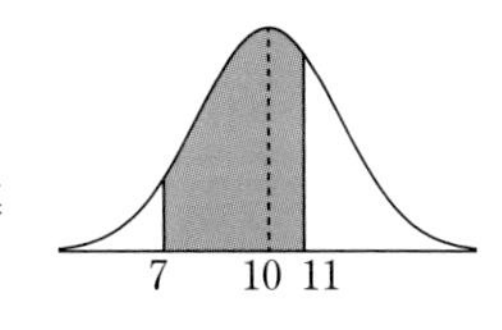

図　示：「7 以上 11 以下」は右図の青い部分である．

規準化：7 を規準化した値は (1) より 0.5，11 を規準化した値は (2) より -1.5 である．

確　率：正規分布のグラフの全面積は 1（全確率は 1）であることに着目して，「全確率（面積）1 から，7 以下の確率（面積）と 11 以上の確率（面積）を引く」と確率が求められる．

「7 以下の確率（面積）」は，(1) より「0.3085」である．また，「11 以上の確率（面積）」は，(2) より「0.0668」である．

したがって，「7 以上 11 以下」の確率（面積）は

$$1-0.0668-0.3085=0.6247$$

より，**62.47 %** である． ☞ 7.1 節 7～9

【問 2】 正規分布の規準化と確率計算に関する特訓である.

(解答) (1) 2.28 % (2) 15.87 %

(1) N(30, 5^2) は, 平均 30, 標準偏差 5 の正規分布である.

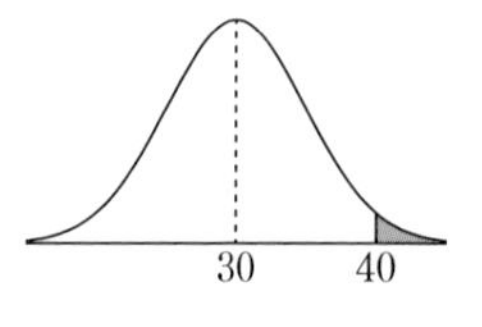

図 示:「40 以上」は右図の青い部分である.

規準化: $K_P = \dfrac{40-30}{5} = 2.0$

確 率:「2.0」に対応する P を正規分布表で探すと「0.0228」である.

したがって, 40 以上となる確率は, **2.28 %** である.
☞ 7.1 節 7 ~ 9

(2) N(20, 1.5^2) は, 平均 20, 標準偏差 1.5 の正規分布である.

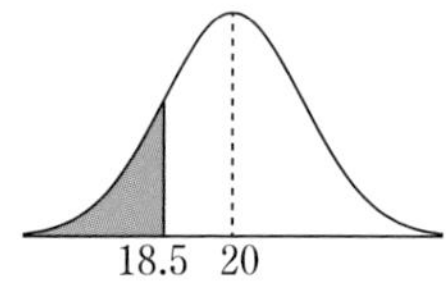

図 示:「18.5 以下」は右図の青い部分である.

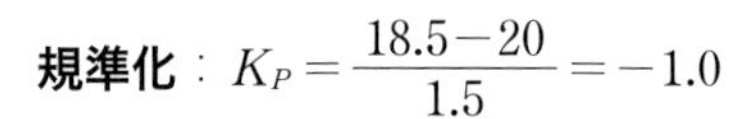

規準化: $K_P = \dfrac{18.5-20}{1.5} = -1.0$

確 率:「−1.0」に対応する P は正規分布表にない.

しかし, 正規分布のグラフは左右対称なので,「−1.0 以下」の確率（面積）は,「1.0 以上」の確率（面積）と同じである. そこで,「1.0」に対応する P を正規分布表で探すと「0.1587」であるから,「1.0 以上」の確率は 15.87 % である.

したがって, 18.5 以下となる確率は, **15.87 %** である.
☞ 7.1 節 7 ~ 9

【問 3】 正規分布の規準化と確率計算に関する特訓である.

(解答) (1) 2 人 (2) 84 人

(1) 手順に従って計算する.

図 示:「80 点以上」は右図の青い部分である.

規準化: $K_P = \dfrac{80-60}{10} = 2.0$

確 率:「2.0」に対応する P を正規分布表で探すと「0.0228」である. これが, 80 点以上となる確率である.

したがって, 80 点以上の人数は, $100 \times 0.0228 = 2.28$ より, **2 人**である.

☞ 7.1 節 7 ~ 9

(2) 手順に従って計算する.

図　示：「70 点未満」は右図の青い部分である.

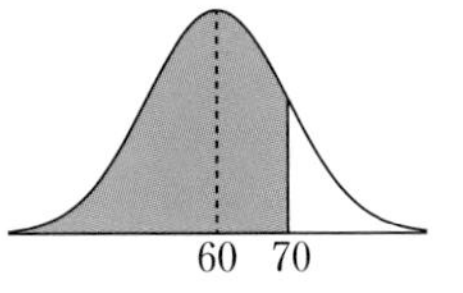

規準化：$K_P=\dfrac{70-60}{10}=1.0$

確　率：正規分布のグラフの全面積は 1（全確率は 1）であることに着目して,「全確率（面積）1 から, 70 点以上の確率（面積）を引く」と, 70 点未満の確率が求められる.

「70 点以上の確率（面積）」は,「1.0」に対応する P を正規分布表で探すと「0.1587」であるから, 70 点未満の確率（面積）は

$$1-0.1587=0.8413$$

したがって, 70 点未満の人数は, $100\times0.8413=84.13$ より, **84 人**である.

☞ 7.1 節 7 ～ 9

《注意》(2) は 70 点「未満」の確率を求めるが, 正規分布の確率計算では「以下」と「未満」を区別しない（同じでよい）.「以上」と「超える」も同様.

【問 4】 正規分布の性質と特徴に関する問題である.

（解答） (1) **ア**　(2) **ウ**　(3) **オ**

問題文の " 計量値 ", " 管理された状態 " というキーワードから, 部品の長さは［(1)　**ア. 正規分布**］に従うことがわかる（二項分布は計数値の分布である).

正規分布の特徴は, グラフの形状が［(2)　**ウ. 左右対称**］ということである. 分布の中央は, 平均に一致し, 最大である.

正規分布は, 記号 N(平均値, 標準偏差^2) で表現される. ここで, 標準偏差^2 は［(3)　**オ. 分散**］である（標準偏差 $=\sqrt{\text{分散}}$ である).　☞ 7.1 節 1 ～ 3

【問 5】 正規分布の性質と特徴に関する問題である.

（解答） (1) **イ**　(2) **ウ**　(3) **オ**　(4) **ウ**

① 正規分布の特徴を表す以下の数値は, 出題頻度が高いため覚えて欲しい.

- $\mu\pm1\sigma$ の範囲には, 全体の約［(1)　**イ. 68**］% が含まれる.
- $\mu\pm2\sigma$ の範囲には, 全体の約［(2)　**ウ. 95**］% が含まれる.
- $\mu\pm3\sigma$ の範囲には, 全体の約［(3)　**オ. 99.7**］% が含まれる.

なお，「$\mu \pm 3\sigma$ の範囲」の場合だけ小数で記しているのは，$\mu \pm 4\sigma$ の範囲には約 99.9％が含まれるためで，あえて「99％」とせず「99.7％」としている．

☞ 7.1 節 5

② 平均値 $\pm 3\sigma$ に入る確率は全体の 99.7％である．よって，1000 個 $\times 0.997 = 997$ 個は上下規格の範囲内に入る．規格の範囲外である不適合品は［(4) **ウ．** 3］個である．

☞ 7.1 節 5

【問 6】 正規分布の確率計算に関する問題である．$N(40.0,\ 2.0^2)$ は，平均 40.0，標準偏差 2.0 の正規分布である．

解答 (1) **ア** (2) **オ** (3) **イ**

(1) 手順に従って計算する．

図 示：「42.5 以上」は右図の青い部分である．

規準化：$K_P = \dfrac{42.5-40.0}{2} = 1.25$

40.0 42.5

確 率：「1.25」に対応する P を正規分布表で探すと「0.1056」である．

したがって，42.5 以上となる確率は 10.56％であり，選択肢からもっとも適切なものを選ぶと，［(1) **ア．** **10.6**］％である．

☞ 7.1 節 7 ～ 9

《注意》数値計算の択一試験では，自分の計算結果と選択肢が一致するとは限らない．理由はお互いに数値を丸めて計算するため．最も近い数値が選択肢にあり，かけ離れていなければ正解としてマークする．

(2) 手順に従って計算する．

図 示：「36.0 以上 44.0 以下」は右下図の青い部分である．

規準化：36.0 を規準化した値は

$$K_P = \frac{36.0-40.0}{2} = -2.0$$

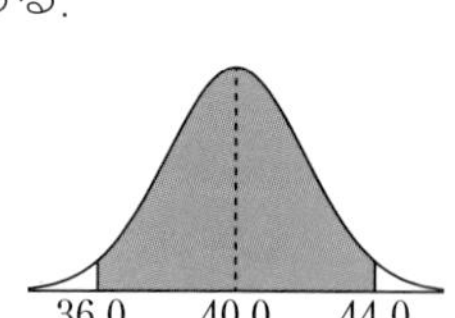

44.0 を規準化した値は

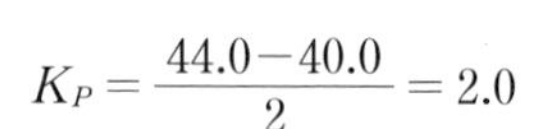

$$K_P = \frac{44.0-40.0}{2} = 2.0$$

確 率：「全確率（面積）1 から，-2.0 以下の確率（面積）と 2.0 以上の確率（面積）を引く」と確率が求められる．

まず，「2.0」に対応する P を正規分布表で探すと「0.0228」である．

次に，正規分布の左右対称性より，「-2.0 以下の確率（面積）」は「2.0 以上の確率（面積）」に等しい，すなわち 0.0228 に等しい．

したがって，「36.0 以上 44.0 以下」の面積（確率）は

$$1-0.0228-0.0228=0.9544$$

より，95.44 % である．選択肢からもっとも適切なものを選ぶと，［(2)　**オ．95.4**］% である．

☞ 7.1 節 7 ～ 9

(3)　本問の解き方は，本文で解説をしていないが，次のようにする．

正規分布表から $P=0.025$ となる K_P を探すと，$K_P=1.96$ がわかる．求める数値を X として規準化の公式を使うと

$$1.96=\frac{X-40.0}{2}$$

これは X の 1 次方程式であり，解くと $X=43.92$ がわかる．選択肢からもっとも適切なものを選ぶと，［(3)　**イ．43.9**］である．

☞ 7.1 節 7 ～ 9

【問 7】 正規分布の確率計算の事例に関する問題である．

解答　(1) **キ**　(2) **ア**

まず，平均 202 g，標準偏差 2 g の場合に 200 g 未満になる確率を求める．

図　示：「200 g 未満」は右図の青い部分である．

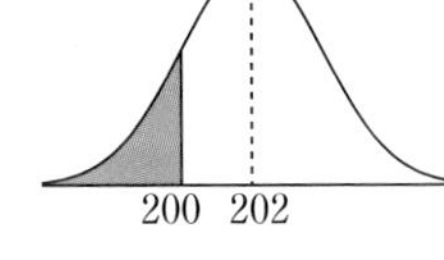

規準化：$K_P=\dfrac{200-202}{2}=-1.0$

確　率：正規分布のグラフは左右対称なので，「-1.0 未満」の確率（面積）は，「1.0 以上」の確率（面積）と同じである．そこで，「1.0」に対応する P を正規分布表で探すと「0.1587」であるから，「1.0 以上」の確率は 15.87 % である．

したがって，200 g 未満となる確率は，15.87 % である．選択肢からもっとも適切なものを選ぶと，［(1)　**キ．15.9**］% である．

次に，平均 205 g，標準偏差 2 g の場合に 200 g 未満になる確率を求める．

図　示：「200 g 未満」は右図の青い部分である．

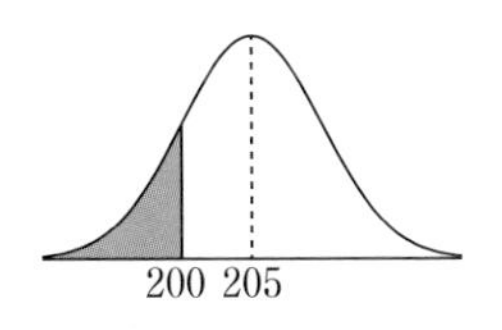

規準化：$K_P = \dfrac{200-205}{2} = -2.5$

確　率：グラフは左右対称なので，「−2.5 未満」の確率（面積）は，「2.5 以上」の確率（面積）と同じである．「2.5」に対応する P を正規分布表で探すと「0.0062」であるから，「2.5 以上」の確率は 0.62 % である．

したがって，200 g 未満となる確率は，0.62 % である．選択肢からもっとも適切なものを選ぶと，［(2)　**ア．** 0.6］% である．　☞ 7.1 節 7 ～ 9

【問 8】 二項分布の確率計算に関する問題である．

解答　(1) **ウ**　(2) **ア**

①　二項分布の確率計算は，不適合品率が p である母集団から，n 個のサンプルを抜き取ったとき，不適合品 r 個が出現する確率を計算するものである．出現する確率は $P(r)$ と表す．二項分布の確率は次の公式で算出する．

$$P(r) = {}_nC_r \times p^r \times (1-p)^{n-r}$$

「B(3, 0.2)」とは，不適合品率 0.2 の母集団から 3 個のサンプル（標本）を抜き取ったときの二項分布という意味である．

本問は出現する不適合品数 r が 1 個の場合の確率を求めるので，事例を二項分布の公式に当てはめると，次のとおりである．

$$P(r=1) = {}_3C_1 \times 0.2^1 \times (1-0.2)^{3-1}$$
$$= \frac{3\times2\times1}{1\times(2\times1)} \times 0.2 \times 0.8^2$$
$$= 3 \times 0.2 \times 0.64 = 0.384$$

したがって，確率は［(1)　**ウ．** 38.4］% である．　☞ 7.2 節 2

②　①と同様に考えると，不適合品率は 10 %(= 0.1) であり，5 個のサンプル中に 1 個の不適合品が入る確率なので，

$$P(r=1) = {}_5C_1 \times 0.1^1 \times (1-0.1)^{5-1}$$
$$= \frac{5\times4\times3\times2\times1}{1\times(4\times3\times2\times1)} \times 0.1 \times 0.9^4$$
$$= 5 \times 0.1 \times 0.6561 = 0.32805$$

したがって，確率は 32.805 % である．選択肢からもっとも適切なものを選ぶと，［(2)　**ア．** 32.8］% である．　☞ 7.2 節 2

実践分野

8章 品質管理が必要な理由

品質管理の
目的や考え方を
学習します

	QC的なものの見方と考え方 8章			
実践分野	品質とは 9章	管理とは 10章	源流管理 11章 / 日常管理 14章	工程管理 12-13章 / 方針管理 14章

↑ 実践分野に分析・評価を提供

手法分野	収集計画 1章	データ収集 1章	計算 1章	分析と評価 2-7章

8.1 品質管理とは何か

1 品質管理とは

品質管理とは，買い手の要求に合った品質をもつ製品やサービスを経済的に作り出すための手段です†.

この定義は，次のように分解するとわかりやすくなります.

品質管理とは

- 買い手の要求に合った品質をもつ製品やサービスの提供を行う活動（顧客志向）．顧客に購入いただくことは，企業の存続に不可欠です.
- 製品やサービスを経済的に作り出すための活動（経済性）．経済的とは，ムダを省いてコストを減らすことです.
- これらの活動を行うための手段（仕組み作り，仕事のやり方を決めること）

すなわち，品質管理は，顧客志向と経済性の両立を重視する活動です.

2 品質管理に不可欠な管理項目：QCD

品質管理を実践するためには，**QCD** の実現が不可欠です（**図 8.1**）．QCD は，Quality（品質），Cost（コスト），Delivery（納期）の頭文字を取った語です.

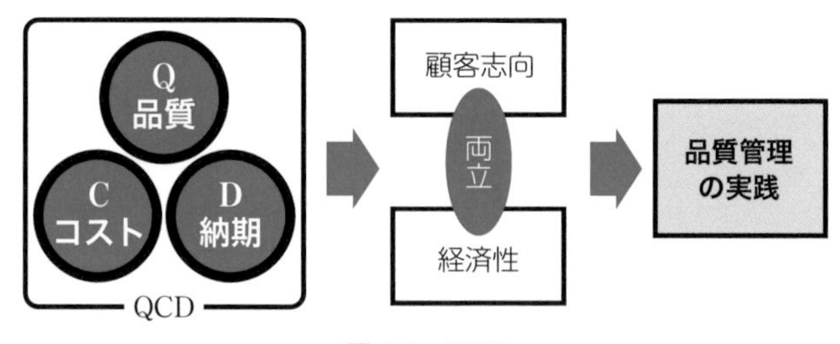

図 8.1　QCD

† JIS Z 8101:1981「品質管理用語」（日本規格協会）．現在この規格は廃止されています.

企業は，QCDのような重要な要素について，次のような結果系の管理項目を設定し，品質管理を実践できるように管理します．

- 品　質（Q）：設計どおりに作り，不適合品を減らす（品質向上）
- コスト（C）：製造に関わるコストを少しでも減らす（原価低減）
- 納　期（D）：顧客と約束した納期までに提供する（納期厳守）

例えば，不適合品が過剰に発生すると，廃棄，手直し，追加検査などが生じてコストが増えます．追加検査や手直しによって納期に間に合わなくなれば，場合によって顧客は発注先を他社へ切り替えるでしょう．そうなると，製品は全て廃棄となり，そのためのコストが上乗せされ，コストが増加します．これらの経費は，不適合品を過剰に作り出していなければ発生しないものであり，工夫によりなくすことができたはずなのです．

このように，品質管理を実践するためには，QCDを実現することが大切です．とくに，QCDの中でも，品質，すなわち不適合品を出さないことが最優先となります（この考え方を「**品質優先**」といいます）．

3 品質管理の役割と目的

企業の損失は，多くの場合，不適合品の発生から始まります．企業における品質管理の役割は，買い手の要求を満たすものを提供し，かつ，不適合品を出したり作ったりしないように，仕事のやり方（仕組み）を管理することです．

そして，品質管理の目的は，買い手の要求を満たすこと（**顧客満足**）です．

攻略の掟

- 其の壱　品質管理を実現する三姉妹「QCD」の意味を理解すべし！
- 其の弐　品質管理の目的と定義を理解すべし！

8.2 品質管理の変遷

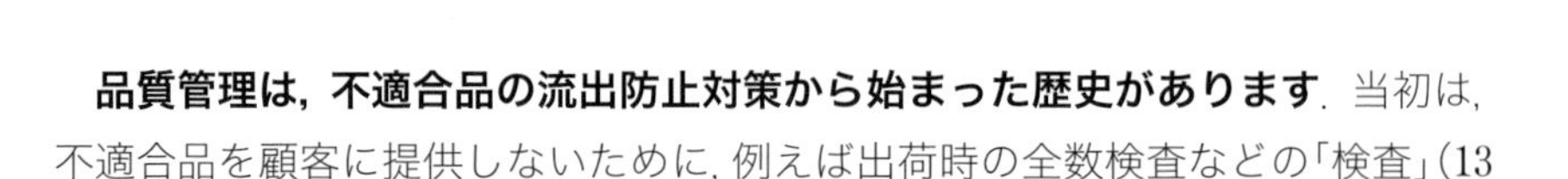

品質管理は，不適合品の流出防止対策から始まった歴史があります．当初は，不適合品を顧客に提供しないために，例えば出荷時の全数検査などの「検査」（13章参照）が重視されていました．

検査は，不適合品の流出を防止する手段としては良いのですが，いくつか弱点があります．例えば，出荷時に全数を検査しなければならない場合

- 検査実施に費用がかさむ
- 不適合品を見つけるために人手が必要になる
- 検査時間がかかるため，出荷が延期される
- 検査待ちの製品の保管場所が必要になる

……

など，次々とコスト増を招きます．さらに，検査により，不適合品の流出を防ぐことはできても，そもそも，不適合品の発生を防ぐことはできません．

そこで，不適合品への対策は，流出防止だけでなく発生防止に，さらには適合品を作り込む工夫へと，段階的に発展しました（**図 8.2**）．この発展は，不適合品の流出防止対策について，検査という「**結果による保証**」から，仕事のやり方の工夫という「**プロセスによる保証**」に変遷してきた，と表現されます．

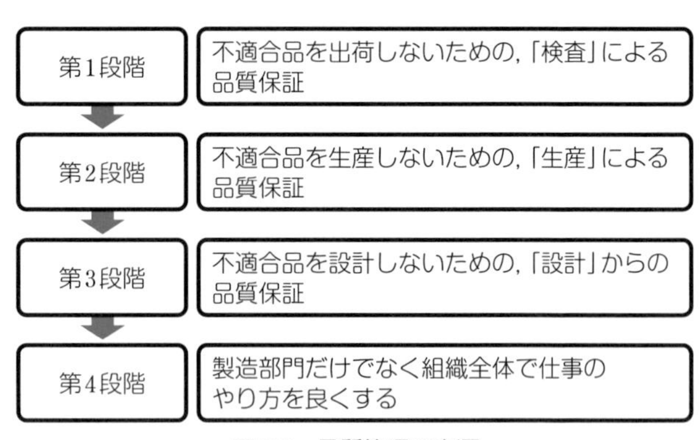

図 8.2 品質管理の変遷

8.3 QC的な見方・考え方

出題頻度 ★★☆

1 品質管理の全般に共通する基本思考

QC 的な見方・考え方とは，品質管理を実践する場合，その全般に共通する基本思考のことです．この基本思考は，企業や組織の全部門，全員が身に付けるべき重要な考え方ですから，教育訓練が重要です．また，この基本思考は，顧客志向と経済性の両立という品質管理の目的を実現するために存在します．

以下に，基本思考の具体例を示します．

2 マーケットイン

マーケットインとは，製品・サービスを提供するにあたり，顧客・社会のニーズを優先するという考え方です．どんなに素晴らしい製品・サービスでも，顧客や社会のニーズに合致していなければ，購入・利用いただくことはできません．つまり，マーケットインは，顧客志向を表す考え方です．

マーケットインの対義語が，**プロダクトアウト**です．これは，顧客・社会のニーズを重視せず，提供側の保有技術や都合を優先するという考え方です．

3 品質優先／顧客志向

品質優先とは，QCD (8.1 **2** 参照) の中でも，品質 (不適合品を作らないこと) が最優先であるという考え方です．これもまた，顧客志向を表す考え方です．

図 8.3 に示す PSME (Productivity (生産性), Safety (安全性), Morale (士気, モラル), Environment (環境) の頭文字を取ったもの) を土台として組織が安定してこそ，QCD が実現できます．

また，QCD と PSME は品質管理の実践項目ですから，通常，**表 8.1** のような管理項目を設定し，目標達成に向けた活動を行います．

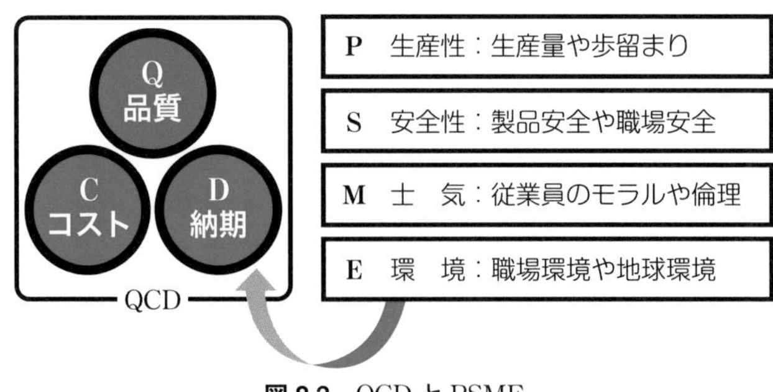

図 8.3　QCD と PSME

表 8.1　QCD と PSME の管理項目例

Q：品　質	Quality	不適合品率
C：コスト	Cost	コストダウン達成率
D：納　期	Delivery	納期達成率

P：生産性	Productivity	1 日あたりの生産量
S：安全性	Safety	無事故の継続日数
M：士　気	Morale	改善提案数
E：環　境	Environment	廃棄物の排出量

4　源流管理

源流管理とは，仕事の流れの源流（上流）に近いところで，製品・サービスの品質に影響を与える要因を掘り下げ，問題を未然に発見し解決できるようにすべきであるという考え方です．品質管理では，「**品質は源流で作り込め**」という用語で表現されます．

不適合品対策は，下流になるほど顧客に与える影響や対策に要するコストが大きくなります．リコールによる製品回収や修理は，その最たる例です．できるだけ上流の段階で不適合品の発生防止対策を行うことにより，不要な経費の発生も抑止することができます（**図 8.4**）．これより，源流管理は，品質管理の経済性を表す考え方といえます．

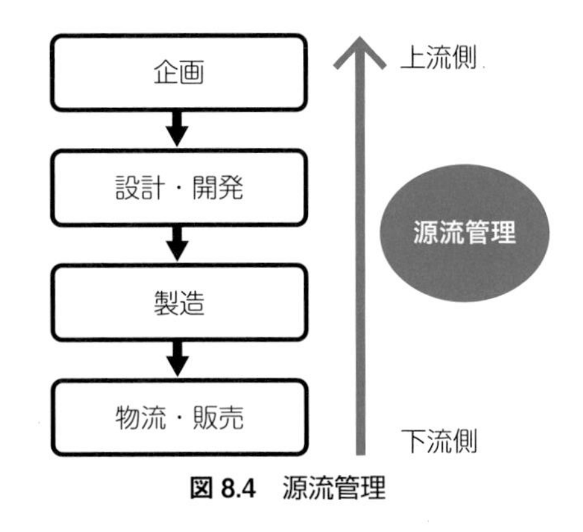

図 8.4　源流管理

5 後工程はお客様

「**後工程はお客様**」とは，品質管理における「顧客」には，外部顧客に加え，組織内部の後工程を含むという考え方です．外部顧客とは，製品・サービスの購入者や使用者です．

品質管理の変遷は，不適合品を市場に流出させないだけでなく，そもそも不適合品を作らないように工夫しようという思考への変化です．具体的には

- 製造部門は，設計どおりに作り，不適合品を作らない工夫を行う
- 設計部門は，製造部門が作りやすい設計を行う

ということです．不適合品が市場に流出する「外部の不適合」だけでなく，その前段階である組織の「内部の不適合」から発生を予防しようというものです．

この「内部の不適合」から予防しようという思考により，「顧客」の概念は，企業や組織の外部にいる従来の顧客だけでなく，内部の後工程も顧客であるとする考え方に拡大しました．組織の全員が自分の仕事を確実に行い，組織内部の後工程に不適合品を渡さないことを通じて，外部顧客への不適合品流出を防止しようとするのが，「**後工程はお客様**」思考のねらいです（**図 8.5**）．

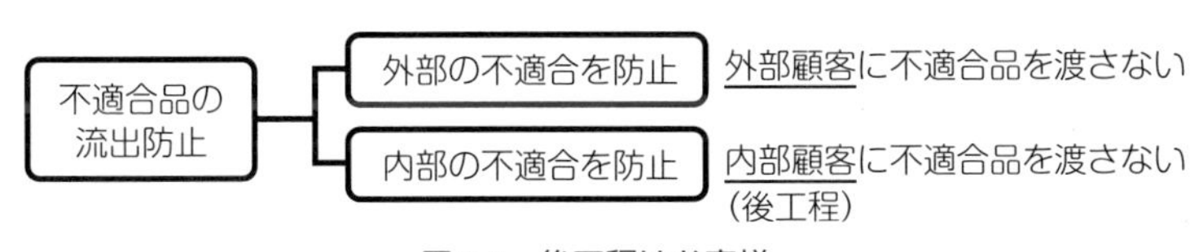

図 8.5　後工程はお客様

6 全部門，全員の参加

「**後工程はお客様**」の思考を適用する部門は，設計部門や製造部門だけではありません．人材配置の人事部門，コスト管理の経理部門，（外部）顧客に納品する物流部門，顧客の声を聴く営業部門やサポート部門，良い原材料を選択する購買部門等，全部門に適用します．全部門の協力があってこそ，顧客に製品・サービスを提供できるからです．

組織全体で仕事のやり方を工夫し，不適合品を作らない，出さないようにすることを通じて，顧客満足の実現に寄与します．品質管理は，もはや会社の仕事そのものということができます．

7 重点指向

重点指向とは，数多くの課題や問題にまんべんなく取り組むのではなく，より良い結果を出すために，その結果へのインパクトが大きいと思われる事柄や要因を絞り込み，それらに注力していくことです．したがって，重点指向は，品質管理の経済性を表す考え方といえます．

絞り込みの道具としては，パレート図（**図8.6**，2.4節参照）が活用されます．

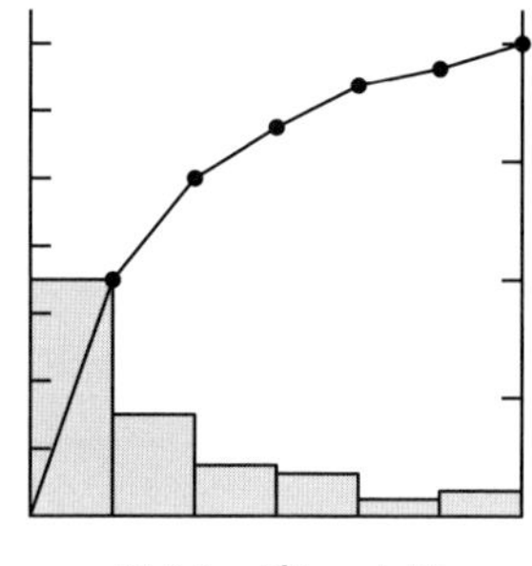

図 8.6 パレート図

8 プロセス重視（プロセスに基づく管理）

プロセスとは，結果を生み出すための過程，つまり，製造やサービスなどの仕事のやり方のことです（**図 8.7**）．プロセスは，「インプットをアウトプットに変換する，相互に関連する（または作用する）活動」と定義されています．

品質管理において，**プロセス重視**とは，結果だけを追うのではなく，結果を生み出す仕事のやり方や仕組みというプロセスに着目し，プロセスの管理を通して，ねらいどおりの結果を得るようにするという考え方です．**プロセスに基づく管理**ともいいます．

このようなプロセス重視の考え方は，品質管理では，「**品質は工程で作り込む**」

という用語で表現します．品質管理の経済性を表す考え方です．

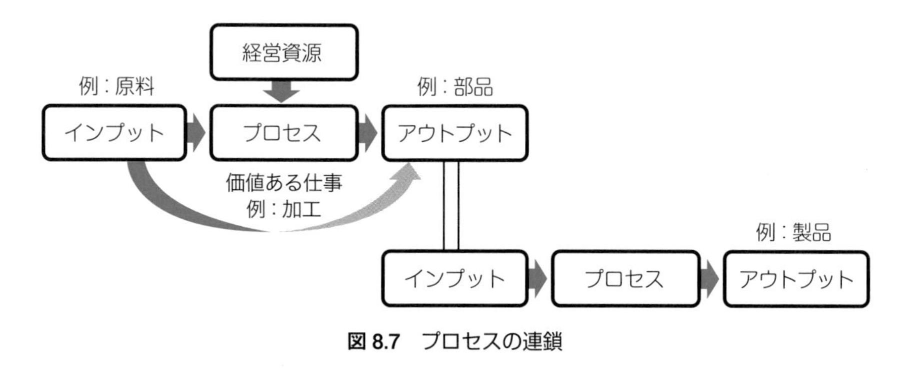

図 8.7　プロセスの連鎖

9 事実に基づく管理（ファクトコントロール）

事実に基づく管理とは，勘・経験・度胸（3 つまとめて KKD という）だけに頼るのではなく，事実やデータに基づき判断を行い管理していくという考え方です．**ファクトコントロール**ともいいます．

事実に基づく管理を行うことにより，職場の誰もが同じ判断を行うことができるので，プロセスの安定に寄与します．事実に基づく管理を実現するには，次に述べる三現主義を実践することが重要です．

10 三現主義

三現主義とは，現場で，現物を見ながら，現実的に検討を進めることを重視する考え方です．

三現主義に，原理，原則を加えた，**五ゲン主義**という考え方もあります．三現主義で問題の現状が把握できたとしても，問題解決が困難な場合，原理，原則に照らして改善を進めるという考え方です．

11 ばらつきの管理

ばらつきの管理とは，“ばらつき”を最小化することを通じて，不適合品の発生を未然防止する活動です．

工場などで製造されている製品は，同じ原料，同じ機械を使って同じ作業を行ったとしても，作られた製品の品質には“ばらつき”が生じます．人によるサービスの提供は，さらに“ばらつき”が大きくなります．これらの“ばらつき”はゼロにはなりません．そして，“ばらつき”が大きくなると，**図 8.8** のとおり不適合品が発生しやすくなります．

品質管理の目的は，ばらつきの最小化を通じて不良品発生を未然に防止し，その結果として顧客満足を達成することです．ばらつきを管理して，品質を一定の水準に安定させることが重要です．

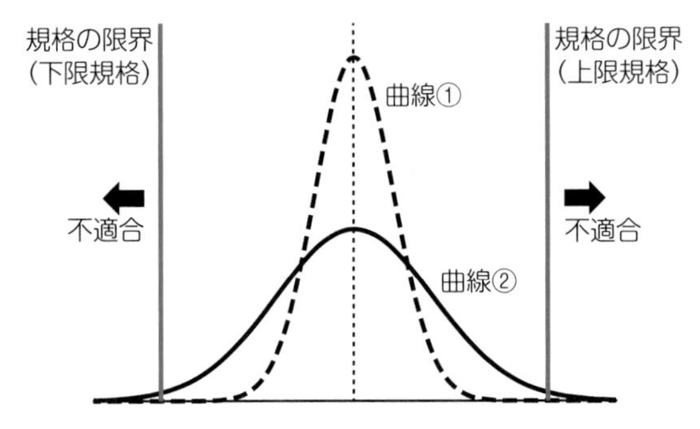

ばらつきの程度は，(曲線①)＜(曲線②) である．
ばらつきが大きくなると，分布曲線の横幅が広がり，規格の限界に近づく．

図 8.8　ばらつきの管理

攻略の掟

- **其の壱**　品質管理の顧客志向と経済性を理解すべし！
- **其の弐**　QC 的な見方・考え方：カタカナ用語は記憶すべし！

理解度確認　問題

品質管理に関する次の文章で正しいものには○，正しくないものには×を選べ．

① 不適合品が市場に流出しないことが重要であり，社内に留まる不適合品は増加しても仕方ない．
② 品質管理は，出荷時の検査重視から始まった歴史がある．
③ QCDとは，品質，コスト，納期の略称である．
④ 品質管理の顧客とは，製品・サービスを購入くださる外部のお客様のことであり，それがすべてである．
⑤ 品質管理の考え方においては，品質を最優先するので，品質の追求はコスト度外視で行うべきである．
⑥ マーケットインとは，製品・サービスの提供にあたり，その提供側の保有技術や都合を優先するという考え方である．
⑦ 数多くの課題や問題がある場合，あらゆる顧客に満足いただくために，すべての課題や問題にまんべんなく取り組むことが大切である．
⑧ プロセスとは，工程や仕事のやり方のことである．
⑨ 品質管理は，専門的な分野なので，ベテラン社員の勘・経験・度胸による判断は貴重であり，その判断を最優先すべきである．
⑩ 事実を正しくつかみ，正しく判断するためには，現場・原理・原則の三現主義が必要である．

理解度確認 解答と解説

① **正しくない（×）**．不適合品の市場流出は防ぐべき最優先事項であるが，経済性に照らし，製造される不適合品の削減も取り組むべき重要な課題である．
☞ 8.3 節 5

② **正しい（○）**．品質管理は，検査重視から始まり，全数検査が経済的に不都合であることからプロセス重視（品質の作り込み）に変遷した歴史がある．
☞ 8.2 節

③ **正しい（○）**．品質管理実現の必須 3 要素は，品質（Quality），コスト（Cost），納期（Delivery）であり，それらの頭文字を取って QCD という．
☞ 8.1 節 2

④ **正しくない（×）**．品質管理における顧客には，外部顧客だけでなく，内部の後工程を含む（後工程はお客様）．
☞ 8.3 節 5

⑤ **正しくない（×）**．品質管理においては，品質優先ではあるが，経済性（損失軽減）も重視するため，コスト度外視ということはない．
☞ 8.1 節 1，2

⑥ **正しくない（×）**．マーケットインとは，製品・サービスの提供にあたり，顧客・社会のニーズを優先するという考え方である．なお，提供側の保有技術や都合を優先する考え方は，プロダクトアウトという．
☞ 8.3 節 2

⑦ **正しくない（×）**．品質管理は，経済性も考慮して「重点指向」を基本とし，「まんべんなく取り組む」ということはない．
☞ 8.3 節 7

⑧ **正しい（○）**．プロセスとは，結果を生み出すための過程であり，製造工程，サービス工程や各工程における仕事のやり方のことである．
☞ 8.3 節 8

⑨ **正しくない（×）**．品質管理は，事実に基づく管理を重視する．勘・経験・度胸（KKD）だけに頼らず，優先すべきはデータ等の事実である．
☞ 8.3 節 9

⑩ **正しくない（×）**．三現主義とは，現場・現物・現実を重視することである．これらに原理・原則を加えたものを五ゲン主義という．
☞ 8.3 節 10

練習 問題

【問 1】 QC 的な見方・考え方に関する次の文章において，[　　]内に入るもっとも適切なものを下欄の選択肢からひとつ選べ．ただし，各選択肢を複数回用いることはない．

① 仕事を進めていくうえで，結果だけを追うのではなく，結果を生み出す仕組みや仕事のやり方に注目し，これを向上させるように管理していく考え方を[(1)]という．

② 品質管理の現場では，勘・経験・度胸（KKD）だけに頼って判断をするのは危険である．QC 的な考え方では[(2)]が常に求められている．

③ 品質管理にかかわる多くの課題や問題にまんべんなく取り組むのではなく，より良い結果を出すためにインパクトが大きいと思われる事柄や要因を絞り込み，それらに注力していくという考え方を[(3)]という．

④ 製品やサービスを受け取る人や組織を顧客としてとらえるが，工程においては自分が手掛けた仕事の受け手も顧客としてとらえ，その人たちに満足してもらえるものを渡すという考えを[(4)]という．

⑤ 安定して質の高い製品やサービスを提供し続けるためには，不適合品の発生をできるだけ防ぐ取り組みが必要である．そこで，工程の上流の段階で，不適合を発生させるような原因を予測し，その原因に対して是正措置や改善を施すことが重要であり，この考え方を[(5)]という．

【選択肢】

ア．重点指向　　イ．後工程はお客様　　ウ．プロセス重視
エ．源流管理　　オ．プロダクトアウト　　カ．ファクトコントロール
キ．品質優先　　ク．マーケットイン

【問 2】 QC 的な見方・考え方に関する次の文章において，[　　]内に入るもっとも適切なものを下欄の選択肢からひとつ選べ．ただし，各選択肢を複数回用いることはない．

① 顧客の要求に適合する製品やサービスを企画，設計，製造，販売すると

いう考え方を (1) という．一方，生産者が良いと思うものを企画，設計，製造，販売するという考え方を (2) という．

② 安定した品質の製品・サービスの提供を続けるために，「品質は工程で作り込む」ことが大切である．安定した良い品質は，安定した工程から生み出されるという， (3) の考え方が重要である．

③ 現状把握や要因分析を行う場合，事実を重視し，データで把握する (4) を基本とすることが求められる．また，品質特性のデータはばらつきをもった結果であるから， (5) を行う必要がある．これらの活動では，結果だけを追うのではなく，過程に着目し，仕事のやり方や仕組みを向上させる (3) の考え方が重要となる．

【選択肢】

ア．ファクトコントロール　イ．品質優先　ウ．プロセス重視
エ．プロダクトアウト　オ．重点指向　カ．ばらつきの管理
キ．マーケットイン　ク．源流管理

練習 解答と解説

【問 1】QC的な見方・考え方に関する問題である．

解答 (1) **ウ** (2) **カ** (3) **ア** (4) **イ** (5) **エ**

① 「結果だけを追うのではなく」というフレーズが現れたら，その後に置かれる語は多くの場合「プロセス」である．プロセスの連鎖によって結果が生み出されるから，結果を良くするためには，結果に至るプロセス（仕事のやり方）を良くするように管理すること，すなわち［(1) **ウ．プロセス重視**］が必要である．プロセス重視とすることで，出荷時の全数検査や市場流出後の事後対応よりも，事前対応の方がコストは安くなり，経済性が良くなる．

☞ 8.3節 8

② 品質管理でなされる判断では，事実に基づく意思決定が必要である．この考え方を［(2) **カ．ファクトコントロール**］（事実に基づく管理）という．

事実とは，データや実際に発生した現象のことである．勘・経験・度胸（KKD）が重要な場面もあるが，KKDのみでは，事実に基づかず思い込みだけで判断を行ってしまう危険性がある．

☞ 8.3節 9

③ 品質管理は経済性も考慮するので，多くの課題や問題にまんべんなく取り組むのではなく，より良い結果を出すためにインパクトが大きいと思われる事柄や要因を絞り込み，それらに注力していくことが重要である．この考え方を［(3) **ア．重点指向**］という．重点指向の活動を行うために，普段から事実に基づく判断を行っている場合には，パレート図が役立つ．

☞ 8.3節 7

④ 品質管理における顧客（お客様）は，実際に製品やサービスを受け取る外部顧客だけでなく，内部の後工程を含む．この考え方を［(4) **イ．後工程はお客様**］という．社内や組織の全員が自らの仕事を確実に行い，内部の不具合や不適合をなくすことにより，外部への不適合品の流出を予防できる．

☞ 8.3節 5

⑤ 不適合品対策は，下流であるほど，顧客に与える影響や対策にかかるコストが大きくなる．そのため，できるだけ上流の段階で不適合品対策を講じることで，経済性が良くなる．ここでいう上流とは，不適合品を発生させないような製品・サービスの設計を行うこと，製造しやすい設計を行うことである．この考え方を［(5) **エ．源流管理**］という．

☞ 8.3節 4

【問 2】 QC的な見方・考え方に関する問題である．

（解答） (1) **キ** (2) **エ** (3) **ウ** (4) **ア** (5) **カ**

① 顧客・社会のニーズ（要望）を満たす製品・サービスを提供していくという考え方を［(1) **キ．マーケットイン**］という．また，マーケットインの対義語が［(2) **エ．プロダクトアウト**］で，製品・サービスの提供側の保有技術や都合を優先する考え方である．

☞ 8.3節 2

② プロセスの連鎖によって結果が生み出されるから，結果を良くするためには，事前のプロセス（仕事のやり方）を良くするように管理することが必要である．この考え方を［(3) **ウ．プロセス重視**］という．このプロセス重視の考え方を端的に表す言葉が「品質は工程で作り込む」である．

☞ 8.3節 8

③　品質管理でなされる判断においては，事実に基づく意思決定を行うことが必要である．この考え方を［(4)　**ア．ファクトコントロール**］（事実に基づく管理）という．

品質管理の役割は，品質特性のばらつきの最小化を通じて，不適合品を作らず提供しないように，仕事のやり方や仕組みを管理することである．この考え方を［(5)　**カ．ばらつきの管理**］という．

ファクトコントロールや，ばらつきの管理を行うことは，結果だけを追うのではなく，その結果を生み出す過程（プロセス）を向上させるよう管理すること，すなわちプロセス重視によって達成できる．

☞ 8.3 節 8，9，11

実践分野

9章 品質とは何か

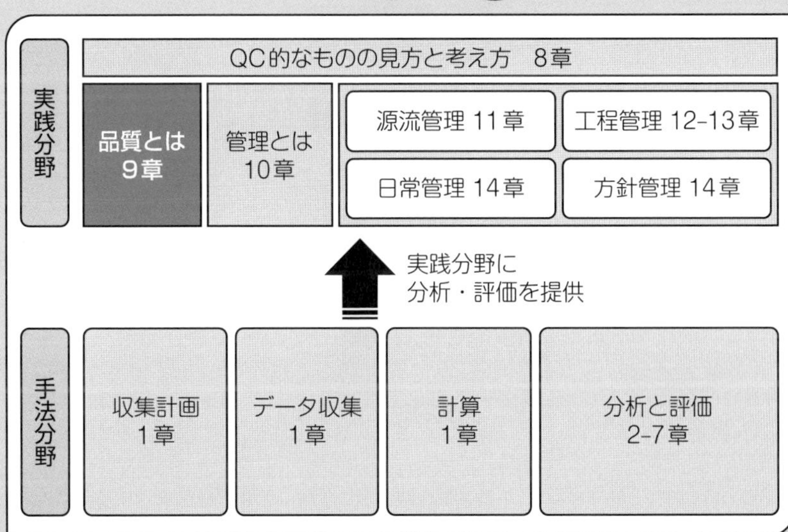

9.1 設計品質と製造品質

1 品質は顧客が評価する

品質は，“対象に本来備わっている特性の集まりが，要求事項を満たす程度”と定義されています†．この定義における各用語の意味は，次のとおりです．

- **対　象**：製品，サービス，業務プロセス（仕事のやり方）等
- **特　性**：製品を特徴づけている性質や性能（例：自動車ならば走ること）
- **要求事項**：顧客，法令，社会から必要とされていること（黙示又は明示）

品質は，「品質が良い」，「品質が悪い」と表現されます．「良い」，「悪い」と評価するのは顧客です．顧客満足の程度が高い製品・サービスは，品質が良いという評価を受けます．**品質を決める（満足度を評価する）のは，製品・サービスの提供側ではなく，顧客である**，という点を押さえましょう（**図 9.1**）．

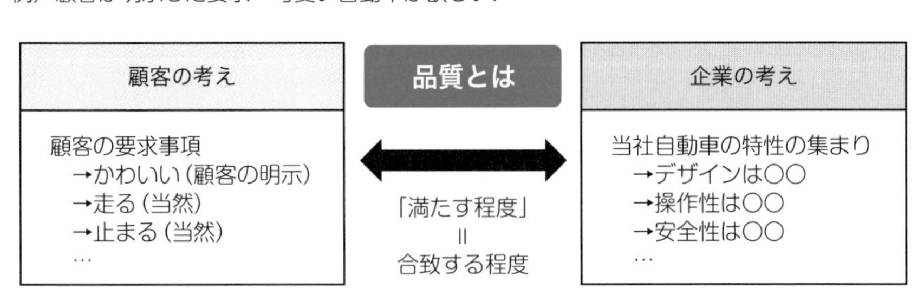

図 9.1　品質の定義

なお，品質の定義における「本来備わっている特性」とは，材料や機能など，製品が存在する限りもつ固有のものです．製品に後付けされる価格や納期は含まれません．このような特性は**品質特性**といいます．

† JIS Q 9000:2015「品質マネジメントシステム−基本及び用語」（日本規格協会，2015 年）3.6.2

2 設計品質と製造品質

顧客の求める品質は，「かわいい」のような主観的な表現が多いので，企業側が客観的に定義するのは難儀なことです．とはいえ，経済行為の主体（いわば，商売のプロ）である企業が製品やサービスを作り出すためには，次のことが必要です．

- 計画段階において，顧客が求める品質を描くこと
- 実現段階において，計画段階で描いた品質を忠実に作り出すこと

この 2 つの要素を企業の仕組みで表す場合，計画段階を担うのが，企画・開発・設計の部門であり，実現段階を担うのが，製造の部門です．そこで，各部門が担う品質をそれぞれ，**設計品質**，**製造品質**といいます（**図 9.2**）．これに対し，顧客が求める品質を，**要求品質**といいます（図 9.2）．

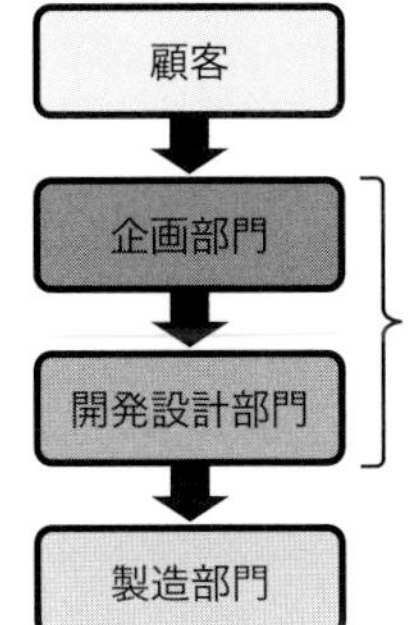

要求品質（顧客要求）

設計品質（ねらいの品質）

顧客要求に合致した設計や仕様を
作成する計画段階（企画や設計）の質．
製造の目標となる「ねらいの品質」のこと．
※企画部門を「企画品質」として分離することもある．

製造品質（できばえの品質，適合品質）

設計品質に合致した製造を行う実現段階の質．
ねらって製造した実際の「できばえの品質」のこと．
※サービス業では「製造」という言葉がなじまないため，「適合品質」ともいう

図 9.2　品質の分類

このように，部門ごとで品質を考えることは，役割や責任が明確になるというメリットがあります．顧客にとって「品質が良い」となるには，少なくとも設計品質と製造品質のいずれも良いことが必要なのです．

攻略の掟

其の壱　品質の用語を記憶すべし！

特に，設計品質＝ねらいの品質，製造品質＝できばえの品質は必須！

9.2 魅力的品質と当たり前品質

出題頻度

1 顧客要求は変化する

9.1 節 1 でも述べたように，**品質**とは，“対象に本来備わっている特性の集まりが，要求事項を満たす程度”のことです．ここでの「**要求事項**」は，明示されたものだけでなく，黙示のものも含みます．

顧客の要求に合致するような製品・サービスの提供を行うのが企業の使命といえますが，顧客と顧客要求（ニーズ）は，社会とともに変化するものです．例えば，国産自動車に対するニーズは，**表 9.1** のように変遷してきました．1910 年代，自動車の競争相手は馬車や人力車でしたから，自動車がそれらより速く，故障せずに走れば，顧客は満足でした．また，1960 年代は，購買力の増強により顧客が拡大した結果，故障せずに走ることは当然とされ，顧客満足は走行性能が良い自動車に向けられました．その後も，故障せずに走るという当然に備わっている機能は維持されますが，時代の移り変わりにより，顧客は新たな要求を追加するようになります．

表 9.1　国産自動車ニーズの変遷

1910 年代頃	利用者は華族や実業家に限定
1930 年代頃	軍用・商用トラックの需要
1960 年代頃	マイカー元年（顧客の拡大）
1970 年代頃	排気ガス規制車（社会の変化）
1980 年代頃	若年層・女性ユーザーの増加（顧客の拡大）
2000 年代頃	地球環境にやさしい車（例：ハイブリッドカー）（社会の変化）
2020 年代頃	自動運転車の登場（技術の革新）

2 魅力的品質と当たり前品質

顧客要求の変化は，製品・サービスの品質に対する評価に影響を及ぼします．例として，カーナビについて考えてみましょう．カーナビは，初めての目的地であっても安心して運転できる画期的な製品として発売されました．発売当初は渋滞した道への進路指示があるなど多少の不満はありましたが，それを補って余りある魅力的な製品でした（魅力的品質として評価）．しかし，次第にカーナビが自動車に標準装備されるようになると，オプション装備であることに不満と感じる顧客が出現するようになります（一元的品質として評価）．さらに，渋滞回避を指示する機能がないと，カーナビの意味をなさないと不満を感じるようになります（当たり前品質として評価）．

このように，顧客要求の変化に伴い，同じ製品であっても顧客の評価は，「魅力的品質」→「一元的品質」→「当たり前品質」へと変化することがあります．顧客が潜在的に何を欲しているか，企業は常に敏感である必要があるのです．

ここで，上述の 3 つの品質の意味を整理しておきます．

- **魅力的品質**：充足されれば満足，不充足でも仕方なし
- **一元的品質**：充足されれば満足，不充足であれば不満
- **当たり前品質**：充足されて当たり前，不充足であれば不満

また，これら 3 つの品質は，**図 9.3** のように図解されることがあります．

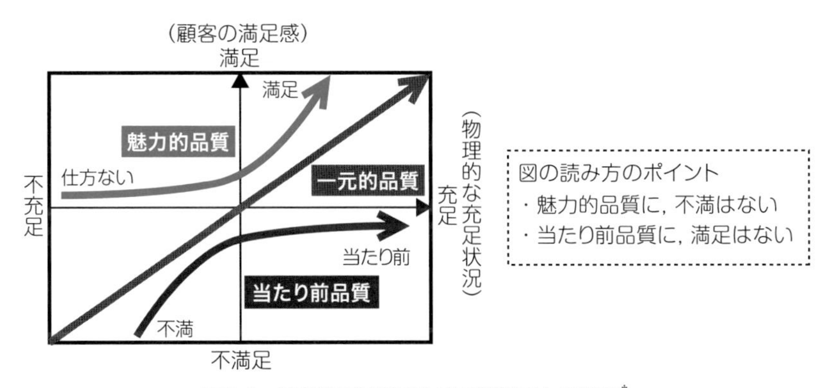

図 9.3 物理的充足状況と顧客満足感との関係†

攻略の掟

其の壱 魅力的品質，当たり前品質，一元的品質の違いを理解すべし！

† 狩野紀昭・瀬楽信彦・高橋文夫・辻新一「魅力的品質と当り前品質」（『品質』Vol.14, No.2, 日本品質管理学会, 1984 年）p.149 図 1 を改変

9.3 サービスの品質, 仕事の品質

1 サービスの品質

サービスの品質とは，設計・開発・製造を直接担う部門だけではなく，広告，販売，保管，納品（輸送），アフターサービス，苦情対応等のサービス業務を担う部門にまで求められる品質です．

製品やサービスが，設計品質や製造品質を満たすことができても，顧客に正しく提供されなければ，顧客満足はあり得ません．製品が破損あるいは劣化した，または誤送されたのでは，適切に提供できたとはいえませんし，誤りや不備のある広告で認知して製品を購入した場合は，当然ながら顧客は不満をもち，苦情を表明することになります．

2 使用品質

使用品質とは，顧客に製品・サービスが届き，実際に顧客が使用したときの品質です．

製品・サービスは，設計品質や製造品質を満たし，正しく顧客に提供されても，顧客が正しく使用し保管しなければ，機能を発揮できず，場合によっては事故に繋がる危険が生じます．そこで，アフターサービスや苦情対応による顧客対応を適切に行うことが大切です．アフターサービスや苦情対応は，顧客の誤った使用方法や苦情が設計部門や製造部門にフィードバックされることにより，企業にとっても有益な改善情報のインプットになります．

3 仕事の品質

仕事（業務）の品質とは，品質の対象が顧客に提供する製品・サービスのみに限定されるものでなく，企業の仕事のやり方をも含むという考え方です．

間接部門であっても，「後工程はお客様」の考え方のもと，仕事のやり方を

工夫して直接部門の仕事を支えます．企業は組織全体の仕事の繋がりによって，顧客満足という成果を達成していきます．顧客満足という結果を達成するためには，直接，間接を問わず，全部門の全員参加と協力が必要なのです．

4 品質概念のまとめ

ここまでの品質概念は，**図 9.4** のようにまとめることができます．それぞれの品質概念間の繋がりを確認しましょう．

顧客の要求品質は，市場調査などにより，企業の企画品質となります．要求品質は主観的な言葉が多く，そのままでは企画書も設計図も書けません．**表 9.2** で，要求品質が企画品質に変換される流れを概説します．

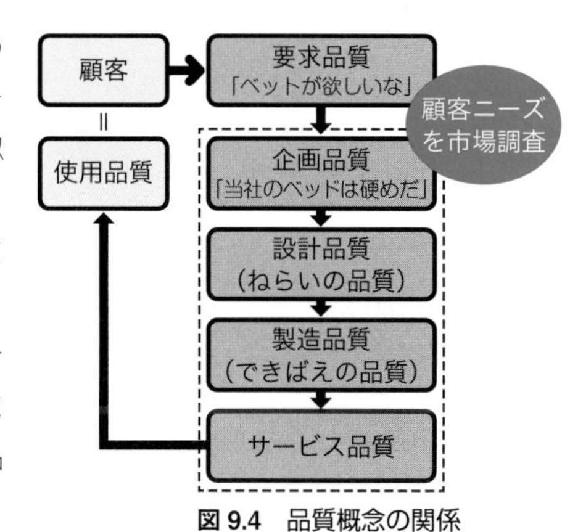

図 9.4　品質概念の関係

表 9.2　要求品質から企画品質までの概要

要求品質	市場調査などにより把握した製品・サービスに対する顧客のニーズや期待（顧客の声，VOC：Voice of Customer）．	ベッドが欲しいな，最近は腰痛，寝心地が良くて，安価で…
↓ 品質要素	顧客の声は同じ意味でも様々な主観的な言葉で表されるので，要求品質を整理・分類して項目化したもの（親和図を活用）．	感性：寝心地 機能：耐久性
↓ 品質特性	品質要素を製品・サービスで実現するために，測定できる技術の用語に転換したもの． 測定が困難な場合は代用特性を活用します．	マットレスのコイル ・弾力度 ・耐久年数
↓ 企画品質	企画段階において製品・サービスのコンセプトを明確にするために決める品質． 顧客の要求品質をもとに，顧客への訴求効果，競合他社への対抗条件などを加味し，製品・サービスのコンセプトに盛り込みます．企画品質が要求品質に合致しているか否かが，「魅力的品質」を決めるポイントになります．	最近は腰痛の方が多いので，当社の新製品の特徴は，硬めのベットにする

攻略の掟

- **其の壱**　品質は製造だけではない！ことを理解すべし！
- **其の弐**　品質概念の繋がりを押さえるべし！

9.4 社会的品質

出題頻度

社会的品質とは，製品・サービスまたはその提供プロセスが第三者のニーズを満たす程度のことです．**第三者**とは，供給者と購入者・使用者以外の不特定多数を指します．

自動車業界（表 9.1）でいえば，1960 年代のマイカーブームにより自動車の利用者が拡大した結果，排気ガスの大量放出により光化学スモッグが社会的な問題となり，その後，排ガス法規制の対応車が登場しました．さらに，2000 年前後では温室効果ガス規制が世界規模で強化された結果，環境対応車が出現する等，企業は，製品それ自体に社会問題への対応を活発に行うようになりました．

品質の定義でいうところの**「要求事項」には，購入者・使用者だけでなく，法令や社会の要求を含みます**（**図 9.5**）．企業には，製品・サービスの提供の結果，排気ガスなどが引き起こす公害により第三者に迷惑をかけることのないような製品・サービスの提供が求められるのです．

この点は，使用後の廃棄までを含めた「**製品のライフサイクル**」を考慮した製品企画が，廃棄物削減や地球環境保護のために要求されている，ということについても同様です．

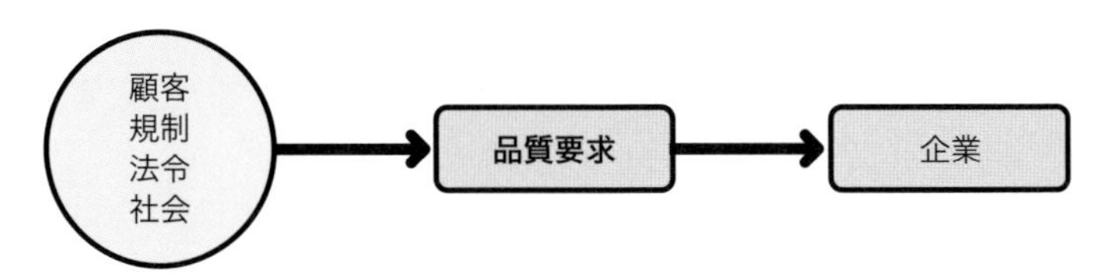

規制要求事項の例：ISO 規格，業界規制，社内規制，組織が同意した規制

図 9.5　要求事項

攻略の掟

其の壱　品質要求者は買い手だけではないことを理解すべし！

理解度確認　問題

次の文章で正しいものには○，正しくないものには×を選べ.

① 品質とは，対象に備わっている個性の集まりが要求事項を満たす程度である.

② 品質の良し悪しを決めるのは,企業における出荷前の最終検査員である.

③ 設計品質は，できばえの品質ともいわれる.

④ 製造品質は，ねらいの品質ともいわれる.

⑤ 適合品質とは，製造品質のことである.

⑥ 設計品質が顧客要求と合致していれば，品質は良いと評価できる.

⑦ 当たり前品質とは，充足されれば満足，不充足でも仕方がない，という品質である.

⑧ 魅力的品質とは，充足されて当たり前，不充足では不満である，という品質である.

⑨ 仕事の品質とは，品質の対象は顧客に提供する製品・サービスの狭い範囲に限定されるものでなく，企業の仕事のやり方全体を含むという考え方である.

⑩ 品質に関する要求は，顧客が求めることだけを優先的に考えるべきものである.

理解度確認　解答と解説

① **正しくない（×）**．品質とは，対象に本来備わっている（個性ではなく）特性の集まりが要求事項を満たす程度である．
☞ 9.1 節 1

② **正しくない（×）**．品質の良し悪しを決めるのは，製品．サービスの提供側である企業ではなく，顧客である．
☞ 9.1 節 1

③ **正しくない（×）**．設計品質は，ねらいの品質ともいわれる．
☞ 9.1 節 2

④ **正しくない（×）**．製造品質は，できばえの品質，または適合品質ともいわれる．
☞ 9.1 節 2

⑤ **正しい（○）**．適合品質と製造品質は，同じ意味である．なお，サービス業では，製造という表現がなじまないので，適合品質の方が使用される．
☞ 9.1 節 2

⑥ **正しくない（×）**．品質が良いと評価されるには，設計品質と製造品質の両方とも良いことが最低限必要である．設計品質が良くても，そのねらいのとおりに製造ができなければ品質が良いとはならない．
☞ 9.1 節 2

⑦ **正しくない（×）**．当たり前品質とは，その名のとおり「当たり前」であることから，充足されても顧客は満足とならず，不充足であれば不満をおぼえるような品質である．
☞ 9.2 節 2

⑧ **正しくない（×）**．魅力的品質とは，充足されれば満足であり，不充足でも不満をおぼえない．
☞ 9.2 節 2

⑨ **正しい（○）**．最近では，品質概念には，広く仕事（業務）全体の品質が含まれる傾向にある．直接部門，間接部門を問わず，品質管理の達成には仕事のやり方の管理が大切であるという趣旨である．
☞ 9.3 節 3

⑩ **正しくない（×）**．品質に関する要求事項は，外部顧客による要求だけではない．義務としての法令要求や，第三者による社会的要求も含まれる．
☞ 9.4 節

練習問題

【問 1】 品質に関する次の文章において，［　　］内に入るもっとも適切なものを下欄の選択肢からひとつ選べ．ただし，各選択肢を複数回用いることはない．

① ［(1)］とは，製品またはサービスが，使用目的（機能）を満たしているかどうかを決定するための評価の対象となる固有の性質・性能の全体をいう．

② ものづくりにおいては，製造の目標として設定した品質である設計品質を［(2)］ともいい，製品規格，原材料規格などに規定して，具体的に規格値などで表される．

③ 製造した製品に対するできばえの品質を［(3)］ともいい，設計品質に対して出来上がった製品がどの程度合致しているかを示すもので，工程の不適合品率，平均値，標準偏差などで表される．なお，サービス業では，［(3)］という用語は適さないため，［(4)］ともいわれる．

④ 製造工程では，工程を管理して，設計どおりで［(5)］の小さい製造品質を確保するための工夫が大切である．しかしながら，肝心の設計品質が［(6)］を外していたのでは品質管理の目的が達成できないので，設計品質が［(6)］に合致していなければならない．

【選択肢】

ア．製造品質	イ．代用特性	ウ．顧客要求
エ．ねらいの品質	オ．品質特性	カ．ばらつき
キ．魅力的品質	ク．適合品質	ケ．コスト

【問 2】 品質に関する次の文章において，［　　］内に入るもっとも適切なものを下欄の選択肢からひとつ選べ．ただし，各選択肢を複数回用いることはない．

品質とは，顧客が求めている［(1)］を満たしている程度である．すなわち，顧客が求めている条件をどれくらい満たしているかが重要になる．提供される製品やサービスと顧客が求める特性との適合の度合いといえる.

ある接着剤を購入し，使用目的に見合った使い方をしたところ，問題なく接着できた．これについて特に不満は感じないが，満足することもなかったとしよう．このような品質を［(2)］品質という．さらに，この接着剤を用いると素早く接着でき，接着したものどうしに強い衝撃が加わっても剥がれなかった．その場合，この接着剤には大変な満足をおぼえ，他の人に勧めたくなる．しかし，再度使用しようとしたときに蓋が容器に貼り付き使用できなかったら，それが接着の強力さや素早さのためであると思い，仕方ないと諦める．このような品質を［(3)］品質という.

【選択肢】

ア．魅力的　　イ．適合事項　　ウ．当たり前
エ．一元的　　オ．要求事項

【問 3】 品質に関する次の図 9.A において，［　　］内に入るもっとも適切なものを下欄の選択肢からひとつ選べ．ただし，各選択肢を複数回用いることはない.

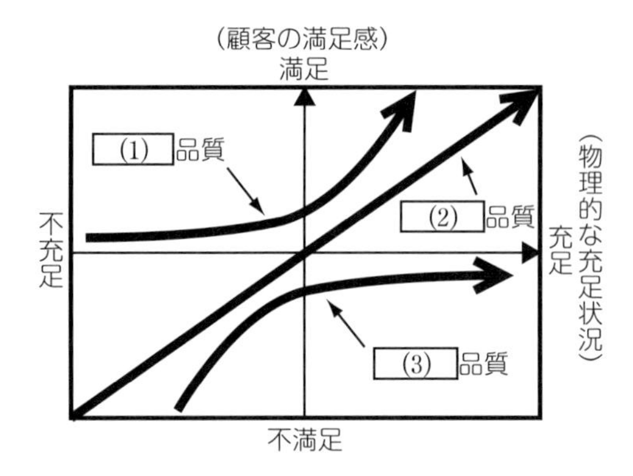

図 9.A　物理的充足状況と顧客満足感

【選択肢】

ア．魅力的　　イ．無関心　　ウ．製造
エ．一元的　　オ．当たり前　　カ．設計

【問 4】 品質に関する次の文章において，[　　]内に入るもっとも適切なものを下欄の選択肢からひとつ選べ．ただし，各選択肢を複数回用いることはない．

① 顧客は，製品購入後のアフターサービスも，購入する際の検討項目にするため，[(1)]は疎かにできない．品質というと物理的な製品（モノ）に対するものと考えがちであるが，品質管理では[(1)]も重要視されている．すなわち，品質管理は，物理的な製品（モノ）に関する[(2)]のみで行われるものではなく，[(3)]でも行われ，両方の仕事の質に関して当てはまる．

② 顧客の期待が満たされている程度に関する顧客の受け止め方を[(4)]といい，簡単にCSともいう．[(4)]を測る指標として顧客からの苦情があるが，苦情がないことは必ずしも[(4)]が[(5)]ことを意味するわけではない．この苦情と似た用語に[(6)]がある．両者の違いは，苦情は外に表明されるが，[(6)]は心の中に留まるという点である．

【選択肢】

ア．高い　イ．社会的品質　ウ．間接部門　エ．不適合
オ．低い　カ．使用品質　キ．顧客満足　ク．不満
ケ．サービスの品質　コ．ものづくりの現場

【問 5】 次の文章において，[　　]内に入るもっとも適切なものを下欄の選択肢からひとつ選べ．ただし，各選択肢を複数回用いることはない．

企業が社会的責任を負担するということは，その企業の製品やサービスの直接の[(1)]だけでなく，その製品やサービスにより迷惑を受ける不特定多数の[(2)]に対しても責任を負うという意味である．現代社会では，企業には，顧客要求事項だけでなく，製造物責任法のような[(3)]の順守は当然として，社会の要求も考慮して製品やサービスを提供することが求められる．このような[(2)]への影響の程度を[(4)]品質という．

【選択肢】

ア．購入者　イ．販売者　ウ．第三者　エ．株主　オ．債権者
カ．法令　キ．社会的　ク．業界　ケ．環境　コ．住民

練習　解答と解説

【問 1】 品質の種類に関する問題である．この問題の内容は頻出である．

(解答) (1) オ　(2) エ　(3) ア　(4) ク　(5) カ　(6) ウ

(1) 製品やサービスそのものがもつ，その評価の対象となる固有の性質・性能の全体は，［(1)　**オ．品質特性**］である．　☞ 9.1 節 1

(2) 設計品質を別の言葉で表すと，［(2)　**エ．ねらいの品質**］である．　☞ 9.1 節 2

(3)，(4) できばえの品質を別の言葉で表すと，「製造品質」または「適合品質」であるが，後ろに“サービス業では，［(3)］という用語は適さない”とあることから，［(3)　**ア．製造品質**］を選択できる．したがって，［(4)　**ク．適合品質**］である．　☞ 9.1 節 2

(5)，(6) “［(5)］の小さい製造品質”とあることから，［(5)　**カ．ばらつき**］である．なお，「コスト」を小さく抑えることは確かに重要ではあるが，“製造品質”がうける言葉としては弱い（製造品質は，コストはともかく，あくまで設計どおりか（設計品質を満たすか）が問われる．コストを抑えるには，設計どおりであることに加え，設計の工夫や製造方法の工夫といった要素が絡む）．また，“設計品質が［(6)］を外していたのでは……達成できないので，設計品質が［(6)］に合致して”とあることから，設計以前の段階（開発，企画，顧客）を考えるのが適当である．選択肢の中でもっとも適当な語句は，［(6)　**ウ．顧客要求**］である．　☞ 9.1 節 2

【問 2】 品質の種類に関する問題である．

(解答) (1) オ　(2) ウ　(3) ア

(1) 品質の定義である．品質は，顧客が考える要求事項と，製品・サービスの提供側が考える特性（性能）とが合致する程度のことである．したがって，［(1)　**オ．要求事項**］である．　☞ 9.2 節 1

(2)，(3) 接着剤で“接着できた”ことは“満足することもない”すなわち当たり前のことであり，その品質は［(2)　**ウ．当たり前**］品質である．それに加え，この接着剤に接着の素早さと強力さがあると，その特長に魅力を感じる一方，その特長のために“蓋が容器に貼り付き使用できなかった”としても，不満はなく諦める場合，その品質は［(3)　**ア．魅力的**］品質である．

物理的充足状況と顧客満足感のポイントを次の**表 9.a** で整理しておこう．

表 9.a　物理的充足状況と顧客満足感

品質名	充足の場合	不充足の場合
魅力的品質	満足	**仕方ない**
一元的品質	満足	不満
当たり前品質	**当たり前**	不満

魅力的品質は，不充足でも不満にならない

当たり前品質は，充足しても満足がない

☞ 9.2 節 2

【問 3】 問 2 と同じく，品質の種類に関する問題である．

(解答) (1) **ア**　(2) **エ**　(3) **オ**

(1)　この矢印は，不充足でも不満足にはならない，という性質があることから，この矢印が意味する品質は［(1)　**ア．魅力的**］品質である．☞ 9.2 節 2

(2)　この矢印は，不充足なら不満足であり，充足されれば満足である，という性質があることから，この矢印が意味する品質は［(2)　**エ．一元的**］品質である．☞ 9.2 節 2

(3)　この矢印は，充足しても満足にはならない，という性質があることから，この矢印が意味する品質は［(3)　**オ．当たり前**］品質である．☞ 9.2 節 2

【問 4】 サービスの品質，顧客満足に関する問題である．

(解答) (1) **ケ**　(2) **コ**　(3) **ウ**　(4) **キ**　(5) **ア**　(6) **ク**

(1)　顧客は，製品それ自体の品質，価格，納品時期だけでなく，購入時の商品説明，運搬方法，アフターサービスなども考慮して購入を決める．したがって，それらのような［(1)　**ケ．サービスの品質**］も確実に提供していくことが，競争に勝ち抜くために大切なのである．☞ 9.3 節 1

(2)，(3)　問題文に“……で行われ”，“……でも行われ”とあることから，場所・場面に関する語句が該当しそうであり，選択肢では「ものづくりの現場」（つまり，直接部門）と「間接部門」が該当する．文脈に沿って考えると，(3)は(1)に関わる語句が入ることから，［(3) **ウ．間接部門**］であることがわかる．結果，［(2) **コ．ものづくりの現場**］である． ☞ 9.3節 1，3

(4) "顧客の期待が満たされている程度に関する顧客の受け止め方"は［(4) **キ．顧客満足**］である．なお，その後にある"CS"はCustomer Satisfaction（顧客満足）の略語である ☞ 9.3節 1

(5) 問題文から，(5)は動詞・形容詞・形容動詞が入りそうである．選択肢で該当するのは「高い」と「低い」であるが，文脈から，［(5) **ア．高い**］である．すなわち，苦情がないことは必ずしも顧客満足が高いことを意味するわけではない． ☞ 9.3節 1

(6) 苦情と似た語は［(6) **ク．不満**］である．苦情という外部表明がなくても，不満はあり得る，すなわち「苦情なし＝顧客満足が高い」とは必ずしもいえない．苦情と不満はセットで押さえておこう（**図9.a**）． ☞ 9.3節 1

苦情	外に表明された場合
不満	外に出ず 心の中に留まる場合

図9.a 苦情と不満の違い

【問5】 企業の社会的品質に関する問題である．

解答 (1) **ア** (2) **ウ** (3) **カ** (4) **キ**

企業が当然に責任を負うのは，その企業の製品やサービスを契約により直接に購入した［(1) **ア．購入者**］である．しかしながら，公害問題をきっかけに，企業を取りまく環境は変化した．例えば，企業は，直接の契約関係がない［(2) **ウ．第三者**］にも，公害等により多大な被害を及ぼすことがある．契約がないことを理由に，被害が及んだ第三者に対し責任を負わない場合，消費者はもはやその企業に目を向けず，代替となる競合製品・サービスを購入することは十分にあり得る．企業には，生き残りのために，社会の一員として第三者に迷惑をかけないような製品・サービスの提供と責任の負担が求められる．

以上のことを専門用語で表すと，企業には，製品・サービスを提供する際，顧客要求事項だけでなく，製造物責任法（PL法）のような［(3) **カ．法令**］の順守は当然として，社会の要求も考慮することが求められる．このような第三者への影響の程度を，［(4) **キ．社会的**］品質という． ☞ 9.4節

実践分野

10章 管理とは何か

10.1 ばらつきの管理
10.2 平常時の管理
10.3 QCストーリー
10.4 異常時の管理

品質管理の
管理とは何かを
学習します

実践分野
QC的なものの見方と考え方　8章
品質とは 9章
管理とは 10章
源流管理 11章
工程管理 12-13章
日常管理 14章
方針管理 14章

実践分野に
分析・評価を提供

手法分野
収集計画 1章
データ収集 1章
計算 1章
分析と評価 2-7章

10.1 ばらつきの管理

「**ばらつきがある**」とは，測定結果が一定ではないことです．同じ原料，同じ機械，同じ作業者で同じ製品を製造しても，必ず品質のばらつきがあります．設計がいかに良くても，ばらつきの程度により製造品質に影響が及びます．

ばらつきの管理とは，ばらつきが許容される範囲内に入るように制御し，ばらつきが小さくなるように改善していく活動のことです．これにより，不適合品の発生を予防します．本章では，この「管理」の概要を学習します．

ばらつきには，偶然原因によるものと異常原因によるものがあります．

- **偶然原因によるばらつき**とは，管理を十分に行っても避けることができないばらつきです．例えば，標準作業に従い同じ作業をしても発生してしまい，現在の技術や標準では抑えられないばらつきです．
- **異常原因によるばらつき**とは，避けようと思えば避けることができるばらつきです．例えば，工程で異常が発生しており，その理由が標準作業を守っていなかったり，標準そのものに異常があったりする場合に生じるばらつきです．

そもそも，**ばらつきは完全になくすことができません**（**図 10.1**）．品質管理では，偶然原因による（許容範囲内の）ばらつきを認めながら，異常原因に対処し，ばらつきの最小化をねらいます．ばらつきの最小化は，PDCA サイクル（10.2 節参照）を回して改善を行い，改善後は，水準維持のために「標準化」により歯止めを行い，改善前の状況に戻らないようにします．

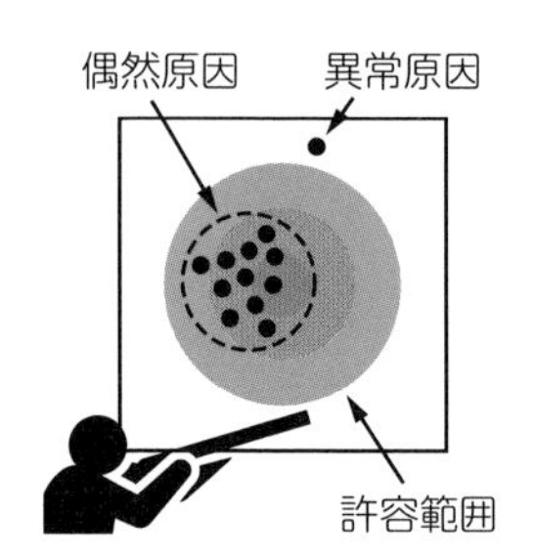

図 10.1　ばらつきの種類

攻略の掟

其の壱　ばらつきの二大発生原因を押さえるべし！

10.2 平常時の管理

1 管理の方法

管理とは，目標を設定し，その目標を実現するための活動です．品質管理の文脈において，**管理には，改善と維持の二つが含まれます**．

- **改善**とは，目標を高いレベルに設定し，それを実現する活動である．改善の手順では，**PDCA** が活用される．PDCA は，計画（Plan），実行（Do），確認（Check），処置（Act）をまとめて表した語である．
- **維持**とは，結果が目標とするレベルであり続けるようにする活動である．維持の手順では，**SDCA** が活用される．SDCA は，標準化（Standardize），実行（Do），確認（Check），処置（Act）をまとめて表した語である．

改善と維持は，別々ではなく連動する活動です．特に，ばらつきを最小化するための PDCA による改善活動を行ったら，その後は改善した状態を維持する活動が大切です．いったん改善しても放っておくと，すぐに改善前の状況に戻りがちであるからです．改善後は，その水準を維持するために「標準化（S）」により歯止めを行います．ここまでを含めた活動を **PDCAS** といいます．

この「改善→維持→改善…」というサイクルを何度も繰り返すことにより，会社の管理水準（レベル）は向上します．このことを「**管理のサイクルを回す**」または「**継続的改善を行う**」といいます（**図 10.2**）．会社は，管理のサイクルを回すことにより，継続的に良い結果を出すことができるのです．

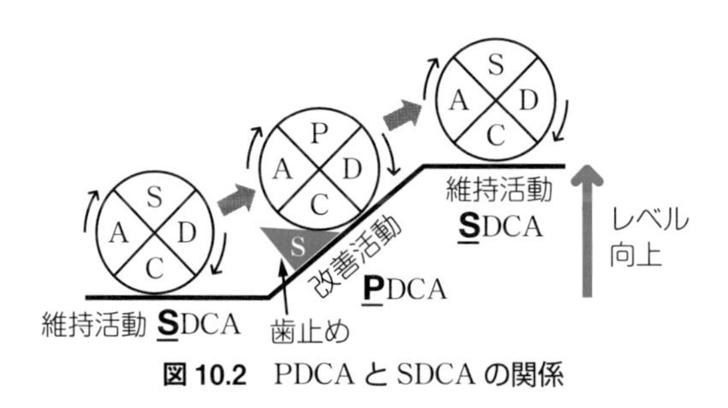

図 10.2　PDCA と SDCA の関係

2 平常時の改善活動は，PDCAサイクル

管理は，平常時と異常時により対応方法が異なります．**異常時**とは，不適合が発生したり，社内の管理限界を超えたりするなど，通常とは異なる状態にある場合です．以下では，「平常時」と「異常時」に分けて対応方法を解説します．

まず，平常時の管理方法です．平常時の対応は，1で述べた改善活動と維持活動が，そのまま当てはまります．**平常時の改善活動は，データや観察結果に基づきPDCAサイクルを回す方法により行います**．PDCAの概要は**表10.1**のとおりです．

表10.1　PDCAサイクル

P	計画	目的と目標を定め，それを達成する方法を決める
D	実行	実行のための準備を行い，計画どおりに実行する
C	確認	実行の結果が目標どおりであったか否かを確認し，評価する
A	処置	目標を達成した場合には，維持するために標準化を図る 未達の場合には，原因を調査し再度対策を講じる

管理の活動は，目標設定から始まります．ですから，PDCAサイクルでは，最初の「P」が重要です．目標は次の**5W1H**により設定します．

- なぜ，何のために（目的）（Why）
- 誰が（Who）
- いつ（When）
- 何を（What）
- どこで（Where）
- どうやって（How）

また，管理活動の確認（Check）には，数値化した尺度（ものさし）を用意します．この尺度のことを管理項目といいます．

3 平常時の維持活動は，SDCAサイクル

平常時の維持活動は，既に「標準化（Standardize）」が図られているところから始まります．良い状態を維持するために，SDCAサイクルを回し，維持・

定着を図ります．SDCA の概要は**表 10.2** のとおりです．

表 10.2 SDCA サイクル

S	標準化	仕事のやり方などの作業標準を定める
D	実行	標準を守ることができるよう，教育訓練を行う
C	確認	作業が標準どおりであったか否かを確認し，評価する
A	処置	作業が標準どおりの場合には，維持する 標準どおりにできなかった場合には，原因を調査し，教育訓練などを再度行う

平常時の維持活動は，日常業務の中で行われます．日常業務の中で製品・サービス業務のばらつきが小さくなるように，部署やプロセスごとに目標値を設定し，目標実現のための教育訓練と確認を繰り返し行います．

平常時の維持活動では，SDCA サイクルを回すことが基本ですが，改善のために PDCA サイクルを回す必要が生じることがあります．例えば，決められた標準が不十分である場合や，標準で決められたルールが作業者には難しい場合などです．より良くする場合には，平常時の維持活動でも PDCA サイクルを利用します．

攻略の掟

- **其の壱** 管理＝改善＋維持を理解すべし！
- **其の弐** 改善は PDCA，維持は SDCA を記憶すべし！

10.3 QCストーリー

出題頻度 ★★☆

1 QCストーリーとは

平常時の改善活動は，10.2節で述べたように，PDCAサイクルを回すことにより行います．PDCAサイクルは，アメリカのデミング博士が紹介したとされますが，日本では，PDCAサイクルをさらに細かくステップ化した「**QCストーリー**」という方式も広く用いられています．

QCストーリーには，「問題解決型」と「課題達成型」があります．

2 問題と課題とは

ここで，品質管理の文脈で用いる「問題」と「課題」の意味を明らかにしておきましょう（**図10.3**）．

- **問題**とは，目標（あるべき姿）と現実とのギャップのこと．
- **課題**とは，目標（ありたい姿）と現実とのギャップのこと．

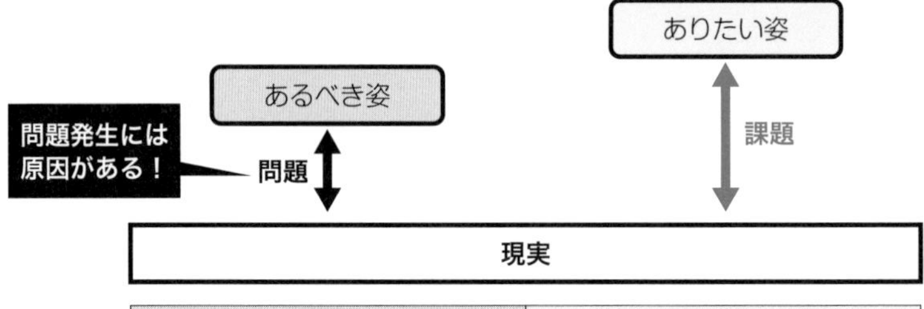

問題	課題
問題は解決するもの	課題は達成するもの
問題を発見し，発生原因を除去することで，あるべき姿に移行	攻め所を明確にし，最適方策を実施することで，ありたい姿に移行
活用例：日常管理（14.1節参照）	活用例：方針管理（14.2節参照）

図10.3　問題と課題の比較

3 QCストーリーの8ステップ

問題解決型，課題達成型，それぞれの QC ストーリーのステップは，**図 10.4** のとおりです．いずれも 8 つのステップからなり，ステップ名が異なる箇所はありますが，PDCA サイクルを細かくしたものです．

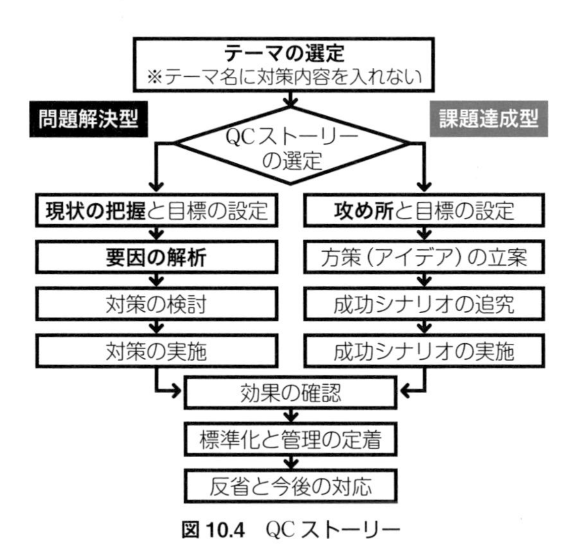

図 10.4 QC ストーリー

4 問題解決型QCストーリーのポイント

問題解決型 QC ストーリーのポイントは，**問題の発生には必ず要因がある**という点です．要因を見つけ出して対策（除去）することで，問題を解決します．

問題解決型 QC ストーリーでは，次のことに注意が必要です．

- **現状の把握**には，できる限り**事実やデータを用いる**．さらに，目標の設定では，抽象的にではなく，数値を用い具体的に表現する（評価指標）．
- **要因の解析**では，特性要因図（3.3 節参照）の活用により要因を抽出することができる．特性（結果）と要因が複雑に絡み合っている場合には，連関図法（4.3 節参照）の利用も有効である．
- 現状把握と要因解析を十分に行うことが，真の対策に結び付く．効果確認の段階で効果不足と判定されると，現状把握と要因分析のやり直しになる．

攻略の掟

其の壱　問題解決型と課題達成型の違いを理解すべし！

10.4 異常時の管理

1 異常時の管理とは

異常時とは，不適合品が発生したり，社内の管理限界を超えたりする等，通常とは異なる状態にある場合です．プロセス（仕事のやり方）が管理された状態ではなくなると，製品・サービスに異常が発生します．異常時には，**図 10.5** に示すフローで対応します．

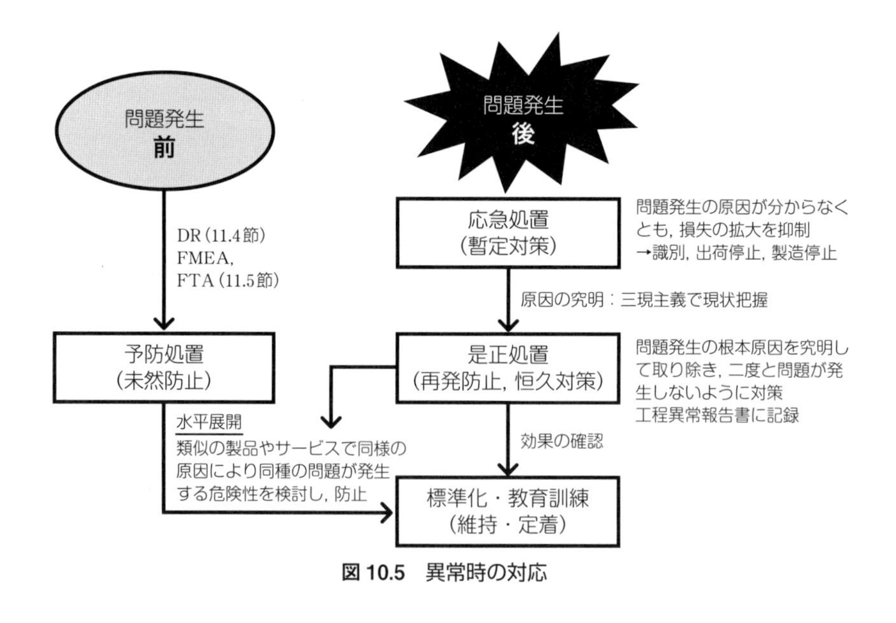

図 10.5　異常時の対応

2 異常時の対応を行うための準備

異常時には，顧客や後工程に不適合品の流出の可能性があり，また実際に流出しています．そのため，異常時には適切かつ間違いのない対応が必要です．異常が起こったときのために，組織は次のような準備を行っておくことが必要です．

- どういう場合が異常時であるか，という判断基準を定義し，曖昧さを極小化する.
- 異常発生時の対応方法は，5 W 1 H（10.2 節 2 参照）で具体的に作業標準書などに規定する.

3 応急処置

応急処置とは，損失を拡大させないために，問題の発生状況を速やかに止める活動です．応急処置はスピード重視で暫定的なものであることから，**暫定対策**ともいいます.

応急処置の手順は次のとおりです.

手順❶ 問題が発生した場合，まずは三現主義（8.3 節 10 参照）に基づき，不具合の具体的内容を事実やデータで正確に把握する.

手順❷ 手順❶ で把握した事実やデータをもとに，工程や製品に対して，迅速に処置を行う.

手順❷ では，製造工程の停止や製品の出荷停止などを迅速に行うことが必要な場合もあります．また，異常な工程から作り出された製品は不適合品となることがあるため，正常な工程から作り出された製品と混合しないように**識別**を行います.

4 是正処置

是正処置とは，問題が発生したときに，設備や作業方法に対して原因を調査し，その発生原因を取り除き，再び同じ原因で問題が発生しないように再発防止を行う活動です．是正処置は，**再発防止策**や**恒久対策**ともいいます.

是正処置では，その対策のために，**根本原因**を探し出すことが重要です．ここが徹底されていないと，異常の再発をもたらすこともあり得ます．根本原因を突き止めるための手段として，「なぜなぜ分析」（3.3 節 3 参照）等を活用します.

なお，是正処置を直ちに行うことができる場合は，応急処置を行う必要はありません.

5 予防処置

予防処置とは，不適合を起こす潜在的な原因を抽出し，対策を実施することにより，異常の発生を未然に防止する活動です．未然防止活動ともいいます．

異常の発生は，目に見えて現れた，いわば氷山の一角にすぎません．**図10.6**のように，水面下には見えない数多くの原因や，問題を作り出している根本原因が潜んでいます．この根本原因を突きとめて除去する活動を，是正処置では問題発生の後に行い，予防処置では問題発生の前に行います．

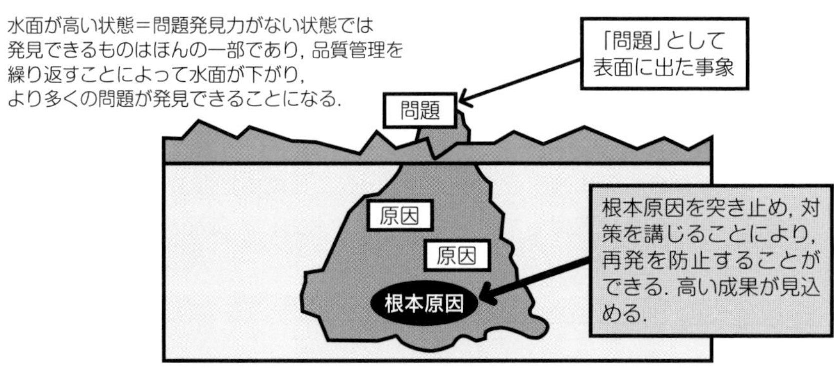

図 10.6　根本原因

ある異常に対し是正処置や予防処置を講じた後には，水平展開を行います．**水平展開**とは，実施された是正処置等や管理を，他の類似のプロセス及び製品に対して適用することです．横展開ともいいます．

攻略の掟

- **其の壱**　異常時の三大用語につき意味と前後関係を理解すべし！
  - 応急処置，是正処置（再発防止），予防処置

理解度確認　問題

管理に関する次の文章で正しいものには○，正しくないものには×を選べ．

① 異常原因によるばらつきは，避けることのできないばらつきである．

② 平常時の管理では，ばらつきが小さい状態を維持していくことが重要なので，改善は異常時だけの活動である．

③ SDCA サイクルは，品質水準の向上を目的とする活動である．

④ PDCA サイクルと QC ストーリーは，全く異なる改善の手順である．

⑤ 問題とは，ありたい姿と現実とのギャップである．

⑥ 問題解決型 QC ストーリーは，問題の発生には原因がある，ということがポイントなので，手順の中でも現状把握とアイデア立案は特に重要である．

⑦ 課題達成型 QC ストーリーでは，ありたい姿と現状のギャップを明確にする手順のことを「現状の把握と目標の設定」という．

⑧ 異常時の対応ステップは，「是正処置→応急処置」の順である．

⑨ 応急処置のポイントはスピード対応であり，未然防止が目的である．

⑩ 是正処置のポイントは根本原因の除去であり，再発防止が目的である．

理解度確認 解答と解説

① **正しくない（×）**．異常原因によるばらつきは，人による標準作業の間違いなど，避けることができるばらつきである． 10.1 節

② **正しくない（×）**．平常時の管理では，決められた標準の維持活動が重要であるが，決められた標準が不十分な場合の見直しなど，平常時の活動でも改善のための PDCA サイクルを回すことはある． 10.2 節 2

③ **正しくない（×）**．SDCA サイクルは，良い標準化の状態を維持するための活動．目標を高いレベルに設定する活動は「改善」であり，それを実現するのは PDCA サイクルである． 10.2 節 3

④ **正しくない（×）**．QC ストーリーは，アメリカのデミング博士が紹介したとされる PDCA サイクルを細分化した手順であり，「全く異なる」というわけではない． 10.3 節 1

⑤ **正しくない（×）**．問題とは，本来あるべき姿と現実とのギャップである．ありたい姿と現実のギャップは，課題である． 10.3 節 2

⑥ **正しくない（×）**．問題とは，本来あるべき姿と現実とのギャップであり，ギャップには原因があるので，問題解決で重要なことは，原因の発見である．アイデア立案は課題達成型 QC ストーリーで重要なことである． 10.3 節 3

⑦ **正しくない（×）**．課題達成型 QC ストーリーは，ありたい姿を目指す活動であるから，ポイントは攻め所と目標の設定である．現状把握を行う活動は問題解決型 QC ストーリーである． 10.3 節 3

⑧ **正しくない（×）**．異常時の対応ステップは，「応急処置→是正処置」の順である． 10.4 節 1

⑨ **正しくない（×）**．応急処置はスピード対応が重要であり，損害拡大の防止のために一時的な暫定策を講じる．応急処置を講じる段階では，既に損害が発生しており，未然防止というわけではない． 10.4 節 3

⑩ **正しい（○）**．是正処置は根本原因の除去が重要であり，それによる再発防止が目的である． 10.4 節 4

練習問題

【問 1】 異常時の対応に関する次の文章において，[　　]内に入るもっとも適切なものを下欄の選択肢からひとつ選べ．ただし，各選択肢を複数回用いることはない．

工程で異常が発生した場合に取り急ぎ実施すべきことは，作業や設備における異常の状況を[(1)]に基づき把握し，それを踏まえ迅速に処置を行う[(2)]である．[(2)]を実施した後は，異常の発生状況を見極め，その[(3)]を取り除き，工程を[(4)]状態へ戻す必要がある．さらに，異常の影響を受けたと思われる製品やサービスに対する処置を施し，不適合品と正常な工程で作られた製品を混合しないように[(5)]を行い，後工程に流出しないよう管理することが重要である．そのうえで，二度と同じ問題が起こらないように[(6)]の策を施す．

このように，製品やサービスのできばえを確実なものとし，規準や標準，顧客ニーズを満たすために良い仕事を維持することは，第一線の職場における[(7)]の重要な要素である．さらに，工程の異常やばらつきに着目し，それらを現状より小さくするなど，仕事のやり方を工夫する[(8)]もまた，第一線の職場における[(7)]の重要な要素である．

【選択肢】

ア．再発防止　イ．課題　ウ．前工程　エ．結果　オ．改善
カ．応急処置　キ．安定　ク．異常　ケ．原因　コ．識別
サ．三現主義　シ．管理　ス．保全

【問 2】 平常時の管理に関する次の文章において，[　　]内に入るもっとも適切なものを下欄の選択肢からひとつ選べ．ただし，各選択肢を複数回用いることはない．

① 仕事を決めたとおりに正しく行えば，製品やサービスの品質は[(1)]できるという考え方で，標準を遵守することに重点をおいた活動を[(1)]活動という．しかしながら，この[(1)]活動だけでは，組織間

の激しい競争は生き延びられない．例えば，同じ品質であれば，より安価で提供できる組織に負けてしまう可能性がある．現状の良い部分をできる限り (1) しつつ，より高みを目指すために (2) を見つけ，解決する，あるいはゴールを達成するために， (3) 活動が行われる．

② (1) 活動は， (4) サイクルを回すことであり，そのステップは順に， (5) ， (6) ，確認，処置からなる．一方，より高みを目指し，ゴールを達成する (3) 活動は， (7) サイクルを回すことであり，そのステップは順に， (8) ， (6) ，確認，処置からなる．

【選択肢】

ア．SDCA　イ．標準化　ウ．維持　エ．点検
オ．PDCA　カ．問題・課題　キ．計画　ク．実行
ケ．ECRS　コ．改善　サ．変革

【問 3】 QCストーリーに関する次の文章において， 内に入るもっとも適切なものを下欄の選択肢からひとつ選べ．ただし，各選択肢を複数回用いることはない．

① QCストーリーは，扱う内容により2つの型に分けられる． (1) QCストーリーを用いる場合は，例えば，当初設定していた不適合品率からの悪化を改善する場合などが考えられる．これをテーマとした場合， (2) ，要因の解析を行い， (3) を突き止め，それを排除するための効果的な対策を立てることになる． (3) を突き止めるためには， (4) を活用して結果との関係性を明確にする必要がある．

② その一方， (5) QCストーリーを用いる場合は，例えば，現状の品質からのさらなる向上を目指したい場合などが考えられる．不適合品率0.05％を0.01％にすることをテーマとした場合，まずは (6) を明確にする必要がある．次に，目標の設定， (7) を行い，不適合品率0.01％にするための具体的な方法を検討することになる．そこでは期待効果を予測し，最適な方策を選定する．これを (8) という．

【選択肢】

ア．成功シナリオの解決　イ．問題解決型　ウ．現状の把握

エ．成功シナリオの追究　　オ．課題達成型　　カ．根本原因
キ．推測から得るデータ　　ク．方策の立案　　ケ．攻め所
コ．事実に基づくデータ

練習　解答と解説

【問 1】 異常時の管理に関する問題である．この問題の内容は頻出でもある．

（解答） (1) **サ**　(2) **カ**　(3) **ケ**　(4) **キ**　(5) **コ**　(6) **ア**　(7) **シ**　(8) **オ**

(1)，(2)　工程で異常が発生した場合に何よりもまず実施すべきことは，［(2)　**カ．応急処置**］である．応急処置では，まず，［(1)　**サ．三現主義**］に基づき，作業や設備における異常の状況を事実やデータで正確に把握し，これを踏まえ必要な処置を迅速に施す．　☞ 10.4 節 3

(3)，(4)　応急処置の後に行うことは，是正処置である（(3)〜(6) は是正処置に関する語句が入ることが推測できればよい）．是正処置とは，問題が発生したときに，設備や作業方法における異常の［(3)　**ケ．原因**］を調査し，その原因を取り除いて工程を［(4)　**キ．安定**］な状態へ戻して，再び同じ問題が起こらないよう再発防止を行う活動である．　☞ 10.4 節 4

(5)　異常な工程から作り出された製品は不適合品となる危険があるので，正常な工程の製品と混合しないように［(5)　**コ．識別**］を行う．　☞ 10.4 節 3

(6)　(3)，(4) の解説で述べたように，［(6)　**ア．再発防止**］の策を施すのが，是正処置である．　☞ 10.4 節 4

(7)，(8)　管理は改善と維持からなる．問題文の記述 “……，仕事のやり方を工夫する［(8)］” より，この部分で述べていることは，目的達成のために工夫すること，すなわち［(8)　**オ．改善**］である．また，“良い仕事を維持すること” と “仕事のやり方を工夫すること”（改善）はともに，［(7)　**シ．管理**］の重要な要素である．　☞ 10.2 節 1

【問 2】平常時の管理に関する問題である．PDCA と SDCA は重要頻出用語．

（解答） (1) **ウ**　(2) **カ**　(3) **コ**　(4) **ア**　(5) **イ**　(6) **ク**　(7) **オ**　(8) **キ**

① 平常時の管理の基本は，標準化である．標準どおりに作業することにより，製品・サービスの良い品質を［(1)　**ウ．維持**］できる．

ところで，管理においては，維持と改善はセットである．後半では，維持のみでは品質管理の活動としては不十分である，と展開されていることから，後半では改善が話題となっていると考えられる．この視点から問題文を見ると，"現状の良い部分をできる限り［(1)］（維持）しつつ，より高みを目指すために［(2)］を見つけ"とあるので，［(2)　**カ．問題・課題**］であり，問題の解決や課題の達成の活動，すなわち［(3)　**コ．改善**］活動を行うことになる．　☞ 10.2 節 1

② 維持活動は［(4)　**ア．SDCA**］サイクルを回すことで行われる．SDCA サイクルのステップは順に，［(5)　**イ．標準化**］(S)，［(6)　**ク．実行**］(D)，確認（C），処置（A）である．一方，改善活動は［(7)　**オ．PDCA**］サイクルを回すことで行われる．PDCA サイクルのステップは順に，［(8)　**キ．計画**］(P)，実行（D），確認（C），処置（A）である．　☞ 10.2 節 2，3

【問 3】QC ストーリーに関する頻出問題である．

（解答）　(1) **イ**　(2) **ウ**　(3) **カ**　(4) **コ**　(5) **オ**　(6) **ケ**　(7) **ク**　(8) **エ**

① QC ストーリーには，問題解決型と課題達成型の 2 種類がある．問題文に"当初設定していた不適合品率からの悪化を改善する場合"とあるので，本来あるべき姿と現状のギャップ（問題）を見出し解決する［(1)　**イ．問題解決型**］QC ストーリーである．問題解決型のポイントは，問題の発生には要因（原因）がある，ということである．そこで，［(2)　**ウ．現状の把握**］，要因の解析を行い，［(3)　**カ．根本原因**］を見つけ出して対策（除去）し解決に導く流れとなる．また，現状の把握や要因の解析には，［(4)　**コ．事実に基づくデータ**］を活用する．　☞ 10.3 節 2，3，4，10.4 節 4

② 問題文に"現状の品質からのさらなる向上を目指したい場合"とあるので，ありたい姿と現状のギャップ（課題）を見出し達成する［(5)　**オ．課題達成型**］QC ストーリーである．課題達成型のポイントは，まず［(6)　**ケ．攻め所**］の明確化である．次に，目標の設定，［(7)　**ク．方策の立案**］を行い，課題達成の方法を検討する流れとなる．期待効果の予測や，最適な方策の選定は［(8)　**エ．成功シナリオの追究**］である．　☞ 10.3 節 2，3

実践分野

11章 設計段階からの品質保証

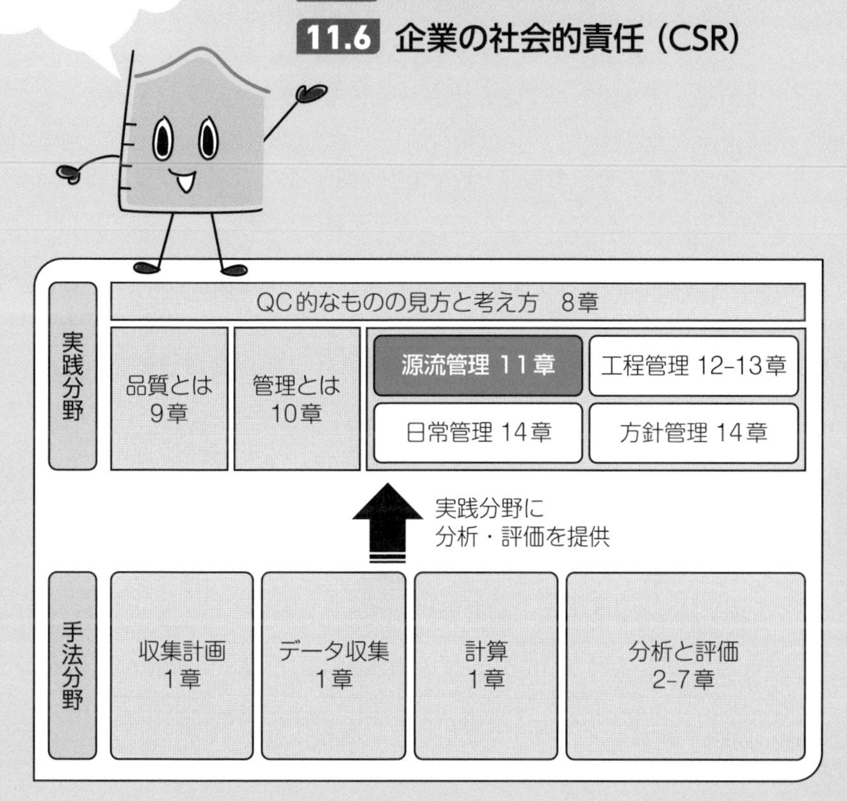

11.1 開発・設計段階からの品質保証

1 品質保証とは

品質保証とは，“顧客及び社会のニーズを満たすことを**確実**にし，**確認**し，**実証**するために，組織が行う体系的活動”と定義されています†.

この定義における「実証」を「確証」に置き換え，品質保証を「三確」ともいいます．また，品質保証の「確実」は，仕組みによる保証なので，「プロセス保証」ともいいます．品質とは，顧客要求と製品・サービスの特性が合致する程度のことであることを踏まえ，品質保証は次の内容からなります．

① 顧客要求に合致した開発・設計ができる仕組みをもつこと
② 設計したとおりに製造・提供できる仕組みをもつこと
③ 上記①，②を誰もができる仕組みをもち，確証（事実）を示すことができること
④ 顧客要求との合致の程度を評価し，異常があれば是正処置を講じる仕組みをもつこと

これらはいずれも，ここまで解説してきたことです．①は設計品質（9.1節**2**参照），②は製造品質（9.1節**2**参照），③は平常時の対応と事実による管理（10.2節参照），④は異常時の対応（10.4節参照）です．品質管理をしっかりやっていれば，結果として品質保証を行うことは実践できているといえます．

2 保証と補償

ところで，「保証」と同音異義語に「補償」があります．**補償**は，仕組みではなく，損失や損害に対して（金銭等により）補い償うという意味です．使用

† JIS Q 9027:2018「マネジメントシステムのパフォーマンス改善–プロセス保証の指針」（日本規格協会，2018年）3.1

品質が満たされない場合の対応であり，品質保証の手段の一つといえます．

3 開発・設計段階からの品質保証

本章では，開発・設計段階における品質保証の仕組みを解説します．開発・設計段階における品質保証は，源流管理（8.3 節 4）に基づく活動です．なお，開発・設計段階では，次のような使用時の安全性，信頼性（11.4 節参照）も考慮します．

- **フェールセーフ**
  製品や設備の動作中にトラブルが発生しても，安全が確保できるようにする仕組みのことです．列車における緊急時の自動停止装置は，フェールセーフの一例です．
- **フールプルーフ（ポカヨケ）**
  人間が誤って行為をしようとしても，できないようにする仕組みのことです．電子レンジでは，ドアが閉じていないと動作しないようになっていますが，これはフールプルーフの一例です．
  フールプルーフのキーワードは，「人間が誤って」です．人はミスを犯す，ということを前提にした対策なのです．なお，フールプルーフは，ポカヨケまたはエラープルーフともいいます．

攻略の掟

- **其の壱** プロセスによる品質保証の三確を理解すべし！

11.2 品質機能展開（QFD）

1 品質機能展開とは

品質機能展開とは，「マーケットインの思想は製品開発で重要である」という考えを重視し，市場での顧客ニーズを確実に把握し，新しい製品やサービスの企画・開発・設計段階からの品質保証をねらい開発された手法です．英語のQuality Function Deploymentの頭文字を取って，**QFD**ともいいます．

2 品質機能展開の用語ポイント

品質機能展開は，**図 11.1**の①から⑥の順で検討します．顧客の声がスタートであり，技術の言葉に変換する作業にまで落とし込みます．

- **①要求品質**（9.1 節 **2** 参照）は，市場調査により収集した顧客の声を層別（3.4 節参照）し整理したもの
- **②品質特性**（9.3 節 **4** 参照）は，新製品について設計者が考慮すべき技術的要素のこと
- **③品質表（二元表）**は，縦軸に要求品質，横軸に品質特性を配したマトリックス図法（4.5 節参照）であり，交差した欄で④重要度を評価する
- ④重要度に基づき⑤企画品質を決める
- ⑤企画品質に基づき⑥設計品質を決めると，全てが顧客要求と繋がる

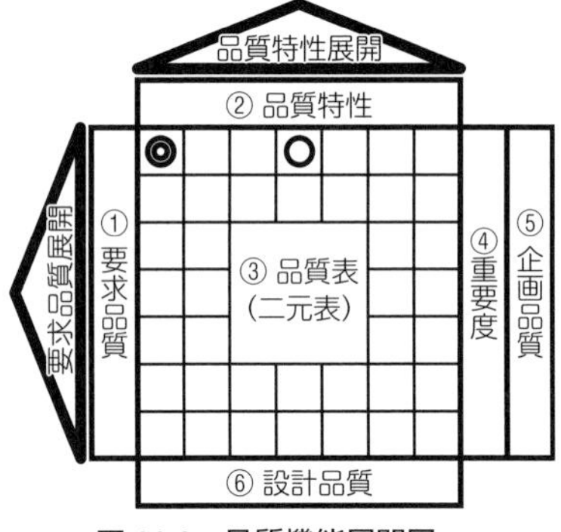

図 11.1　品質機能展開図

攻略の掟

- **其の壱**　QFDの品質表（二元表）の意味を押さえるべし！

11.3 品質保証体系図と保証の網

出題頻度

1 品質保証体系図とは

品質保証体系図とは，設計・開発から製造，検査，出荷，販売，アフターサービス，クレーム処理に至るまでの，各ステップにおける品質保証に関する業務を各部門に割り振った，フローチャートです．部門間の役割が明確になり，組織的な品質保証活動を効率よく推進することができます．

品質保証体系図には，多くの場合，縦方向にステップ，横方向に顧客及び組織の部門を配してフローチャートを示し，フィードバック経路を入れます（**図 11.2**）．品質保証体系図を作成する際に重要なことは，次のステップに移行する際の判断基準を明確にしておくことです．判断基準の掲載に無理がある場合には，判断者を明確にすることが大切です．

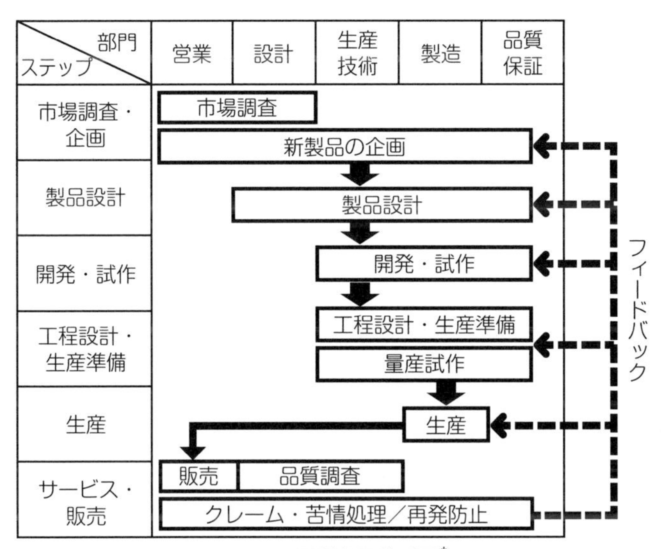

図 11.2　品質保証体系図†

† JIS Q 9027:2018「マネジメントシステムのパフォーマンス改善–プロセス保証の指針」（日本規格協会，2018 年）附属書 A，図 A.2 を改変

11章 設計段階からの品質保証

2 保証の網（QAネットワーク）

保証の網とは，発見すべき不適合とプロセスを二元表に配置し，仕入れから納品までのネットワークの中で，不適合品の発生防止と流出防止について，プロセスごとに行うべき役割を明確にしたマトリックス図法（**図 11.3**，4.5 節参照）です†.

プロセスごとの役割・責務が明確になるので，不適合品の発生・流出が工程ごとに保証され，品質保証の強化に繋がります．品質保証を強化するネットワーク図であることから，保証の網は，品質保証を表す英語 Quality Assurance の頭文字を取って **QA ネットワーク**ともいいます.

プロセス／発見すべき不適合		材料準備		金型準備		生産	出荷	保証レベル
		出庫管理	材料乾燥	部品洗浄	金型組立	射出成形	検査	
原材料管理	使用材料間違い	○						
	乾燥温度違い		◇					
金型部品	部品汚れ			◇ ○				
	部品組み間違い				◇ ○		○	A
成形品	重要寸法外れ					◇	○	A
	外観（ショート，汚れ）					◇	○	A

◇：発生防止　○：流出防止

図 11.3　保証の網

攻略の掟

- 其の壱　品質保証体系図の縦横に入る項目を知るべし！
- 其の弐　保証の網の別名を押さえるべし！

† JIS Q 9027:2018「マネジメントシステムのパフォーマンス改善−プロセス保証の指針」（日本規格協会，2018 年）5.3.1

11.4 デザインレビュー(DR)

出題頻度

デザインレビューは，“計画及び設計の適切な段階で，必要な知見をもった実務者及び専門家が集まって計画及び設計を見直し，（開発・設計の）担当者が気づいていない問題を指摘するとともに，次の段階に進めてよいかを確認及び決定するための会合”と定義されています†．英語の Design Review の頭文字を取って，**DR** ともいいます．

デザインレビューの目的は，製品・サービスに関する問題点や改善事項を，できる限り上流段階で見つけ出し対応することです（**源流管理**，8.3 節 4 参照）．これにより，下流段階で起こり得るトラブルを未然に防止し，問題解決のコストや時間を削減することができます（**経済性**，8.1 節 1 参照）．

デザインレビューでは，段階に応じて確認・決定内容が異なります．例えば，**図 11.4** の例では，DR2 において次の試作段階に移行して良いかを審査します．

デザインレビューでは，**信頼性**（どれだけ故障せずに連続して使用できるかという性質）も確認されます．信頼性は，顧客の使用品質に関するテーマです．

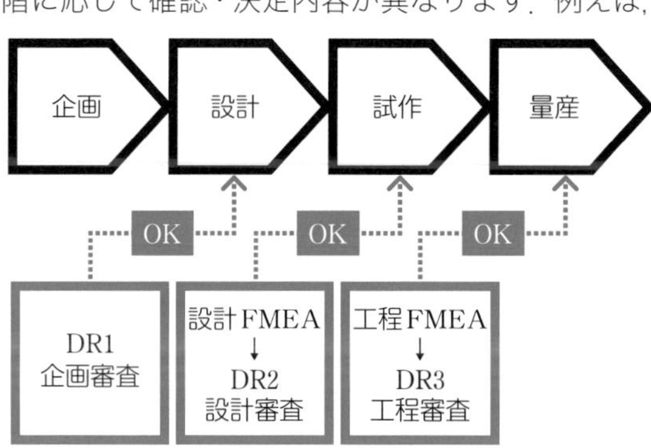

図 11.4　デザインレビュー

攻略の掟

其の壱　DR の意味と機能（源流管理，信頼性）を理解すべし！

† JIS Q 9027:2018「マネジメントシステムのパフォーマンス改善–プロセス保証の指針」（日本規格協会，2018 年）4.4.4

11.5 FMEAとFTA

1 FMEA

FMEAとは，設計・開発の段階で，システムやプロセスの構成要素に起こり得る故障モードを予測し，その故障が及ぼす影響を表現するマトリックス図法です（4.5節参照）．FMEAは，**故障モード影響解析**（Failure Mode and Effect Analysis）の略称です．

FMEAの特徴は，**「故障モード」（故障の原因）の予測からのスタート**です．故障モードごとに危険優先度を評価し，故障事象への対策を行います．例えば，エレベータードアに関するFMEAは，**図11.5**のように展開できます．

アイテム	故障モード	与える影響	危険度	要因	発生頻度	管理方法	検出力	危険優先度数
ドア	プラスチックジブの整列不良	ドアが閉まらない	10	ドアを強く押し付けるため	6	エレベーターを正しく使用する	5	300
	レールに異物が入る	ドアが閉まらない	10	日常使用及びメンテナンス不良	7	レールに日々の清掃実施	5	350
	ロック不良	ドアが閉まらない	10	接点不良	6	接点の清掃及びメンテナンス	1	60
	閉じ不良	ドアが閉まらない	10	ホールドア戻しバネが故障	2	バネ交換	1	20
	マイクロスキャン故障	ドアが閉まらない	10	スキャナーに汚れ付着	9	正しい手順での日常清掃	8	720

図11.5 FMEA

2 FTA

FTAとは，起こり得る故障を図のトップに置き，順次下位レベルに故障の原因を展開する系統図です（4.4節参照）．すなわち，FTAとFMEAとでは，考える順番が逆です．FTAは，**故障の木解析**（Fault Tree Analysis）の略称です．

FTAの特徴は，上位と下位とを結ぶANDやORなどの論理記号です．FTAは**「故障」事象からスタート**して，故障の原因を評価します．例えば，回転体の故障に関するFTAは**図11.6**のように展開することができます．

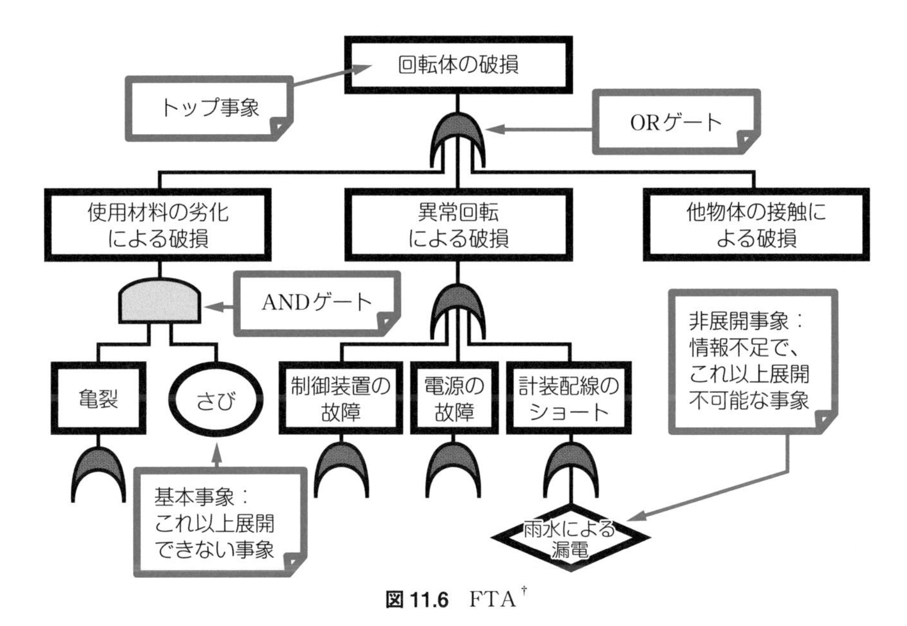

図11.6 FTA†

3 FMEAとFTAの共通点

FMEAとFTAの共通する目的は，顧客の製品使用時に生じる不具合を設計時から未然防止するという点です．「使用時」という点では**信頼性**を確保するための手段であり，「設計時から未然防止」という点では**源流管理**（8.3節 4 参照）を実践するための技法といえます．

攻略の掟

- **其の壱** FMEAとFTAのキーワードを記憶すべし！
- **其の弐** FMEAとFTAの機能（源流管理，信頼性）を理解すべし！

† 「故障の木解析（FTA)–FTAの概要–」，機械振興協会Webサイトの図を改変
http://www.jspmi.or.jp/system/l_cont.php?ctid=130403&rid=831

11.6 企業の社会的責任(CSR)

出題頻度

1 企業の社会的責任

企業の社会的責任とは,「企業の目的は利益の追求ばかりでなく,その活動が社会へ与える影響に責任をもつべし」という考え方です.社会的な義務(法令遵守等)はもちろん,企業価値を高めるポジティブな貢献(環境に良い製品や安全な製品の開発・設計等)も含みます.社会的責任は,英語 Corporate Social Responsibility の頭文字を取って,**CSR** ともいいます.

企業の社会的責任の目的は,企業と社会の持続的な発展(サスティナビリティ)であり,三方良しの理念,すなわち「売り手よし(ES:Employee Satisfaction),買い手よし(CS:Customer Satisfaction),世間よし(CSR)」と共通します.

2 製造物責任法(PL 法)

企業の社会的責任に関して定めた法律に,**製造物責任法**(PL(Product Liability)法)があります.

製造物責任法は,製造物の欠陥により消費者(エンドユーザー及び第三者)が損害を被った場合,消費者は小売店を飛び越え,製造者や販売元に対し無過失責任を負わせ,損害賠償責任を追求できるという法律で,1994 年に公布されました.消費者は,製造物の欠陥を立証するだけで良く,製造者の技術的な過失は(無理であることから)証明する必要がないという点が特徴です.

製造物責任法の制定により,企業は契約責任より広範な社会的責任を負担するようになり,開発・設計段階からの品質保証が重要となります.

攻略の掟

- **其の壱** 企業の社会的責任の略称 CSR を記憶すべし!
- **其の弐** 製造物責任法(PL 法)の特徴を理解すべし!

理解度確認 問題

次の文章で正しいものには○，正しくないものには×を選べ.

① 品質保証は結果による保証が重要であり，設計プロセスは関係ない.

② 品質機能展開では，要求品質と品質特性の両方に関係する重要度評価を，品質表で行う．品質表は二元表ともいう.

③ 品質保証体系図とは，新製品の開発に際し，顧客要求を設計品質，製造品質に繋げるための品質保証手法であり，QFD と呼ばれる.

④ QA ネットワークは，社内の各部門に品質保証に関する業務を割り振ったものである.

⑤ デザインレビューとは，設計の適切な段階で，知見をもった開発・設計者が集まって設計を見直し，顧客が気づいていない問題を指摘し改善するための会合である．DR ともいう.

⑥ FTA とは，設計・開発の段階で，システムやプロセスの構成要素に起こり得る故障モードを予測し，その故障が及ぼす影響を体系的に調べる方法である.

⑦ FMEA とは，故障等の好ましくない事象をトップに置き，その原因を AND や OR などの論理記号により下位に展開し，故障構造を表現する手法である.

⑧ FMEA と FTA は，いずれも，商品提供後のトラブルを未然防止する信頼性解析技法である.

⑨ フェールセーフとは，製品の機能を維持することより安全性を優先する設計の思想で，機能を停止させることに重きを置く仕組みである.

⑩ 企業の社会的責任とは，製造物の欠陥により損害を受けた場合，消費者は小売店を飛び越え製造者に対し損害賠償を請求できるとした法律（PL 法）である.

理解度確認　解答と解説

① **正しくない（×）**．品質保証は，結果に限らず保証のための全社的な仕組み（設計を含む業務プロセス）をもつことが重要である．　☞ 11.1 節 1

② **正しい（○）**．品質機能展開は，顧客の声（要求品質）を縦軸，設計者の声（品質特性）を横軸に配置する品質表（二元表）により重要度を評価する．　☞ 11.2 節 2

③ **正しくない（×）**．品質保証体系図は，設計からアフターサービスまでの各ステップにおける品質保証に関する業務を各部門に割り振ったフローチャートである．問題文は品質機能展開図の説明である．　☞ 11.3 節 1

④ **正しくない（×）**．QA ネットワーク（保証の網）は，発見すべき不適合とプロセスを二元表に配置し，業務フローにおける不適合品の発生や流出の防止について，プロセスごとに行うべき役割を明確にしたマトリックス図法である．問題文は品質保証体系図の説明である．　☞ 11.3 節 2

⑤ **正しくない（×）**．デザインレビュー（DR，設計審査）は，知見をもつ社内各部の実務者が集まって設計を見直し，（「顧客」ではなく）「開発・設計の担当者」が気づいていない問題を指摘する会合である．　☞ 11.4 節

⑥ **正しくない（×）**．FTA（故障の木解析）は，故障という事象を木の頂点に見立て，その原因を論理記号により下位に展開することで故障事象の発生構造を表現する手法である．問題文は FMEA（故障モード影響解析）の説明である．　☞ 11.5 節 2

⑦ **正しくない（×）**．FMEA は，設計・開発の段階で，システムやプロセスの構成要素に起こり得る故障モードを予測し，その故障が及ぼす影響を体系的に調べる方法である．問題文は FTA の説明である．　☞ 11.5 節 1

⑧ **正しい（○）**．FMEA と FTA は，開発・設計等の上流段階で，顧客への商品提供後のトラブルを予測し，必要ならば設計変更を行うことで，トラブルの未然防止を行う信頼性解析技法である．　☞ 11.5 節 3

⑨ **正しい（○）**．製品の使用時にトラブルが起こった場合の安全確保の機能を設計段階から組み込むことを，フェールセーフという．　☞ 11.1 節 3

⑩ **正しくない（×）**．問題文は，社会的責任ではなく，企業の社会的責任を具体化した製造物責任法の説明である．　☞ 11.6 節 1

練習問題

【問 1】 品質保証に関する次の文章において，[　　]内に入るもっとも適切なものを下欄の選択肢からひとつ選べ．ただし，各選択肢を複数回用いることはない．

品質保証とは顧客の[(1)]が確実に満たされるようにするための仕組みと活動である．検査を実施することで品質を保証する[(2)]と，決められた手順・やり方どおりに作業を実施することで品質を保証する[(3)]が含まれる．品質保証は，製品・サービスに異常があれば[(4)]を行い，製品・サービスの提供後の異常については金銭的な[(5)]を行うこともある．また，品質保証の仕組みを維持していることを客観的な[(6)]で示し，顧客や社会の信頼を得ることを目的とする活動でもある．

【選択肢】

ア．プロセスによる保証　　イ．全数検査　　ウ．是正　　エ．証拠
オ．結果による保証　　カ．口頭説明　　キ．補償　　ク．保障
ケ．品質要求事項　　コ．信頼性

【問 2】 新製品開発に関する次の文章において，[　　]内に入るもっとも適切なものを下欄の選択肢からひとつ選べ．ただし，各選択肢を複数回用いることはない．

新製品を開発する場合，顧客の要望や市場のニーズを細かく分解して，それらを実現させる方法へ変換し，設計の意図を製造プロセスまで展開するために[(1)]がツールとして活用されている．[(1)]は[(2)]や品質特性などをそれぞれ系統的に展開し，[(3)]により相互の関連性から新製品に要求される特性や仕様を見極め，[(4)]に基づき目標とするレベルを企画品質として設定する．

【選択肢】

ア．品質保証体系図　　イ．重要度　　ウ．要求品質　　エ．二元表
オ．品質機能展開　　カ．緊急度　　キ．三次元マトリックス

【問 3】 新製品開発に関する次の文章において，［　　］内に入るもっとも適切なものを下欄の選択肢からひとつ選べ．ただし，各選択肢を複数回用いることはない．

設計段階において，製品の信頼性を上げるために，［(1)］や［(2)］を用いる．これらは，予測される［(3)］の発生を未然に防止するために活用されることが多い．［(1)］は，製品設計や工程設計におけるトラブルを［(4)］に基づいて抽出する．［(2)］は，信頼性・安全性において好ましくない事象を［(5)］として取り上げ，その事象を引き起こす発生要因をすべて洗い出す．

【選択肢】

ア．故障モード　　イ．ポカヨケ　　ウ．FMEA　　エ．FTA
オ．トップ事象　　カ．OR ゲート　　キ．不具合　　ク．DR

【問 4】 新製品開発に関する次の文章において，［　　］内に入るもっとも適切なものを下欄の選択肢からひとつ選べ．ただし，各選択肢を複数回用いることはない．

① 品質保証の一環として，顧客の要求事項が製品やサービスに反映されているか評価するために［(1)］が実施される．これは［(2)］な活動であり，設計・開発の適切な段階で，各々の専門性をもった担当者が集まり，評価，改善点の提案を行い，次の段階へ移行可能かどうかの確認，決定を行う活動である．

② 品質保証項目と仕入れから納入までの工程をもとに表を作成し，表中の対応するセルに不適合品の発生防止及び流出防止の観点からとられる対策や，それらの［(3)］を記入し，それぞれの不適合についての重要度や，目標とする［(4)］を示した表を［(5)］という．

【選択肢】

ア．QA ネットワーク　　イ．組織的　　ウ．有効性
エ．デザインレビュー　　オ．保証度　　カ．トップ事象
キ．開発レビュー

【問 5】 新製品開発に関する次の文章において, ＿＿内に入るもっとも適切なものを下欄の選択肢からひとつ選べ. ただし, 各選択肢を複数回用いることはない.

製品が使用される際の安全に配慮した設計を行うために適用する考え方として, [(1)]や[(2)]がある. [(1)]は安全性を優先する設計の思想が製品に反映されており, [(2)]は人為的に不適切な行為などがあっても, 製品の信頼性や安全性を保持する性質を適用させたものである. このように製品の信頼性や安全性を確立しても不慮の事故が発生し, 生命・身体または財産に損害を与えた場合, 被害者は生産者に対して損害[(3)]を求めることができ, それは[(4)]法によって定められている.

【選択肢】

ア. フールプルーフ	イ. フェールプルーフ	ウ. 賠償	エ. PL
オ. フェールセーフ	カ. フールセーフ	キ. 保証	ク. DR

練習 解答と解説

【問 1】 品質保証に関する問題である.

(解答) (1) **ケ** (2) **オ** (3) **ア** (4) **ウ** (5) **キ** (6) **エ**

(1) 品質保証は, 顧客の [(1) **ケ. 品質要求事項**] が確実に満たされるようにするための仕組みと活動である. 「コ. 信頼性」を選択してしまうかもしれないが, 信頼性とは, どれだけ故障せずに連続して使用できるかであり, 品質保証は信頼性に限定されるものではない.
☞ 11.1 節 1

(2) 品質保証を実現する手段には, 結果による保証とプロセスによる保証があるが, 問題文の記述 " 検査を実施する " より, [(2) **オ. 結果による保証**] である.
☞ 11.1 節 1

(3) 品質保証を実現する手段が入ると考えられる. 問題文の記述 " 決められた手順・やり方 " からわかるように仕組みのことであるから, [(3) **ア. プ**

ロセスによる保証］である． ☞ 11.1節 1

(4)，(5) 品質保証では異常があれば是正処置を講じるが，使用者に損害を与えた場合には補償を行うこともある．問題文の記述"金銭的な (5) を行う"より，［(5) **キ．補償**］であり，したがって［(4) **ウ．是正**］である．なお，同音異義語「保証」，「保障」，「補償」に注意． ☞ 11.1節 1，2

(6) 仕組みの維持を顧客に示す方法は，主観的な口頭説明よりも，事実としての客観的な［(6) **エ．証拠**］が最適である． ☞ 11.1節 1

【問 2】 品質機能展開（QFD）に関する問題である．

解答 (1) **オ** (2) **ウ** (3) **エ** (4) **イ**

(1) 新製品の開発に関する問題で，顧客や社会のニーズを設計や製造にまで展開する（繋げていく）手法といえば，［(1) **オ．品質機能展開**］である．

☞ 11.2節 1

(2)～(4) 以下は品質機能展開の作成手順である．顧客の声を要求品質とし，設計者の声を品質特性として展開するので，［(2) **ウ．要求品質**］である．また，縦軸に要求品質，横軸に品質特性を配置するマトリックス図である［(3) **エ．二元表**］（品質表）を作成し，二元表により［(4) **イ．重要度**］評価を行い，競合分析などを加えて「企画品質」（自社製品の特徴）に繋げていく．

☞ 11.2節 2

【問 3】 FMEAとFTAに関する問題である．前から順に空欄を埋めることが難しいが，試験本番でも同様の出題が見られる．FMEAとFTAの意味をしっかり押さえておくことが必要である．

解答 (1) **ウ** (2) **エ** (3) **キ** (4) **ア** (5) **オ**

(3) 問題文の"設計段階"，"信頼性"から，(1)と(2)はそれぞれ，「ウ．FMEA」，「エ．FTA」，「ク．DR」のいずれかであることが予想される（どれが入るかは，問題文の後半で確定する）．これらに共通するのは，源流管理や使用時に起こるトラブルの未然防止であり，問題文の記述"予測される……を未然に防止する"より，［(3) **キ．不具合**］である． ☞ 11.5節 3

(1)，(4) 問題文の"製品設計や工程設計"，"抽出する"から［(1) **ウ．FMEA**］であり，したがって，［(4) **ア．故障モード**］である． ☞ 11.5節 1

(2), (5) 問題文の“好ましくない事象”,“発生要因”から［(2) **エ．FTA**］であり，したがって，［(5) **オ．トップ事象**］である． **11.5 節 2**

【問 4】 デザインレビュー（DR）と保証の網に関する問題である．

解答 (1) **エ** (2) **イ** (3) **ウ** (4) **オ** (5) **ア**

① 問題文の“適切な段階で，……集まり”から，［(1) **エ．デザインレビュー**］である．また，(2) は，日本語として通る語句を選ぶと［(2) **イ．組織的**］である．なお，デザインレビューは開発・設計担当者が気づかないことを，前工程（営業や企画）及び後工程（製造）の専門家が集合する組織的な活動であるから，「イ．組織的」で良いことがわかる． **11.4 節**

② 問題文の“仕入れから納入までの工程をもとに表を作成”から，品質保証体系図または保証の網（QA ネットワーク）に関する記述と推測でき，さらに“発生防止及び流出防止”から，［(5) **ア．QA ネットワーク**］に関する記述だとわかる．(3) と (4) は少し細かな知識が必要であるが，(3) は，日本語として通る語句を選ぶと［(3) **ウ．有効性**］であり，(4) は，保証の網のキーワードの［(4) **オ．保証度**］である． **11.3 節 2**

【問 5】 設計時の品質保証と製造物責任法に関する問題である．用語の理解を重視する 3 級では，略語は頻出であり記憶が必須である．

解答 (1) **オ** (2) **ア** (3) **ウ** (4) **エ**

(1), (2) どんな人でも，うっかりミスはあるので，消費者や後工程の安全に配慮した設計を行う．この場合，フェールセーフやフールプルーフの考え方を適用させる．問題文の“人為的に不適切な行為……保持する性質”から，［(2) **ア．フールプルーフ**］（ポカヨケ）である．フールプルーフは，「人」がエラー（誤操作）しても事故が起こらないようにする機能である．キーワードは，「人」である．エラーする「人」を，「フール」や「ポカ」と表現している．(2) が「ア．フールプルーフ」であるから，［(1) **オ．フェールセーフ**］である． **11.1 節 3**

(3), (4) “法”に関する記述である．設計の際の信頼性や安全性がかかわる法律といえば「製造物責任法 (PL 法)」くらいであるから，連想してほしい．［(3) **ウ．賠償**］であり，［(4) **エ．PL**］法である． **11.6 節 2**

実践分野

12章 プロセス保証①

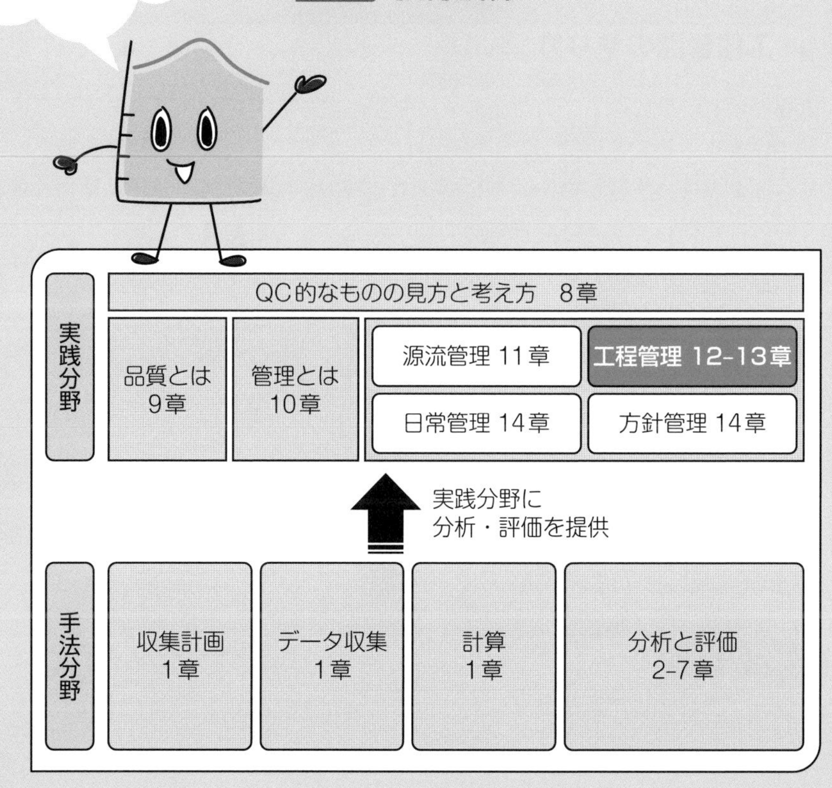

12.1 工程管理

出題頻度 ★★★

1 品質は工程で作り込む

工程管理とは，品質の良い製品・サービスを提供するには，検査による結果の管理に加え，結果を生み出す工程（プロセス）を管理するのが合理的である，というプロセス重視に基づく思考です（経済性，8.3 節 8 参照）．この思考は，**「品質は工程で作り込む」**と表されます．製品・サービスは複数工程の連鎖で提供されるので，工程管理の実現には「後工程はお客様」の思考による工程ごとの完結が大切です（8.3 節 5 参照）．

2 工程管理のやり方

工程管理を行うには，プロセスの構成を明確にし，プロセスごとに管理項目を設定します．管理項目は QC 工程図等に明記されます．良い結果が維持されるなら標準を決め，標準のとおりに製造できるように教育訓練を行います．異常があれば是正します．工程管理の典型手順は，次のとおりです．

①工程解析
②工程能力の調査
③ QC 工程図の作成（管理項目と管理水準を設定）
④作業標準の作成（標準化）
⑤教育訓練
⑥データに基づく監視（13 章参照）
⑦検査（13 章参照）
⑧異常時の対応（10 章参照）

攻略の掟

其の壱　「品質は工程で作り込む」を理解すべし！

12.2 工程解析と工程能力調査

出題頻度 

1 工程解析とは

工程解析とは，品質を工程で作り込むために，プロセスの特性と要因との関係を明らかにする活動です（**図 12.1**）．

品質を工程で作り込むには，工程の構成要素を明確化し，重要な要因は管理対象とすることが必要です．管理対象を選定する手順は次のとおりです．

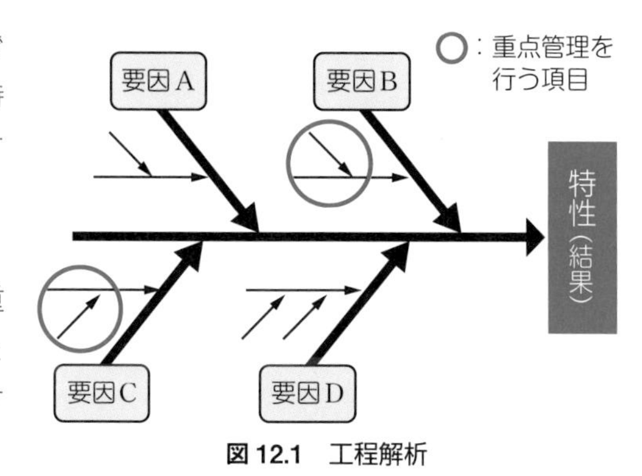

図 12.1　工程解析

①プロセスの特性（結果）と要因との因果関係を明確にする
②事実としてのデータを解析し，結果に大きな影響を及ぼす要因を特定する
③結果に大きな影響を及ぼす要因は，「**管理項目**」として重点管理を行う

2 工程能力調査

工程能力の調査とは，重要な品質特性を選定したうえで，プロセスから製品及びサービスをサンプリングして品質特性を計測し，工程能力を明らかにすることです．この評価には，工程能力指数を活用します（6.1 節参照）．調査結果により現状の安定性，不適合発生の危険性，検査強化や改善の必要性を評価することができます．

攻略の掟

- 其の壱　工程解析とは，工程の明確化であることを理解すべし！

12.3 QC工程図の作成

1 QC工程図とは

QC工程図とは，製品・サービスの生産・提供に関する一連のプロセスの流れに沿って，プロセスの各段階で，誰が，いつ，どこで，何を，どのように管理したら良いかを一覧にまとめた計画書のことです（**図12.2**）．QC工程表ともいいます．

工程図	工程名	管理項目 ※点検項目	管理水準	管理方法					関連資料
				担当者	時期	測定方法	測定場所	記録	
ペレット ▽									
①	原料投入	※ミルシート		作業員	搬出時	目視	原料倉庫	出庫台帳	
②	成形	※背圧	○○ N/cm^2	作業者	開始時		作業現場	チェックシート	
		厚さ	2.0±0.05 mm	検査員	1/50個	マイクロメーター	検査室	管理図	検査標準

（工程図欄：2(1)，管理項目欄：2(2)，関連資料欄：2(3)）

図12.2 QC工程図の例†

2 QC工程図の重要ポイント

QC工程図の重要ポイントは次のとおりです（番号は図12.2に対応）．

(1) 「工程図」の欄の記号は，次のような意味をもちます．

例：○：加工，▽：貯蔵，◇：品質検査，□：数量検査，◦：運搬

† JIS Q 9026:2016「マネジメントシステムのパフォーマンス改善–日常管理の指針」（日本規格協会，2016年）4.6.5，表3を改変

(2) QC 工程図には，管理者の見る「管理項目」や「管理水準」の記載があります．重要な要因については「**管理項目**」として結果（製品）を管理します．図 12.2 では，「厚さ」が管理項目に該当します．

結果に影響を及ぼす要因は「**点検項目**」として，作業者が測定，管理します．図 12.2 では，原料投入時の「ミルシート」や成形時の「背圧」です．

(3) QC 工程図は，製品が完成するまでの全体工程図です．何十，何百もある作業標準の目次的な機能を果たします．図 12.2 では，「検査標準」が作業標準です．

攻略の掟

- **其の壱** QC 工程図の管理項目，管理水準の意味を押さえるべし！

12.4 作業標準の作成

1 作業標準とは

作業標準とは，作業のやり方の標準を定めた文書です．顧客の要求をできるだけ効率的に実現するための作業及びその手順を文書化しています．作業担当者が交替した場合でも同じ作業が行われ，その結果，**同じ成果を得られることを確実にするための取り決め**です．

2 作業標準の重要ポイント

QC 工程図と最も大きな違いは，作業標準書には，作業のやり方が**具体的かつ詳細**に書かれていることです．作業標準は標準が守られるように，適宜，周知や教育を実施することが重要です．標準のとおりに作業を行って問題が発生した場合には，標準の内容を検討し，改訂（是正）を行うことが必要です．

作業標準には，次の内容を記載します（**図 12.3**）．

- 作成目的，作成年月日，作成者及び承認者
- 作業の手順及び方法
- 品質，作業安全，生産性等の観点から，なぜその手順・方法になるのかという理由
- 応急処置及びプロセスの改善の必要性を判断できるようにするための，結果の評価方法と基準
- 不適合や異常が発生した場合の対応方法

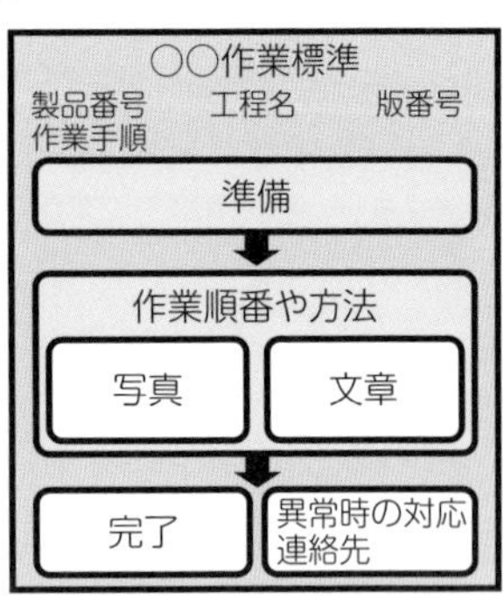

図 12.3　作業標準

攻略の掟

其の壱　作業標準の定義と目的を押さえるべし！

12.5 変化点管理

出題頻度

変化点管理とは，製造工程において重要な条件の変化があった場合，通常よりも特別な注意を払って管理を行うことです．工程内で変化が起こると，失敗や不具合等の異常が発生しやすくなり，QCD や安全の実現に影響を及ぼすので，このトラブルを未然に防ぐことが目的です．

変化点管理の対象となる重要な条件は，**4 M** が典型です．4 M とは，人（Man），機械・設備（Machine），材料（Material），作業方法（Method）の 4 要素をいいます．4 M は，QCD（結果）に影響を及ぼす重要な要因です．工程を構成する 4 M を適切に管理することにより，品質を工程で作り込むことができます．4 M の具体例を**表 12.1** に示します．

表 12.1　4M とその具体例

作業者（Man）	作業者の入れ替わり（昼夜勤務の交代，代理の作業者が担当等）
機械・設備（Machine）	設備の入れ替え 機械の再稼働
材料（Material）	ロットの切り替え 製造品種の切り替わり
作業方法（Method）	作業手順の変更

攻略の掟

●其の壱　変化点を起こす要因「4M」の意味を押さえるべし！

12.6 標準化

出題頻度 ★★★

1 標準化とは

標準とは，製品やプロセス（仕事のやり方）について，統一または単純化する目的で定めた**取り決め**です．「**標準化**」とは，標準を定め，これを組織的に活用する行為です．統一または単純化することにより，製品やサービスのばらつきを最小化し，一定レベル以上にすることができます．標準化の活用例は**表 12.2** のとおりです．

表 12.2　標準化の活用例

相互理解の促進	用語，記号，製図等を統一することにより，設計者の意図を関係者に伝達しやすくなる．
互換性の確保	蛍光灯やボルト等，寸法・形状・機能が品種ごとに統一されているので，交換品が入手しやすい．
多様性の調整	品種が増えることにより複雑化，混乱を招かないように品種を抑制する（例：円筒型乾電池は単1～単5（単6））．

2 標準の分類

標準を適用範囲で分類したものが，**図 12.4** です．

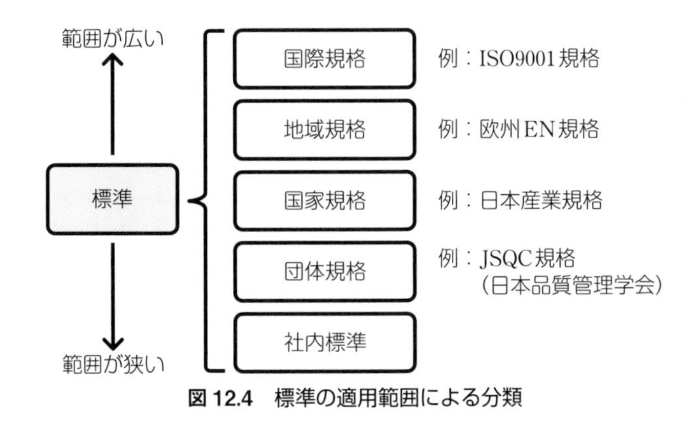

図 12.4　標準の適用範囲による分類

3 社内標準

製造部門が顧客要求を満たすためには，ばらつきを許容される範囲内に抑え，設計品質のとおりの製品品質を安定的に作り出すことが必要です．製品品質を安定的に作り出すためには，結果が好ましくなるような標準を設定し，従業員全員が守ることが不可欠です．

社内標準とは，従業員全員が順守すべき社内における取り決めです．通常，社内においては強制力をもたせています．社内標準は標準が守られるように，適宜，周知や教育を実施することが重要です．標準のとおりに業務を行って問題が発生した場合には，標準の内容を検討し，改訂（改善）を行います．

社内標準の設定にあたって留意すべきことは，次のとおりです．

- 実行可能なこと
- 内容が具体的で作業標準に規定されていること
- 関係者の合意によって決められていること
- 常に最新版が維持されていること
- 技術の蓄積が図られるような仕組みになっていること
- 順守しなければならないという権威付けがあること

4 国家規格

国家規格とは，国家標準化機関が制定する規格です．日本では，日本産業標準調査会が審議し，経済産業大臣等が制定している日本産業規格（略称 JIS, Japanese Industrial Standards）が代表的です．

日本産業規格は，従前は「鉱工業品」等を対象とする「日本工業規格」（略称 JIS）という名称でしたが，新たに「データやサービス」を加え「日本産業規格」に名称も改正されました（略称 JIS と英語名は変更ありません）．

5 国際規格

国際規格とは，国際標準化機関で制定される規格です．例えば，国際標準化機構（略称 ISO：International Organization for Standardization）は，電気・電子・通信分野を除く幅広い分野の国際規格を制定しています．

12.7 教育訓練

1 教育訓練とは

作業標準を決めても，作業者が決まったとおりに作業できなければ，製品品質のばらつきの最小化は実現できません．工程管理の実現には，従業員が役割を果たすことができるようにする教育訓練が不可欠です．

教育とは，知らないことを伝える活動です．例えば，作業手順書を説明し，説明者がやってみせることです．

訓練とは，伝えたことができるようになる活動です．例えば，作業者にやってもらう，ほめながらアドバイスする，アドバイスなしで手順どおりにできることを確認する，繰り返し行う（反復），フォローアップ，の順で行います．

2 教育訓練の重要ポイント

教育訓練の体系には，**階層別**（部課長向け教育訓練，一般従業員向け教育訓練等）や，**職能別**（設計者向け等の専門教育訓練）があります．

教育訓練の方法は，会社が主体的に行う教育訓練である**職場内訓練（OJT）**や**職場外訓練（OFF－JT）**と，個人やグループが自主的に行う「**学習**」に分類することができます．OJTでは**図 12.5** に示す 3 つの能力の育成を目指します．

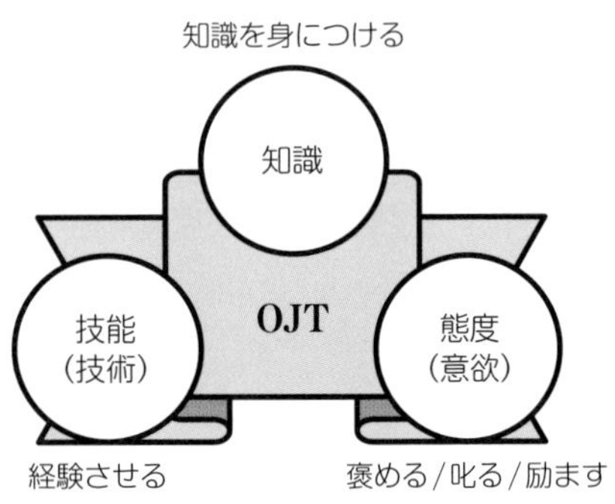

図 12.5 OJT で育成する 3 つの能力

攻略の掟

○其の壱 教育訓練の目的と分類を理解すべし！

理解度確認　問題

次の文章で正しいものには○，正しくないものには×を選べ．

① 工程管理は，「品質は検査第一」という用語で表される．
② 品質を工程で作り込むためには，結果だけでなく，結果を生み出すプロセスを管理することが経済的である．
③ 複数プロセスの連鎖が通常なので，品質を工程で作り込むためには，工程ごとに「後工程はお客様」という考え方の徹底が重要である．
④ 品質を工程で作り込むためには，工程を構成する特性と要因との因果関係を解析し，特性に大きな影響を及ぼす要因を重点的に管理すべきである．
⑤ 工程管理に際して特性に大きな影響を及ぼす要因は，管理図の管理項目と尺度（管理水準）によって監視されている．
⑥ 作業標準には，作業手順だけでなく，異常時の対応も記されている．
⑦ 変化点管理は，通常，QCD を活用して管理されている．
⑧ 標準とは，製品やプロセス（仕事のやり方）について，統一または単純化する目的で定めた取り決めであるから，標準化には関係者の合意が必要である．
⑨ 日本産業規格（JIS 規格）は，鉱工業品を対象とする国家標準であるから，データやサービスは対象に含まれない．
⑩ 職員が自主的に能力向上を図る教育訓練には，OJT と OFF－JT がある．

理解度確認 解答と解説

① **正しくない（×）**．工程管理は，結果（検査）だけでなく，結果を生み出す工程を管理することで果たされる．この思考は，「品質は工程で作り込む」と表される． ☞ 12.1 節 1

② **正しい（○）**．品質の作り込みによって，後工程への不適合品の流出が抑えられ，結果として最終工程での検査の最小化につながるため，コスト削減に貢献し，経済的である． ☞ 12.1 節 1

③ **正しい（○）**．プロセスは連鎖なので，「品質は工程で作り込む」を実現するには，「後工程はお客様」の思考により自工程完結（各自の業務を確実に行い内部の不適合をなくすこと）を徹底する必要がある． ☞ 12.1 節 1

④ **正しい（○）**．工程管理は，ばらつきを封じ込める活動である．ばらつき（結果）の発生の要因を見出し，影響の大きい要因から順に重点管理を行う． ☞ 12.2 節 1

⑤ **正しくない（×）**．管理項目と尺度（管理水準）は，主に管理者により管理が行われ，通常は QC 工程図に明記される． ☞ 12.3 節 2

⑥ **正しい（○）**．作業標準には，安定した工程を維持するための詳細手順が記される．詳細手順は平常時だけでなく，異常判定基準や異常時の手順を含む． ☞ 12.4 節 2

⑦ **正しくない（×）**．変化点管理の対象は，変化をきたすと異常を生みやすい重要要因である．重要要因は，通常，QCD ではなく，4 M（作業者，材料，設備，作業方法）の変化である． ☞ 12.5 節

⑧ **正しい（○）**．標準には，国際標準（ISO 規格等），国家標準（JIS 規格等），社内標準がある．いずれも強制ではなく，関係者の合意により制定され，または適用される取り決めである． ☞ 12.6 節 1

⑨ **正しくない（×）**．従来の日本工業規格法が改正され，2018 年に日本産業規格法が公布となったことに伴い，対象も従来の「鉱工業品」に「データ及びサービス」が追加された．略称の JIS は変更なし． ☞ 12.6 節 4

⑩ **正しくない（×）**．教育訓練は，会社としての教育と，職員の自主的な学習の 2 分類がある．OJT と OFF－JT は，会社としての教育の例である． ☞ 12.7 節 2

練習 問題

【問 1】 工程管理に関する次の文章において, [　　] 内に入るもっとも適切なものを下欄の選択肢からひとつ選べ. ただし, 各選択肢を複数回用いることはない.

① 品質管理の基本は, [(1)] で品質を作り込むことである. この基本は, QC 的なものの考え方の中の [(2)] に沿った考え方である.

② 安定状態の良いプロセスを実現するためには, 特性と要因の因果関係を明らかにする [(3)] を行い, 特性に与える影響が大きな要因には [(4)] を設定して [(5)] 等に明確に記し, 重点指向で管理する.

【[(1)]～[(5)] の選択肢】

ア. 工程解析　イ. プロセス重視　ウ. 工程　エ. 検査
オ. 工程能力　カ. ファクトコントロール　キ. QCD　ク. 経験
ケ. 管理項目　コ. 品質保証体系図　サ. QC 工程図

③ 詳細な作業手順は作業標準に定める. 作業標準は, できる限りわかりやすく [(6)] に表現する. わかりやすくするための工夫として [(7)] を使用することも効果的である. 作業者によって作業のやり方が異なり, その結果, 品質特性に [(8)] を発生させてはならない. 作業標準は決められたとおりに作業を行えば, ねらいどおりの製品が [(9)] して作られることが目的である.

④ 作業標準を決めても, 作業者が決まったとおりに作業できなければ, 製品品質の [(8)] の最小化は実現できない. 工程管理の実現には, 従業員が役割を果たすことができるようにする [(10)] が不可欠である.

【[(6)]～[(10)] の選択肢】

ア. 抽象的　イ. 図や写真　ウ. ばらつき　エ. 安定
オ. 具体的　カ. 統計分析　キ. 教育訓練　ク. ポスター
ケ. 不適合　コ. 是正処置

【問 2】 工程管理に関する次の文章において，[ ]内に入るもっとも適切なものを下欄の選択肢からひとつ選べ．ただし，各選択肢を複数回用いることはない．

製造工程は計画に基づき生産されているが，様々な変更により計画どおりに行かないことがある．変更点の周知の遅れ，見過ごしにより，品質，コスト，納期，[(1)]へ多大な影響を与える．作業者(Man)，部品･材料(Material)，設備（Machine），作業方法（Method）の4Mにおいての[(2)]は異常発生の可能性を高める．工程における4M等の[(3)]を明確にし，異常を検出するための監視，管理を行うことで異常の発生を未然に防ぐことができる．このような管理は，[(4)]という．[(3)]の具体的な例は昼夜勤務の交代，設備の入れ替え，ロットの切り替え，製造品種の切り替わり，作業手順の更新・変更等があげられる．

【選択肢】

ア．変化点管理　イ．変化点　ウ．安全　エ．状況への対応
オ．条件の変化　カ．更新管理　キ．更新　ク．QCD

【問 3】 標準化に関する次の文章において，[ ]内に入るもっとも適切なものを下欄の選択肢からひとつ選べ．ただし，各選択肢を複数回用いることはない．

① 社内標準とは，従業員全員が順守しなければならない社内における[(1)]である．社内標準の設定に際しては，次のことに留意する．
- ・[(2)]が可能なこと
- ・内容が[(3)]で作業標準に規定されていること
- ・関係者の[(4)]によって決められていること
- ・常に最新版が維持されていること
- ・技術の蓄積が図られるような仕組みになっていること
- ・順守しなければならないという[(5)]があること

【[(1)]～[(5)]の選択肢】

ア．法令　イ．取り決め　ウ．具体的　エ．抽象的　オ．伝承
カ．合意　キ．保証　ク．実現　ケ．権威付け

② 社内標準は標準が守られるように，適宜，周知や教育を実施することが重要である．標準のとおりに業務を行って問題が発生した場合には，標準の内容を検討し，［(6)］を行う．

③ 標準を適用範囲で分類する場合，ISO9001 等の［(7)］，JIS 等の［(8)］，企業内で行う社内標準等がある．JIS は 2018 年に改正法が公布され，現在の正式名称は［(9)］である．この改正により，データやサービス等が適用範囲として追加された．

【［(6)］～［(9)］の選択肢】

ア．見える化　イ．国際規格　ウ．日本産業規格　エ．改訂
オ．団体規格　カ．国家規格　キ．日本工業規格　ク．地域規格

練習 解答と解説

【問 1】 工程管理の総合問題である．この問題の内容は頻出でもある．

（解答） (1) **ウ**　(2) **イ**　(3) **ア**　(4) **ケ**　(5) **サ**　(6) **オ**　(7) **イ**　(8) **ウ**　(9) **エ**　(10) **キ**

① 工程管理は，結果のみを追うのではなく，結果を生み出す仕事のやり方や仕組みというプロセスに着目し，これを向上させるように管理することである．工程管理は［(2)　**イ．プロセス重視**］に基づく仕組みであり，品質管理では「品質は［(1)　**ウ．工程**］で作り込む」という用語で表される．品質管理の経済性を表す考え方である．

☞ 12.1 節 1

② プロセスは，インプットをアウトプットに変換する活動の連鎖である．結果を良くするためには，プロセスを分解，特定した後，要因と特性（結果）の因果関係を明らかにする［(3)　**ア．工程解析**］を行う．特性に与える影響が大きな要因には［(4)　**ケ．管理項目**］を設定し，［(5)　**サ．QC 工程図**］等に明記する．管理項目は作業標準や管理項目一覧表に記載されることもあるが，選択肢を見ると適切なものは QC 工程図だけであるから選択を確定できる．

☞ 12.2 節 1，12.3 節 2

③　作業標準は新入社員研修でも活用するツールでもあるから，わかりやすく，［(6)　**オ．具体的**］に表現されていないと機能しない．わかりやすくする工夫としては，［(7)　**イ．図や写真**］，動画等が活用されている．作業標準は，行うべき作業手順を決め，決められたとおりに作業を行うことにより，作業の［(8)　**ウ．ばらつき**］を最小化し，ねらいどおりの製造品質を［(9)　**エ．安定**］して提供することが目的である．言い換えれば，不良を提供しないことである．

☞ 12.4節 2

④　作業標準は，人が「決められたとおりに作業する」ことの徹底が必須であるから，作業者への［(10)　**キ．教育訓練**］が不可欠である．☞ 12.7節 1

【問 2】 変化点管理に関する問題である．変化点管理は，ISO9001:2015改正やDRBFM（トヨタ自動車のFMEA）でも注目されている重要分野である．

（解答）　(1) **ウ**　(2) **オ**　(3) **イ**　(4) **ア**

製造工程における様々な変更は，変更点の周知の遅れ，見過ごし等によって，品質，コスト，納期，［(1)　**ウ．安全**］へ多大なる影響を与える．

作業者 (Man)，部品・材料 (Material)，設備 (Machine)，作業方法 (Method) の4Mにおける［(2)　**オ．条件の変化**］は異常発生の可能性を高める．よって，工程における4M等の［(3)　**イ．変化点**］を明確にし，異常を検出するための監視，管理を行うことにより，異常の発生を未然に防ぐことができる．変化点の例として，昼夜勤務の交代，設備の入れ替えロットの切り替え，製造品種の切り替わり，作業手順の更新・変更等があげられる．このような管理を，［(4)　**ア．変化点管理**］という．

☞ 12.5節

【問 3】 標準化に関する問題である．

（解答）　(1) **イ**　(2) **ク**　(3) **ウ**　(4) **カ**　(5) **ケ**　(6) **エ**　(7) **イ**　(8) **カ**　(9) **ウ**

①　社内標準に限らず「標準」は［(1)　**イ．取り決め**］である．取り決めであるから，関係者の［(4)　**カ．合意**］によってのみ拘束力が生じる．社内標準では，順守しないと製品の安定提供ができず企業には死活問題となるので，［(5)　**ケ．権威付け**］を行い，順守を必須とする．社内標準は，将来こ

うしたいという目標ではなく，現実に行うべき作業手順であるから，［(2)　**ク．実現**］が可能な内容で，［(3)　**ウ．具体的**］であることが求められる．

☞ 12.6 節 1，3

② 社内標準は維持するだけでは異常発生の危険がある．問題が発生した場合や危惧がある場合には，必要により［(6)　**エ．改訂**］を行う．

☞ 12.6 節 3

③ 標準の適用範囲による分類には，ISO9001 等の［(7)　**イ．国際規格**］，JIS 等の［(8)　**カ．国家規格**］，社内標準（社内規格ともいう）がある．JIS は工業標準化法から産業標準化法への改正に伴い，正式名称が日本工業規格から［(9)　**ウ．日本産業規格**］に変わり，サービスやデータが適用範囲に追加された．法改正後も JIS という略称は従前の通りである（産業標準化法は 2018 年公布）．

☞ 12.6 節 2，4，5

ここで「標準化」（12.6 節）に関する「攻略の掟」を確認します．

攻略の掟

- **其の壱**　標準化の定義と目的を理解すべし！
- **其の弐**　社内標準の機能と留意点を理解すべし！

実践分野

13章 プロセス保証②

実践分野	QC的なものの見方と考え方　8章			
	品質とは 9章	管理とは 10章	源流管理 11章	工程管理 12-13章
			日常管理 14章	方針管理 14章

実践分野に分析・評価を提供 ↑

手法分野	収集計画 1章	データ収集 1章	計算 1章	分析と評価 2-7章

13.1 データに基づく監視

出題頻度

1 プロセスの実施状況を監視する

工程管理は標準化と教育訓練を行ったら終わりではありません．業務プロセスは内部・外部の環境から影響を受け，常に変動します．データを継続的に測定し，プロセスと結果の両方が上手くいっているかを監視することが必要です（**図 13.1**）．

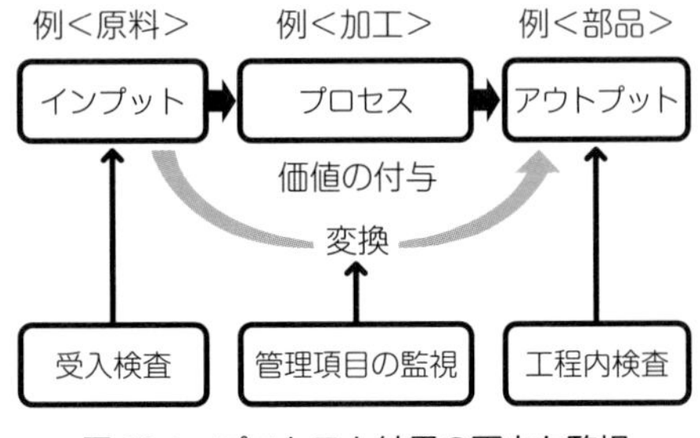

図 13.1　プロセスと結果の両方を監視

2 工程異常

プロセスの監視は，管理図（**図 13.2**，5 章）等により行うことができます．監視の過程では，工程異常が発生することがあります．**工程異常**とは，工程を構成する 4 M 等が通常と異なる状態となり，その結果，品質特性が管理水準から外れることです．

以下は，用語の意味と活用ポイントです．

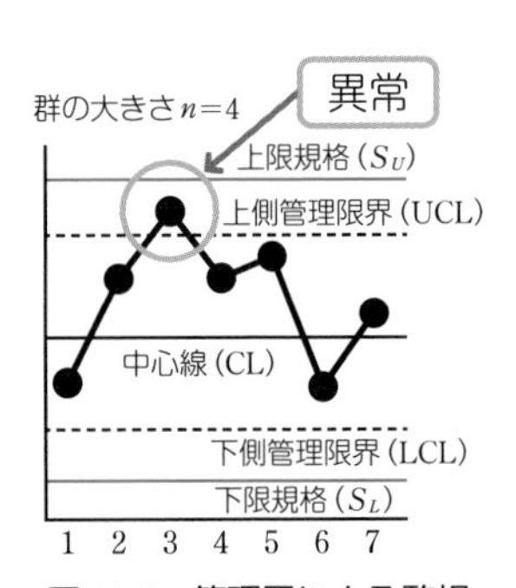

図 13.2　管理図による監視

- 異常とは，プロセスが管理状態にないこと
- 良すぎる場合も異常として原因を追究する
- 工程異常と不適合は区別する（異常は，不適合とは限らないが不適合である可能性が高い）

攻略の掟

- **其の壱**　プロセスと結果，両方の監視が必要なことを理解すべし！
- **其の弐**　異常と不適合の違いを理解すべし！

13.2 検査

出題頻度 ★★★

1 検査とは

検査とは，製品等の一つ以上の特性値に対し，測定，試験またはゲージ合わせ等を行い，**規定要求事項に適合しているかどうかを判定する活動**です[†]．

検査の目的は，後工程や顧客に対し，不適合品を渡さないことです．また，検査結果の記録を前工程にフィードバックすることにより，予防に役立てることもできます．なお，検査は，適合・不適合（合格・不合格ともいう）を判定する行為です．「**不適合**」とは要求事項を満たさないことであり，図 13.2 の上限または下限の規格限界線を超える場合をいいます．

検査は不適合流出を止める砦（とりで）として，とても重要です．しかし，品質管理の変遷（8.2 節）で解説したとおり，検査はコスト高を招き，不適合品の流出予防はできても，発生を防ぐことができないことが最大の弱点です．

2 検査時期による分類

検査は，時期と方法により分類することができます．**図 13.3** は，検査時期による分類の例です．最後の出荷検査に加えて前工程でも検査を行うことにより，不適合が発生している工程を早期に特定でき，無駄なコストを抑えることができます．

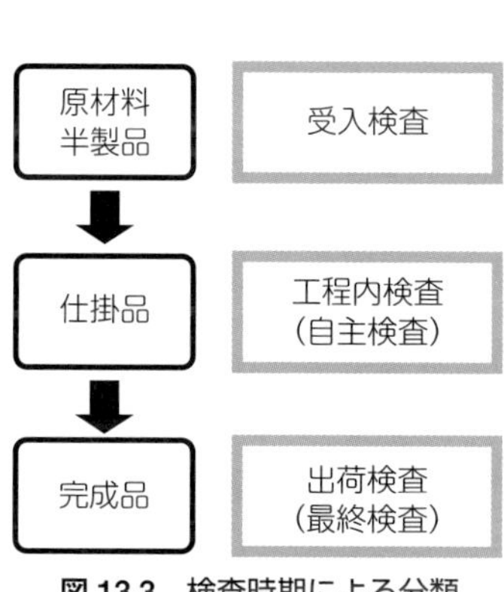

図 13.3　検査時期による分類

† JIS Q 9027:2018「マネジメントシステムのパフォーマンス改善–プロセス保証の指針」（日本規格協会，2018 年）3.9

13章 プロセス保証②

3 検査方法による分類

次は，検査方法による分類です．ここは試験頻出です．用語の意味と相違を理解してください．

- **全数検査**
  全ての製品を検査することです．不適合品流出の砦となる検査の目的からすると，全数検査が本来，理想的かつ原則的です．しかし，時間がかかり，コスト高を招くことから全数検査は現実的ではなく，経済性を勘案して抜取検査が利用されます．この論理が大切です．経済性を加味すべきではない場面では，原則に戻り全数検査が行われます．
- **抜取検査**
  ロットの中からあらかじめ決められた方式により標本（サンプル）を抜き取り，ロットの合否判定を行う検査方法です．**ロット**とは，等しい条件下で生産され，または生産されたと思われる品物の集まりです．経済性を加味した検査方法です．標本の抜取個数や合格判定基準の標準は，JIS により次のような検査方式が示されています．
  - ▶計数値抜取検査：標本中の不適合品数等を対象とする検査
  - ▶計量値抜取検査：標本から得られた平均値等を対象とする検査
  - ▶調整型抜取検査：実績に応じて厳しさ（ゆるい・なみ・きつい）を調整する検査
- **間接検査**
  メーカーが実施した検査結果を書面で確認することにより，購入者側の受入検査を省略する方法です．
- **無試験検査**
  実績が有り後工程への影響が少ない場合，受入検査を省略する方法です．

4 全数検査と抜取検査の比較

全数検査と抜取検査とを比較します．経済性を加味すべきではない場面では，原則に戻り全数検査が必要になります（**表 13.1**）．

表 13.1　全数検査と抜取検査の比較

	全数検査	抜取検査
検査個数	多い	少ない
検査費用	多い	少ない
判定の誤り	許されない	ある程度の不適合品が後工程に流れてしまうことはやむを得ない
適用場面	・不適合品の混入が許されない場合 ・不適合品が多い場合	・大量生産のため，全数検査では著しくコスト高になる場合 ・破壊検査を行わざるを得ない場合

5 ランダムサンプリング

抜取検査に際し，抜き取る個数が判明しても，どんな方法で抜き取ったら良いのでしょうか．

抜取検査はサンプリングにより行います（**図 13.4**）．サンプリングの目的は，母集団の姿を推測することですから，母集団を代表する標本を採取することが必要です．代表するとは，平均値がほぼ一致するという意味です．この要求を満たす標本の抜取方法が，ランダムサンプリング法です．

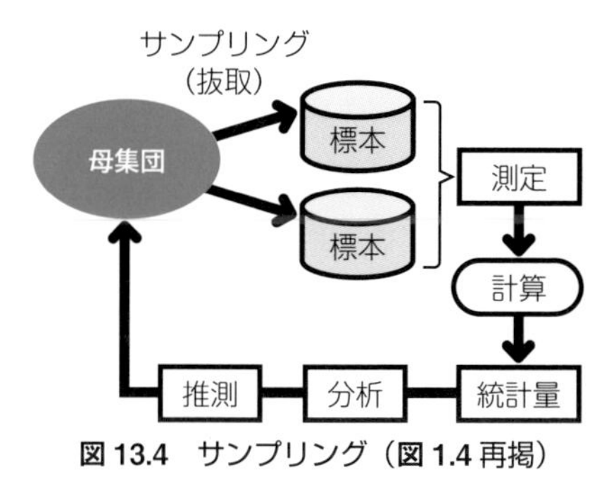

図 13.4　サンプリング（図 1.4 再掲）

ランダムサンプリング法は，無作為（ランダム）に，標本（サンプル）を抜き取る方法です（1.1 節 5 参照）．無作為とは，検査者の意図を入れずに行う，という意味です．無作為という点が重要であり，有意抽出法（検査者の知識や経験に基づく抜取方法）とは異なります．

攻略の掟

- 其の壱　検査の目的は不適合品の流出防止，を押さえるべし！
- 其の弐　全数検査と抜取検査の違いを理解すべし！

13.3 破壊検査と官能検査

出題頻度

1 破壊検査とは

検査の性質は，非破壊検査と破壊検査に分類できます．通常の検査は，製品を破壊せずに行う**非破壊検査**です．

破壊検査とは，強度や，製品内部の欠陥，例えばキズの有無等を検査するために製品を破壊せざるを得ない場合に行う検査方法です．破壊検査を行うと当該製品が使えなくなりますから，全数検査に適さず，用いるのは，抜取検査を行わざる得ない場合です（表 13.1 参照）．

破壊検査では，代用特性により検査を行う場合があります．**代用特性**による検査とは，対象となる品質特性の直接測定が困難な場合，同等または近似の品質特性を代用して行う検査方法です．検査や測定に際し，製品を破壊しなければならない場合や，多くの時間やコストがかかる場合等に利用されます．例えば，溶接の強度測定を超音波により代用する場合や，検査自体を安価なサンプルで行う場合等です．

2 官能検査とは

官能検査とは，検査員の五感（視覚・聴覚・味覚・嗅覚・触覚）により測定し，標準見本や限度見本を使用して判定基準に基づき良否を判定する検査です．例えば，食品のおいしさ，車の乗り心地，印刷デザインの美しさを測ります．

官能検査を活用する場面は，次のとおりです．

- 数値化が困難な場合
- 測定可能だが，測定器が高価であったり，測定時間がかかったりする場合
- 測定器よりも，人の五感の検出精度の方が優れている場合

官能検査の例は，次のとおりです．

- 目視検査：製品のキズを検査
- 打音検査：ねじのゆるみを検査
- 味覚検査：料理の味付けを検査

官能検査の短所は，検査員が異なる場合や検査員の体調による合否判定のばらつきです．限度見本の活用等により，ばらつきを抑止します．

攻略の掟

- **其の壱**　破壊検査の代用特性を記憶すべし！
- **其の弐**　官能検査は人の五感の活用を押さえるべし！

13.4 測定と誤差

出題頻度

1 検査における測定・試験とは

検査とは，製品等の 1 つ以上の特性値に対し，測定，試験またはゲージ合わせ等を行い，規定要求事項に適合しているかどうかを判定する活動です†.

検査の定義で使用されている用語の意味や違いを，以下にて確認します.

- **測定**とは，基準と比較し数値化することです．単に測るだけの行為です.
  - ▶測定と類似の用語として「計測」があります．**計測**とは，測るだけでなく，測定結果をもとに判定までを行います.
  - ▶例えば，身長計，体重計による身長と体重の測定は測るだけなので，「測定」です．他方で，身長，体重の測定結果を利用した BMI 計測は，測った結果で BMI 判定を行うので「計測」です.
  - ▶測定は，現状の姿や目標とする水準を定量的に決めるために，きわめて重要な行為です．「測定なくして改善なし」ともいいます.
- **試験**とは，サンプルの特性や性質を調べるだけの行為です.

検査では，このような測定や試験の結果をもとに判定を行います．検査で行う判定は適合または不適合です．不適合となったら，異常時の管理に従います.

2 測定時の誤差（測定誤差）

測定の重要性は，材料の調達から加工，組立て，検品，出荷に至るまで，各工程で同一の基準で行うことです．同一の基準で測定を行うからこそ，製品を設計どおりに作ることができるのです.

このように同一の基準で行うことが，測定の重要ポイントなのですが，実際の測定値と真の値との間には誤差（3 参照）が生じます．測定は，誤差が発

† JIS Q 9027:2018「マネジメントシステムのパフォーマンス改善–プロセス保証の指針」（日本規格協会，2018 年）3.9

生することを前提に対応します．測定により生じる誤差は，**測定誤差**といいます．

同じ特定の製品を測定する場合でも, 次のような原因により誤差が生じます．

- 測定器による誤差：例えば，測定器が校正されていない場合
- 測定を行う作業者による誤差：例えば，測定器の使用方法の間違い
- 測定条件・環境による誤差：例えば，温度・湿度・照度の違い

3 誤差とは

誤差とは，測定値と真の値との差のことです（**誤差＝測定値－真の値**）．

サンプリング時と測定時には誤差を伴うので，データ収集では 2 つの誤差を含むことを前提に，その後の計算を行います．

誤差を評価する尺度としては，ばらつきとかたよりがあります．

- **ばらつき**は，測定値と平均値との差である．また，ばらつきが小さいことを「**精度**が高い」という．
- **かたより**は，平均値と真の値との差であり，**真度**ともいう．

図 13.5 は，ばらつきが小さく，かたよりが大きい状況の例です．また，誤差，ばらつき，かたよりの関係は，**図 13.6** のように表されます．

図 13.5　ばらつきとかたより

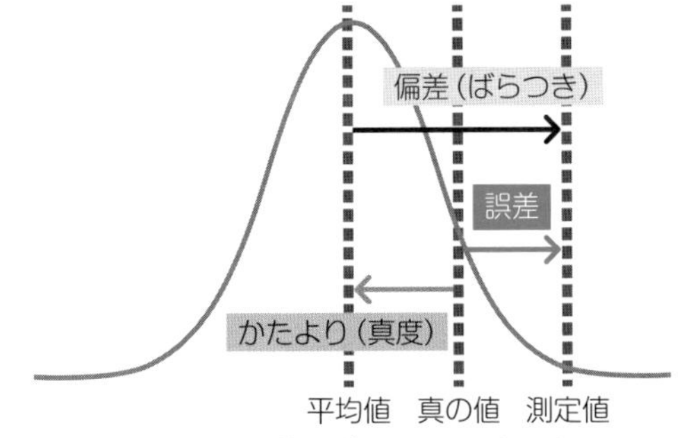

図 13.6　誤差とばらつき・かたより

攻略の掟

- **其の壱**　検査の判定は，適合・不適合であることを知るべし！
- **其の弐**　測定における誤差の定義を押さえるべし！

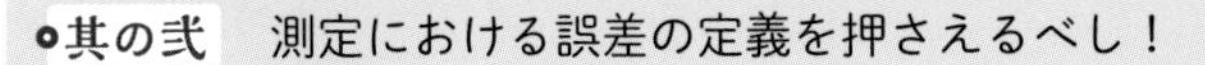

理解度確認　問題

次の文章で正しいものには○，正しくないものには×を選べ．

① プロセスの監視は，結果の監視までを必要とするものではない．
② 検査とは，規定要求事項に対する適合・不適合を判定する管理活動である．
③ 検査は，不適合品流出の砦であるから，抜取検査といえども，ある程度の不適合品が後工程に流れてしまうことはやむを得ないとすることはない．
④ 無試験検査とは，経済性から検査を省略することである．
⑤ 破壊検査では，代用特性を採用して測定，評価する場合がある．
⑥ 官能検査は，数値による測定が困難な場合等に行われる人の五感を活用する検査方法である．
⑦ 測定は，検査を行うためには必要な測る行為である．
⑧ 誤差とは，「測定値－平均値」のことである．
⑨ 誤差が発生する代表的な場面としては，サンプリング時や測定時がある．
⑩ 測定誤差には，ばらつきとかたよりがある．ばらつきが小さいことは，真度が高いと表現される．

理解度確認　解答と解説

① **正しくない（×）**．プロセスの監視は，プロセスと結果の両方の監視を行う．結果の監視によりプロセス（仕事のやり方）の他人評価をできるからである．なお結果の監視には，顧客や後工程からの「苦情」等の言語データによるフィードバックの活用を含む．

☞ 13.1 節 1

② **正しい（○）**．検査は不適合品流出の砦であるから，製品・サービスが不適合か否かを判定する．

☞ 13.2 節 1

③ **正しくない（×）**．検査は不適合品流出の砦であるが，全数検査ができない場合（破壊検査等）や，全数検査を行うことで経済性があまりにも損なわれる場合は，抜取検査が許容される．抜取検査はサンプリングであり，ある程度の不適合品流出があり得ることを前提とする検査方式である．

☞ 13.2 節 4

④ **正しくない（×）**．無試験検査は，納入先の実績や信頼関係に基づき，受入検査を省略する方式であり，経済性から検査の全てを省略するものではない．

☞ 13.2 節 3

⑤ **正しい（○）**．破壊検査では，製品を破壊して検査するので，当該製品を使用できなくなる．そこで，安価な同等品等の代用特性をもつ製品による測定，評価が許容される．

☞ 13.3 節 1

⑥ **正しい（○）**．官能検査は，味わい等の数値測定が困難な場合に活用される，人の五感による検査方式である．

☞ 13.3 節 2

⑦ **正しい（○）**．検査は，製品の値と基準値との比較を行う行為であり，製品の値を測るためには測定が必須である．

☞ 13.4 節 1

⑧ **正しくない（×）**．誤差とは，測定値と真の値との差のことである．なお，「測定値－平均値」は，ばらつきである．

☞ 13.4 節 3

⑨ **正しい（○）**．誤差が発生する代表的な場面には，サンプリング時や測定時がある．

☞ 13.4 節 3

⑩ **正しくない（×）**．測定誤差には，ばらつきとかたよりがある．ばらつきが小さいことは「精度が高い」と表現される．なお，「真度が高い」と表現されるのは，かたよりが小さい場合である．

☞ 13.4 節 3

練習問題

■練習では，本番に準じ，
章をまたぐ内容も出題します．

【問 1】検査に関する次の文章において，［　　］内に入るもっとも適切なものを下欄の選択肢からひとつ選べ．ただし，各選択肢を複数回用いることはない．

製品・サービスの1つ以上の特性値に対して，［(1)］，試験，またはゲージ合わせ等を行い，［(2)］と比較し，一つひとつに対して適合や［(3)］を判定する，または，ロット判定基準と比較して，ロットに対して合格や不合格を判定する，この一連の活動が［(4)］である．［(4)］の重要な目的は［(3)］を含む製品やサービスを顧客や［(5)］に提供することによる損失を防止することである．

【選択肢】

ア．検査　　イ．前工程　　ウ．規定要求事項
エ．測定　　オ．不適合　　カ．法令
キ．誤差　　ク．後工程　　ケ．審査

【問 2】検査に関する次の文章において，［　　］内に入るもっとも適切なものを下欄の選択肢からひとつ選べ．ただし，各選択肢を複数回用いることはない．

① 検査の方法は，製品あるいは部品の全数を対象とする［(1)］と，対象となるロットから，定められた検査方法に沿って，サンプルを抜き取り，測定した結果をロットの判定基準と比較して合否を判定する［(2)］に分けることができる．

② ［(2)］は，サンプル中の不適合品数等の［(3)］が使用される検査と，サンプルから得られた平均値や標準偏差等の［(4)］が使用される検査に分けることができる．

③ ［(1)］は，［(5)］には適用できない．［(5)］では，製品を使えなくしてしまうので経済性から［(6)］をもつ安価なサンプルで測定，評価を行うことが許容される．

【選択肢】

ア．代用特性　イ．破壊検査　ウ．計量値
エ．非破壊検査　オ．受入検査　カ．計数値
キ．言語データ　ク．抜取検査　ケ．全数検査

【問 3】 検査に関する次の文章において，[　　]内に入るもっとも適切なものを下欄の選択肢からひとつ選べ．ただし，各選択肢を複数回用いることはない．

① 検査の実施段階は，[(1)]，中間検査，[(2)]に分類できる．[(1)]は，材料や部品の購入時に実施する検査である．
② [(1)]等で，供給者の実施したロットについての検査成績をそのまま使用して確認することにより，自社側の試験・測定を省略する検査を[(3)]という．
③ 検査員の五感を使用して良否を判定する検査を[(4)]という．
④ 検査で不適合品を発見した場合，適合品との混入，後工程への流出を防止するために，タグの取付け等により[(5)]する．

【選択肢】

ア．官能検査　イ．破壊検査　ウ．非破壊検査　エ．廃棄
オ．感覚検査　カ．抜取検査　キ．最終検査　ク．識別
ケ．受入検査　コ．間接検査

【問 4】 測定に関する次の文章において，[　　]内に入るもっとも適切なものを下欄の選択肢からひとつ選べ．ただし，各選択肢を複数回用いることはない．

検査を実施する時には，全数検査でない限りあらかじめ決められた方式により[(1)]を測定する．ここで得られた測定値と[(2)]とでは[(3)]が生じる．[(3)]とは測定値から[(2)]を引いた値のことである．測定を行う上でも[(3)]が生じる．測定器，測定作業者，測定条件等が原因として考えられ，この[(3)]は[(4)]といわれる．測定値のばらつきが小さいことは[(5)]が高いという．

【選択肢】

ア．真度　イ．ランダムデータ　ウ．測定誤差　エ．試験
オ．誤差　カ．サンプルデータ　キ．真の値　ク．平均値
ケ．精度　コ．サンプル誤差

練習 解答と解説

【問 1】 検査の定義に関する問題である．

解答 (1) **エ** (2) **ウ** (3) **オ** (4) **ア** (5) **ク**

(1) 問題文だけを見ると何の問題かわからないが，【問 1】の後に“検査”と書いてある．これはヒントである．検査に不可欠なものは［(1) **エ．測定**］である． ☞ 13.2 節 1

(2) 検査の基準になるのは［(2) **ウ．規定要求事項**］である．規定要求事項とは法令や組織が合意した要求事項である． ☞ 13.2 節 1

(3) 検査は，適合・不適合を判定する制度である．［(3) **オ．不適合**］である． ☞ 13.2 節 1

(4) 国語の問題である．定義の結論であるから，［(4) **ア．検査**］である． ☞ 13.2 節 1

(5) 不適合には外部に出る不適合と内部に留まる不適合がある．後者は［(5) **ク．後工程**］に流れる不適合である．不適合が内部に留まる場合も手直し等によりQCDの実現を阻害することになる． ☞ 13.2 節 1

【問 2】 検査方法の分類に関する問題と問題文の冒頭に書かれている．

解答 (1) **ケ** (2) **ク** (3) **カ** (4) **ウ** (5) **イ** (6) **ア**

① 検査を方法により分類する場合，全数検査，抜取検査，間接検査，無試験検査等がある．全数を対象とする方法は［(1) **ケ．全数検査**］である．サンプルを抜き取る方法は［(2) **ク．抜取検査**］である． ☞ 13.2 節 3

② 文末に“分けることができる”とあるので，抜取検査の分類に関する問題

とわかる．不適合品数等を使用するので［(3)　**カ．計数値**］，平均値等を使用するので［(4)　**ウ．計量値**］である．　☞ 13.2 節 3

③　全数検査は，(5) には適用できないとする．後の文章には「製品を使えなくしてしまう」というヒントがあるので，［(5)　**イ．破壊検査**］である．破壊検査といえば，他の品質特性を代用して測定，評価する［(6)　**ア．代用特性**］である．　☞ 13.3 節 1

【問 3】 検査に関する混合問題である．

(解答)　(1) **ケ**　(2) **キ**　(3) **コ**　(4) **ア**　(5) **ク**

①　検査の段階（実施時期）の分類である．後の文章から購入時の検査であるから［(1)　**ケ．受入検査**］である．そうすると，既に中間検査は問題文に出ているので，［(2)　**キ．最終検査**］である．　☞ 13.2 節 2

②　供給者の検査成績を活用して受入側の試験や測定を省略するのは［(3)　**コ．間接検査**］である．供給者による検査を間接利用するのである．　☞ 13.2 節 3

③　問題文に“五感”とあることから，［(4)　**ア．官能検査**］である．「感覚検査」とはいわないことに注意．　☞ 13.3 節 2

④　異常時の対応に共通する内容である．不適合の危険を拡散しないためには，早期の［(5)　**ク．識別**］が必要となる．廃棄よりも分離や識別の方が早く対応できるからである．　☞ 10.4 節 3

【問 4】 測定に関する知識問題である．

(解答)　(1) **カ**　(2) **キ**　(3) **オ**　(4) **ウ**　(5) **ケ**

(1)　問題文に“全数検査でない”とあることから，抜取（サンプル）検査の記述である．したがって，［(1)　**カ．サンプルデータ**］である．　☞ 13.2 節 3

(2)，(3)　問題文に“［ (3) ］とは測定値から［ (2) ］を引いた値のこと”とあるので，［(2)　**キ．真の値**］，［(3)　**オ．誤差**］である．　☞ 13.4 節 3

(4)　測定時の誤差は，［(4)　**ウ．測定誤差**］である．　☞ 13.4 節 2

(5)　ばらつきの小ささを「精度」ともいう．ばらつきが小さいとは良い場合であるから，［(5)　**ケ．精度**］が高いと表される．　☞ 13.4 節 3

実践分野

14章 日常管理・方針管理

管理を実践する会社の仕組みを学習します

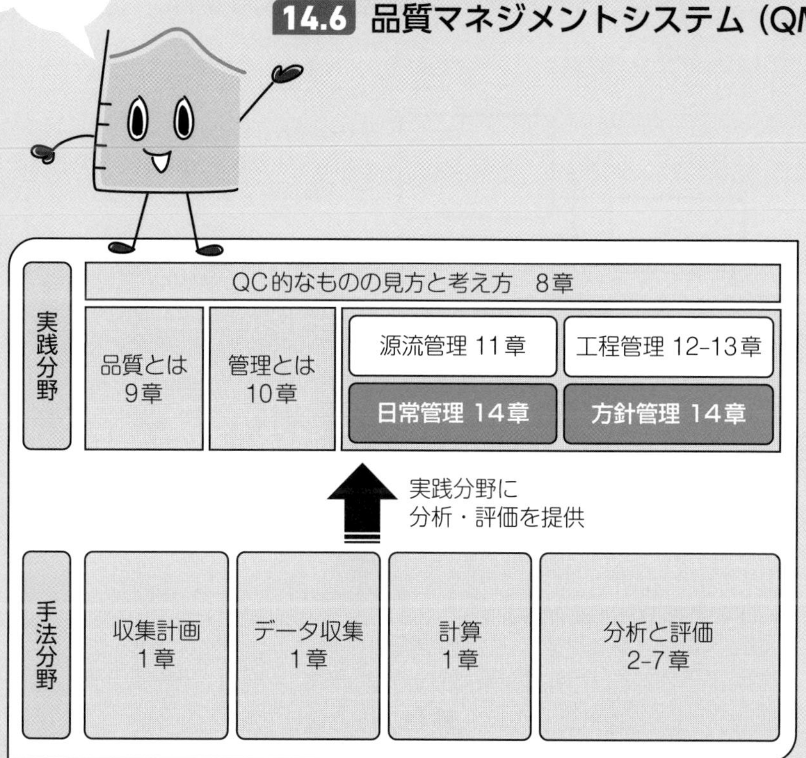

14.1 日常管理

出題頻度 ★★★

1 日常管理とは

日常管理とは，組織の各部門が業務分掌について，良い現状を維持向上するための管理活動です．日常管理は，各部門の自主管理が前提となることから，部門別管理ともいいます．全ての**業務分掌**が対象となります．

日常管理では，プロセスが標準で決めたとおりに機能しているかを，QC工程図（12.3節参照）や管理項目一覧表に記されている，**管理項目**と**管理水準**により監視します．異常の原因となりやすい4M（12.5節参照）の変化点は，重点的に管理します．

管理項目は，**図14.1**のように，**管理点**と**点検点**（点検点は点検項目ともいいます）に分けられます．

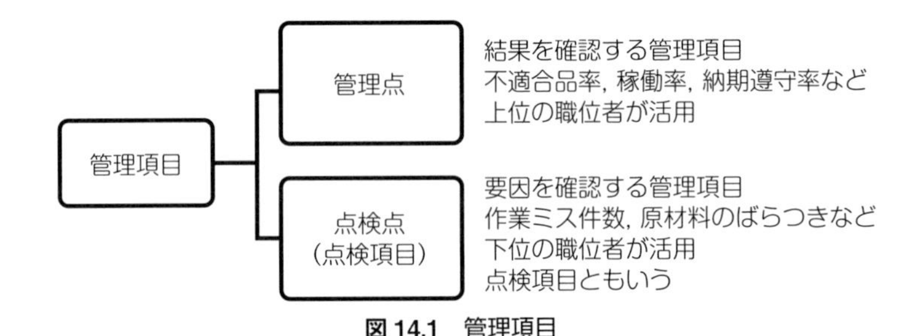

図14.1　管理項目

一方，管理水準は，顧客が要求する規格水準とは異なり，通常達成している水準をもとに設定する尺度です．管理項目と管理水準の活用例は，12.3節のQC工程図を参照してください．

2 日常管理の進め方

日常管理における平常時の管理は，SDCAサイクル（10.2節参照）により行います．日常管理の進め方は，**図14.2**のとおりです．

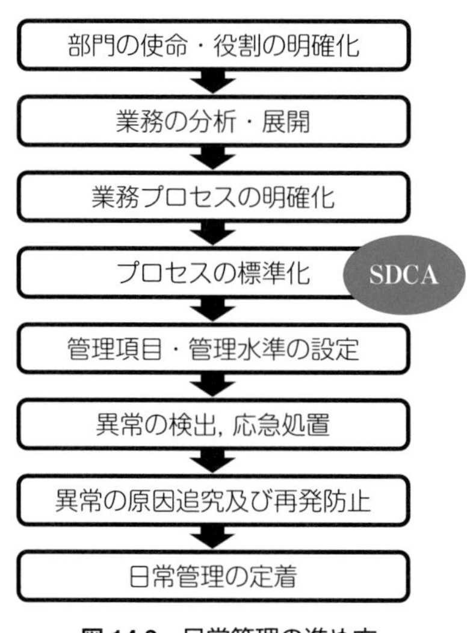

図 14.2　日常管理の進め方

3　14章の全体構造

日常管理は，現在の良い状態の維持を基本としますが，維持だけでは組織レベルは下落します．内外の経営環境は常に変化するからです．企業は変化に対応できるよう，**重点指向のレベルアップ活動**を展開します（**図 14.3**）．次節以降では，レベルアップ活動を解説します．

5Sとは，整理，整頓，清潔，清掃，躾（しつけ）のことです．5Sは全ての管理の土台となる重要な活動です．

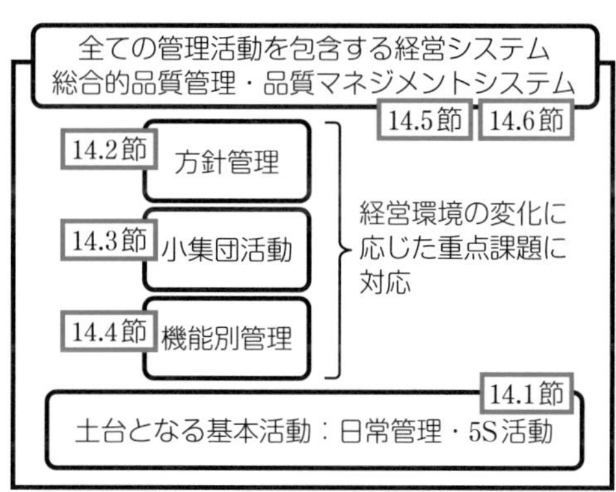

図 14.3　企業のレベルアップ活動の体系図

攻略の掟

- 其の壱　日常管理は業務分掌が対象，を押さえるべし！
- 其の弐　日常業務の管理点と点検点の違いを押さえるべし！

14.2 方針管理

1 方針管理とは

方針管理とは，組織の方針（重点課題，目標及び方策）を達成するためにPDCAサイクル（10.2節参照）を回す管理活動です．トップマネジメントは，全部門・全階層の参画のもと，重点指向に基づく組織方針を示し，部門は組織方針の達成に向けた部門方針を設定し，実施計画と管理項目を決めて活動を展開します．この展開活動を方針展開といいます．

2 方針管理の進め方

方針管理の進め方のポイントは，次のとおりです（**図14.4**，**表14.1**）．

- 方針管理では，組織方針を展開するに際し，上位の管理者と下位の管理者が集まって**すり合わせ**を行い，上位と下位との方針との間に**一貫性**をもたせるようにします．
- 方針が確実に実施されるようにするため，具体的な実施計画と，進捗状況を評価するための管理項目を設定します．トップマネジメントも適宜，現地に出向き，進捗状況を診断します．
- 期中，実施計画が上手く進んでいない場合には，原因を追究し，方針・実施計画の変更を含む処置をとります．

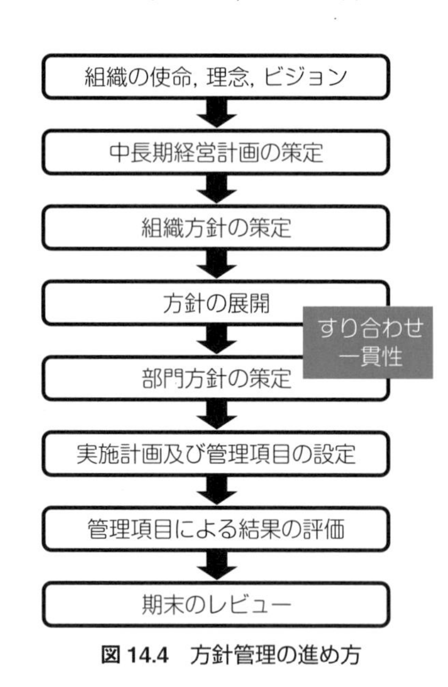

図14.4　方針管理の進め方

- 期末にはトップマネジメントが方針の達成・実施状況を評価し，次期に反映すべくPDCAサイクルを回します．

表 14.1　方針管理における重要な用語

方針とは†	・組織の使命，理念とビジョン，または中長期経営計画の達成を目指し，具体化した期単位の事業計画を達成するために，**日常管理（維持向上）では不足する**部分に関する組織と部門の全体的な意図と方向付けを，トップマネジメントが表明したもの． ・方針には，通常，次の3つの要素が含まれます． ▸**重点課題** ▸**目標** ▸**方策**
重点課題とは	・組織として重点的に取組み，達成すべき事項のこと． ・重点課題の結論だけを表明するのではなく，取り上げた背景や目的も明確にする必要があります． ・重点課題の対象は品質だけではありません．コスト，生産量，納期，**安全**，**環境**，やる気など，全ての経営要素が対象となります．
目標とは	・達成すべき**測定可能**な到達点のこと． ・実現が可能なことも必要です．
方策とは	・目標を達成するための手段． ・方針管理では現状を打破する挑戦的な目標が設定される場合が多いので，十分な調査を行い，方策は**具体的な手段**であることが必要です． ・目標を達成する手段は一つではありません．
トップ診断とは	・トップマネジメントは，期の適切な時点で，各部門又は部門横断チームに対して診断を行います．組織の人々に方針を浸透させ，参画意識をもたせるための活動です． ・この診断は，三現主義（現場，現物と現実）により診断を行います．事実に基づく管理です．
期末レビュー	・期末のレビューや期中の診断では，結果だけでなく，方策の結果寄与度を分析し，評価を行います． 　例：良い結果だが，方策の寄与度は低いので，偶然である． ・プロセス重視の考え方です．

攻略の掟

其の壱　方針展開のすり合わせと一貫性を理解すべし！

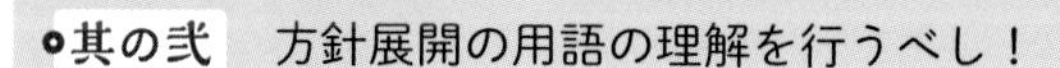

其の弐　方針展開の用語の理解を行うべし！

† JIS Q 9023:2018「マネジメントシステムのパフォーマンス改善–方針管理の指針」（日本規格協会，2018年）3.2

14.3 小集団活動（QCサークル）

出題頻度

1 小集団活動とは

小集団活動とは，日常管理や方針管理を通じて明らかとなった様々な課題及び問題について，コミュニケーションが図りやすい少人数によるチームを構成した上で，特定の課題及び問題についてスピード感のある取組みを行い，その中で各人の能力向上及び自己実現，ならびに信頼関係の醸成を図るための活動です[†]．

小集団活動は，**図 14.5** のように分類できます．

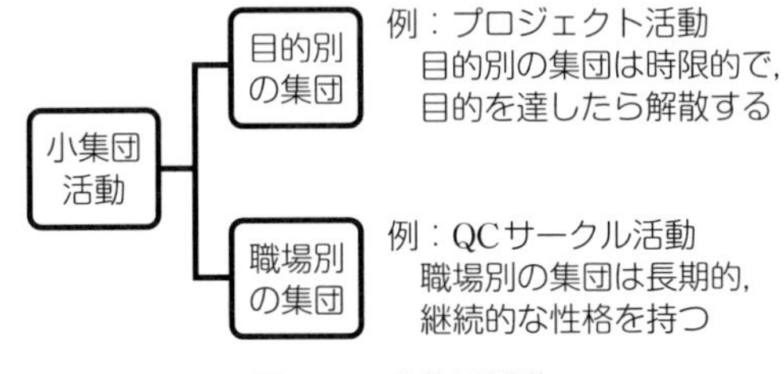

図 14.5　小集団活動

2 QCサークル活動

QC サークル活動については，推進母体である日本科学技術連盟より，「QC サークルの基本」と題し，内容と基本理念が示されていますので，次のページに原文のまま掲載します．

なお，QC サークル活動は，第一線の職場で働く人々の自主的な活動ですが，経営者・管理者も指導・支援により関与する点に注意を要します．

攻略の掟

- **其の壱**　小集団活動の目的（スピード感）を理解すべし！
- **其の弐**　QC サークルの目的，管理者の役割を押さえるべし！

† JIS Q 9023:2018「マネジメントシステムのパフォーマンス改善–方針管理の指針」（日本規格協会，2018 年）附属書 A，A.2

～QC サークルの基本～[†]

QC サークル活動とは

QC サークルとは,
第一線の職場で働く人々が
継続的に製品・サービス・仕事などの質の管理・改善を行う
小グループである.

この小グループは,
運営を自主的に行い
QC の考え方・手法などを活用し
創造性を発揮し
自己啓発・相互啓発をはかり
活動を進める.

この活動は,
QC サークルメンバーの能力向上・自己実現
明るく活力に満ちた生きがいのある職場づくり
お客様満足の向上および社会への貢献
をめざす.

経営者・管理者は,
この活動を企業の体質改善・発展に寄与させるために
人材育成・職場活性化の重要な活動として位置づけ
自ら TQM などの全社的活動を実践するとともに
人間性を尊重し全員参加をめざした指導・支援
を行う.

QC サークル活動の基本理念

人間の能力を発揮し，無限の可能性を引き出す.
人間性を尊重して，生きがいのある明るい職場をつくる.
企業の体質改善・発展に寄与する.

† QC サークル本部編『QC サークルの基本―QC サークル綱領―』（日本科学技術連盟, 1996 年）p.1

14.4 機能別管理

出題頻度

機能別管理とは，部門の壁をなくし，品質，納期，コスト，安全，環境等の機能ごとに組織としての目標を設定し，部門横断的に実践する管理活動です．機能別という言葉が誤解を招くという理由から，近年は部門横断的管理（クロスファンクショナル・マネジメント）とも呼ばれています．機能別管理活動は，**図 14.6** のように分類できます．

機能別管理，方針管理，日常管理の関係は，**図 14.7** のとおりです．

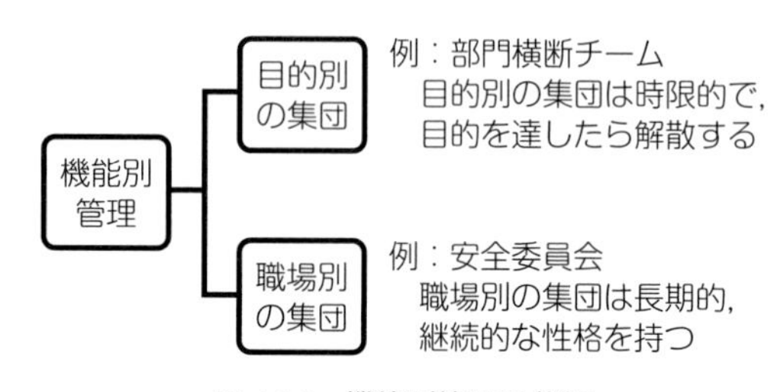

図 14.6　機能別管理の分類

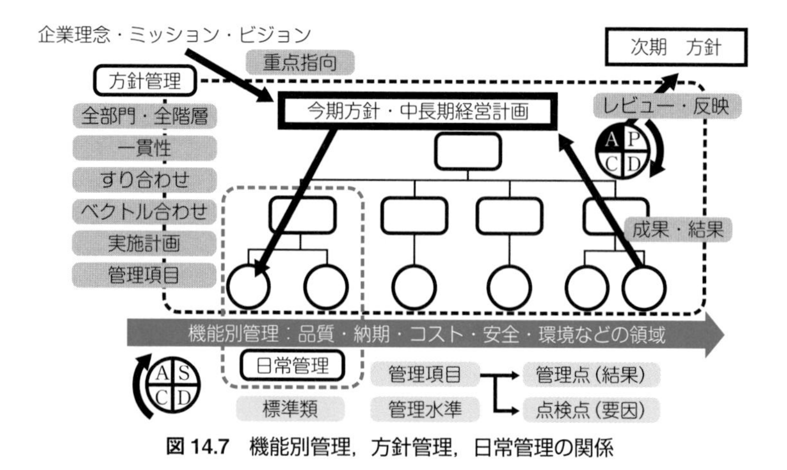

図 14.7　機能別管理，方針管理，日常管理の関係

攻略の掟

- **其の壱**　機能別管理の別名：部門横断的管理を理解すべし！

14.5 総合的品質管理 (TQM)

出題頻度

1 総合的品質管理とは

総合的品質管理（TQM：Total Quality Management）とは，“顧客及び社会のニーズを満たす製品及びサービスの提供並びに働く人々の満足を通した組織の長期的な成功を目的とし，プロセス及びシステムの維持向上，改善及び革新を，全部門・全階層の参加を得て行うことで，経営環境の変化に適した効果的かつ効率的な組織運営を実現する活動”をいいます†．

TQMと品質マネジメントシステム（QMS，14.6節参照）は，全ての品質管理活動を包含する経営システムという点で共通します．しかし，TQMでは，考え方や手法を具体的に示して推奨し，企業と人々が活用しやすく工夫している点において，QMSと異なる大きな特徴をもちます．

2 TQMのフレームワーク

表14.2は，TQMが推奨する考え方・手法のフレームワークの例です．

表14.2 TQMのフレームワーク

原則		活動	手法
マーケットイン 後工程はお客様 品質優先 プロセス重視 標準化	事実に基づく管理 源流管理 重点指向 PDCAサイクル 全員参加　等	プロセス保証 日常管理 方針管理 小集団改善活動 品質管理教育　等	QCストーリー QC七つ道具 QFD，FMEA QC工程表 作業標準　等

攻略の掟

其の壱　TQMの目指すことを押さえるべし！

† JIS Q 9023:2018「マネジメントシステムのパフォーマンス改善－方針管理の指針」（日本規格協会，2018年）附属書A，A.1

14.6 品質マネジメントシステム（QMS）

1 品質マネジメントシステムとは

品質マネジメントシステム（QMS：Quality Management System）とは，品質の良い製品・サービスを提供するために，組織が方針および目標を定め，その目標を達成するための仕組みです．仕組みとは仕事のやり方です．

国際標準化機構（ISO：International Organization for Standardization）は，国際規格である**ISO9001**を発行し，QMSに関する顧客要求の標準を定めています．わが国では，ISO9001と同等性を維持した国家規格であるJIS Q 9001を発行し，QMSの仕組みを日本語で紹介しています．

2 国際規格ISO9001の特徴

ISO9001では，**図14.8**のようなQMSの標準を規定しています．企業は，ISO9001要求事項に適合する仕組みを自社に当てはめて構築・運用することができます．さらに，第三者監査を通じて，自社の仕組みがISO9001要求事項に適合していることを実証することができます．企業はこの実証により，国際及び国内取引上の信頼を得ることができます．このような第三者監査制度が国際的に整備されている点は，TQMと異なるQMSの大きな特徴といえます．

ISO9001の目的は，顧客要求事項や法令・規制要求事項への適合の保証を通じて，取引の安全と顧客満足の向上を図ることです．

ISO9001の体系は図14.8のとおりです．例え

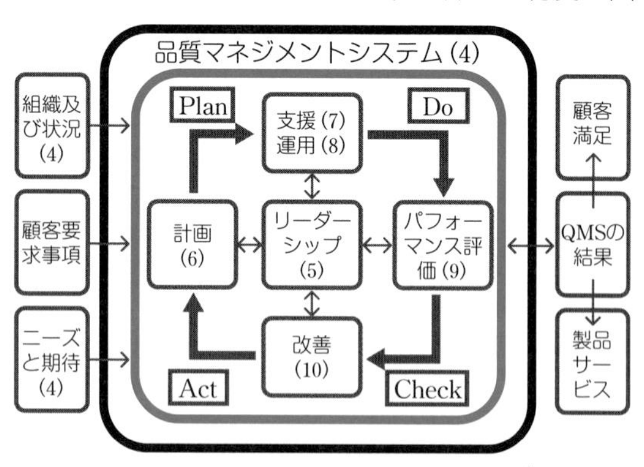

図14.8 ISO9001に規定する要求事項†

ば，計画には方針管理が，運用には日常管理に関する要求事項の標準が規定されています．（ ）内の数字は規格の箇条番号です．

3 品質マネジメントシステムの7原則

ISO9001 は，QMS の基本的な考え方として，**表 14.3** の 7 原則を規定します．

表 14.3 QMS の 7 原則†

顧客重視	品質マネジメントシステムの主眼は，顧客の要求事項を満たすこと及び顧客の期待を超えるよう努力すること．
リーダーシップ	全ての階層のリーダーは，目指す方向を一致させ，人々が品質目標達成に積極的に参加する状況を作り出す．
人々の積極的参加	品質目標の達成には全階層の人々の積極的参加が必要．
プロセスアプローチ	意図した結果の達成には，組織は適切なプロセスを決定し，その繋がりを明確にして運用管理することが必要．
改善	改善は，現在のパフォーマンスを維持し，内外の状況の変化に対応し，新たな機会を創造するために必要．
客観的事実に基づく意思決定	事実に基づく管理，そのもの．
関係性管理	持続的な成功には，供給者だけでなく，密接に関連する利害関係者との関係をマネジメントすることが必要．

4 マネジメントシステムの監査

監査とは，監査基準が満たされている程度を判定するために，監査証拠を収集し，それを客観的に評価するための，体系的で，独立し，文書化されたプロセスのことです．QMS は，**第三者監査**が予定されていることが特徴です．

表 14.4 監査の分類

内部監査	第一者監査	マネジメントレビュー及びその他の内部目的のために，その組織自体又は代理人によって行われる監査．
外部監査	第二者監査	サプライヤー監査．顧客など，組織の利害関係者又はその代理人によって行われる監査．
	第三者監査	規制当局又は認証機関のような，外部の独立した監査機関よって行われる監査．

攻略の掟

其の壱 ISO9001 の目的と特徴を押さえるべし！

† JIS Q 9001:2015「品質マネジメントシステム－要求事項」（日本規格協会，2015 年），図 14.8 は 0.3.2 図 2 を改変，表 14.3 は 0.2 を改変

理解度確認

問題

次の文章で正しいものには○，正しくないものには×を選べ．

① 方針管理とは，方針を部門ごと，あるいは階層ごとで作成し，緊急課題に重きを置いて達成していこうとする活動である．

② 方針を展開・実施する場合は，上意下達で展開し，方針に強制力をもたせるようにしなければならない．

③ 方針を確実に実施するためには，状況判断による監督者からの指示とパフォーマンス評価項目を設定する．

④ 日常管理は，標準が決まっていることが前提であるから，平常時は主にSDCAサイクルを適用する．

⑤ 日常管理は，品質だけでなく，コスト，納期，安全も管理対象となる．

⑥ 日常管理における管理項目とは，計画の達成状況を判定するための数値基準である．

⑦ QCサークル活動は，自主的な活動を通じて，組織の体質改善・発展への貢献，人の可能性を引き出すこと，生きがいがある明るい職場づくりを目指す．

⑧ TQMでは，全社的な品質管理の成功のみを目指している．

⑨ 品質マネジメントシステムの目的は，特に，ばらつきの低減や不適合品の撲滅である．

⑩ 監査とは，監査基準を満たしているかどうかを，客観的な証拠を用いて評価する判定プロセスである．

理解度確認 解答と解説

① **正しくない（×）**．方針管理とは，組織方針と部門方針を作成し，重点指向で達成していこうとする活動である．緊急課題に重きを置くわけではない． ☞ 14.2 節 1

② **正しくない（×）**．方針を展開・実施する場合は，上位の管理者と下位の管理者が集まってすり合わせを行い，上位と下位の方針に一貫性をもたせるようにしなければならないが，強制するものではない． ☞ 14.2 節 2

③ **正しくない（×）**．方針を確実に実施するためには，具体的な実施計画と，進捗状況を評価するための管理項目を設定して行う． ☞ 14.2 節 2

④ **正しい（○）**．日常管理は維持活動が基本であるから，平常時は SDCA サイクルを回すことが原則となる．なお，日常管理でも標準の見直しが必要となる場合等は，例外的に PDCA サイクルを回すこともある．

☞ 14.1 節 2

⑤ **正しい（○）**．日常管理の対象は品質に限定されない．部門の業務分掌に定められた全ての業務が管理対象となる． ☞ 14.1 節 1

⑥ **正しくない（×）**．管理項目は，目標の達成を管理するための評価尺度として選定した項目（例：厚さ）である．なお，計画の達成状況を判定するための数値基準（例：1.0 ± 0.2 mm）は，管理水準である．

☞ 14.1 節 1

⑦ **正しい（○）**．QC サークル活動は，自主的な活動である．改善だけでなく，活動を通じて人材育成や職場の活性化を目指す． ☞ 14.3 節 2

⑧ **正しくない（×）**．TQM は，全社的な品質管理（TQC）に全階層の参加を加え，総合的としていることが特徴である．設問では不十分といえるので誤り． ☞ 14.5 節 1

⑨ **正しくない（×）**．品質マネジメントシステムの目的は，品質保証を通じて顧客満足の向上を図ることである．ばらつきの低減や不適合の撲滅も含まれるが，“特に”ということではない． ☞ 14.6 節 1

⑩ **正しい（○）**．監査のための客観的証拠とは，監査基準を検証できる記録，事実の記述や情報であり，これにより監査への信頼を得ることができる．

☞ 14.6 節 4

練習問題

【問 1】日常管理に関する次の文章において，[　　]内に入るもっとも適切なものを下欄の選択肢からひとつ選べ．ただし，各選択肢を複数回用いることはない．

① 職場において，各部門に課せられた責任や権限を明確にし，業務範囲を整理することを[(1)]という．日常管理では，各部門が[(1)]について，[(2)]を守りながら品質の維持・管理を行っていく．

② 維持・管理に際しては，目標達成を管理するための評価尺度となる項目である[(3)]と，[(3)]が安定状態であるか否かを客観的に判定するための数値基準である[(4)]を選定する．この[(3)]は結果系と要因系に区分することができ，要因系の[(3)]を[(5)]ということが多い．

【選択肢】

ア．標準偏差　イ．業務分掌　ウ．点検点　エ．管理水準
オ．業務委託　カ．管理項目　キ．標準

【問 2】方針管理に関する次の文章において，[　　]内に入るもっとも適切なものを下欄の選択肢からひとつ選べ．ただし，各選択肢を複数回用いることはない．

① 方針管理は，トップマネジメントによって正式に表明された方針を，[(1)]の参画のもとで，ベクトルを合わせ，[(2)]で達成していく活動である．方針とは，組織の使命，理念とビジョン，または中長期経営計画の達成を目指し，具体化した期単位の事業計画を達成するために，従来の活動では足りない部分に関する組織と部門の全体的な意図と方向付けを，トップマネジメントが表明したものである．

② 方針には，通常，重点課題，[(3)]，[(4)]の 3 つの要素が含まれる．重点課題の対象は品質だけでなく，コスト，生産量，納期，[(5)]，環境，やる気等，全ての経営要素が対象となる．[(3)]は，測定可能であることが必要である．[(4)]とは，[(3)]を達成するための手段

であり，具体的であることが重要である．

③ 方針展開では，組織方針を展開するに際し，上位の管理者と下位の管理者が集まって (6) を行い，上位と下位との方針との間に (7) をもたせるようにする．期末には，トップマネジメントが方針の達成・実施状況を評価し，次期に反映させられるように (8) サイクルを回していく．

【選択肢】

ア．全部門・全階層　イ．専門家　ウ．安全　エ．SDCA
オ．すり合わせ　カ．一貫性　キ．方策　ク．PDCA
ケ．重点指向　コ．競争　サ．目標

【問 3】TQM に関する次の文章において，　　　内に入るもっとも適切なものを下欄の選択肢からひとつ選べ．ただし，各選択肢を複数回用いることはない．

① 顧客や社会の (1) を満たす製品及びサービスの提供， (2) を通して組織の長期的な成功を目指して，プロセスやシステムの (3) ，改善や (4) を全社的な参加を得て行う組織運営活動が，TQM（Total Quality Management）であり， (5) ともいう．

② 日本では TQM を経営のツールとして活用している企業が多く，この実践は，経営の基本方針に基づき，長中期や短期の (6) を定め，それらを効果的かつ効率的に達成することを目的に，組織全体の協力のもとに行われることが重要である．

【選択肢】

ア．維持向上　イ．総合的品質管理　ウ．革新　エ．従業員満足
オ．経営計画　カ．総合的品質保証　キ．斬新　ク．ニーズ

【問 4】QC サークル活動に関する次の文章において，　　　内に入るもっとも適切なものを下欄の選択肢からひとつ選べ．ただし，各選択肢を複数回用いることはない．

① QCサークル活動とは，品質向上，[(1)]，納期短縮等に焦点を当てた改善活動である．

② QCサークルの運営は[(2)]に行い，QCの考え方・手法等を活用し，[(3)]を発揮し，自己啓発と相互啓発を図りながら進められる．

③ この活動の目指すところは，組織の体質改善・発展への貢献，[(4)]を引き出すこと，生きがいがある明るい[(5)]を目指している．

④ QCサークル活動は，小グループが[(2)]に運営を行うが，活動を企業の体質改善・発展に寄与させるためには，[(6)]が全員参加を目指す指導・支援を行う必要がある．

【選択肢】

ア．品質保証	イ．職場づくり	ウ．自主的
エ．コスト削減	オ．経営者・管理者	カ．強制的
キ．創造性	ク．人の可能性	ケ．社会

【問 5】 品質マネジメントシステムに関する次の文章において，[ ]内に入るもっとも適切なものを下欄の選択肢からひとつ選べ．ただし，各選択肢を複数回用いることはない．

① 品質マネジメントシステムの7つの原則とは，[(1)]，リーダーシップ，[(2)]，プロセスアプローチ，[(3)]，[(4)]，関係性管理である．[(1)]は顧客の要求事項を満たすこと及び顧客の期待を超える努力をすることにあり，[(2)]は品質目標に対する人々の理解の向上とそれを達成するための意欲の向上につながる．[(3)]は，組織が，現状のパフォーマンスレベルを維持し，内外の状況の変化に対応し，新たな機会を創造するために必要である．[(4)]を行うことで，データ及び情報の分析及び評価に基づく意思決定によって，望む結果が得られる可能性が高まる．

② 品質マネジメントシステムの7つの原則は，ISO9001という[(5)]規格により明記されている．このISO9001の目的は，顧客要求事項及び適用される法令・規制要求事項への適合の[(6)]を通じて，顧客満足の向上を図ることである．適合の[(6)]は外部機関が行う[(7)]監査によっても評価を受けることができる．

【選択肢】

ア．客観的事実に基づく意思決定	イ．顧客重視	ウ．改善
エ．人々の積極的参加	オ．第二者	カ．改革
キ．人々の積極的反論	ク．第三者	ケ．国家
コ．変化点管理	サ．団体	シ．国際
ス．保証	セ．補償	

練習 解答と解説

【問 1】 日常管理における管理項目，管理水準に関する問題である．

解答 (1) **イ** (2) **キ** (3) **カ** (4) **エ** (5) **ウ**

(1)，(2) 職場において，各部門に課せられた責任や権限を明確にし，業務範囲を整理することを［(1) **イ．業務分掌**］という．日常管理では，各部門が業務分掌について，［(2) **キ．標準**］を守りながら品質の維持・管理を行っていく．
☞ 14.1 節 1

(3) 各プロセスの目標達成を管理するための評価尺度となる項目は，［(3) **カ．管理項目**］である．
☞ 14.1 節 1

(4) 管理項目が安定状態であるか，異常であるかを判定するための数値基準は，［(4) **エ．管理水準**］である．例えば，年間の売上目標を達成するため，管理項目として「毎月の売上」を，管理水準として「毎月 1 億円 ±1,000 万円」を設定する，といったことである．
☞ 14.1 節 1

(5) 管理項目は，結果系と要因系に区分することができ，結果系を管理点，要因系を［(5) **ウ．点検点**］ということが多い．点検点は「点検項目」ということもある．
☞ 14.1 節 1

【問 2】 方針管理に関する問題である．

解答 (1) **ア** (2) **ケ** (3) **サ** (4) **キ** (5) **ウ** (6) **オ** (7) **カ** (8) **ク**

① 方針管理は，トップマネジメントが表明した年度方針等を，［(1)　**ア．全部門・全階層**］の参画のもとで，ベクトルを合わせ，［(2)　**ケ．重点指向**］で達成していく活動である．方針管理により現状打破を行っても，日常管理で定着させないと元に戻ってしまう．方針管理は，基本となる日常管理と相互に連係することにより，顧客や経営環境の変化に対応できる組織を作り上げることができる．

☞ 14.2節 1

② 方針には，通常，重点課題，［(3)　**サ．目標**］，［(4)　**キ．方策**］の3要素が含まれる．重点課題は品質だけなく，コスト，生産量，納期，［(5)　**ウ．安全**］，環境，やる気等，全ての経営要素が対象になる．目標は，測定可能で実現可能であることが必要である．方策とは，目標を達成するための手段であり，方針管理では挑戦的な目標が設定されることがあるが，それでも方策は具体的であることが重要である．

☞ 14.2節 2

③ 上位から下位への方針展開を行うに際しては，上位の管理者と下位の管理者が集まって［(6)　**オ．すり合わせ**］を行い，上位と下位との方針の間に［(7)　**カ．一貫性**］をもたせるようにする．トップマネジメントは方針を組織内に浸透させるために期中でもトップ診断を行う．期末には方針の達成・実施状況を評価（レビュー）・反省し，次期の方針管理に反映させられるように［(8)　**ク．PDCA**］サイクルを回す

☞ 14.2節 2

【問 3】 TQMに関する問題である．

解答　(1) **ク**　(2) **エ**　(3) **ア**　(4) **ウ**　(5) **イ**　(6) **オ**

① TQMとは，顧客や社会の［(1)　**ク．ニーズ**］を満たす製品及びサービスの提供，［(2)　**エ．従業員満足**］を通して組織の長期的な成功を目指して，プロセスやシステムの［(3)　**ア．維持向上**］，改善や［(4)　**ウ．革新**］を全社的な参加を得て行う組織運営活動のことである．TQMは，全部門かつ全階層を対象とする［(5)　**イ．総合的品質管理**］を意味する．

☞ 14.5節 1

② TQMの実践は，経営の基本方針に基づき，長中期や短期の［(6)　**オ．経営計画**］を定め，それらを効果的かつ効率的に達成することを目的に，組織全体の協力のもとに行われることが重要である．

☞ 14.2節 2，14.5節 1

【問 4】 QC サークルに関する問題である.

(解答) (1) **エ** (2) **ウ** (3) **キ** (4) **ク** (5) **イ** (6) **オ**

① QC サークル活動とは，品質向上，[(1) **エ．コスト削減**]，納期短縮等の QCD に焦点を当てた改善活動である. ☞ 14.3 節 2

② QC サークル活動の運営は [(2) **ウ．自主的**] に行い，QC の考え方・手法等を活用し，[(3) **キ．創造性**] の発揮，自己啓発と相互啓発を図りながら進める. ☞ 14.3 節 2

③ QC サークル活動の目指すところは，組織の体質改善・発展への貢献，[(4) **ク．人の可能性**] を引き出すこと，生きがいがある明るい [(5) **イ．職場づくり**] である. ☞ 14.3 節 2

④ QC サークル活動は，小グループが自主的に運営を行うが，活動を企業の体質改善・発展に寄与させるためには，[(6) **オ．経営者・管理者**] が全員参加を目指す指導・支援を行う必要がある. なお，試験では，「QC サークル活動においては，経営者や管理者の関与は不要である」の正誤判断が過去に見られたが，これは誤りなので注意を要する. ☞ 14.3 節 2

【問 5】 品質マネジメントシステムに関する問題である.

(解答) (1) **イ** (2) **エ** (3) **ウ** (4) **ア** (5) **シ** (6) **ス** (7) **ク**

① 品質マネジメントシステムの 7 原則は，次のとおりである.

1. [(1) **イ．顧客重視**]：要求事項の充足だけではなく，顧客の期待を超える努力を原則とすることがポイント.
2. リーダーシップ：トップマネジメントだけではなく，全ての階層のリーダーに対し，リーダーシップが求められることがポイント.
3. [(2) **エ．人々の積極的参加**]：参加するだけではなく，参加による意欲（モチベーション）の向上が図られることがポイント.
4. プロセスアプローチ：プロセス重視の考え方である. プロセス保証には，新製品の開発・設計に関する源流管理と，製造・サービスの提供を主とする工程管理の両方を含む. プロセスを決定し，決定したプロセスのとおりに製造・サービス提供を行うことにより，意図した結果を達成することができる. 意図した結果の達成により，組織は，品質保証を通じた顧客満足を図ることができる.

5. [(3) **ウ. 改善**]:改善は新たな機会の創造にもなることがポイント.
6. [(4) **ア. 客観的事実に基づく意思決定**]:事実に基づく管理である.
7. 関係性管理:原材料や部品の提供を受ける供給者だけなく，広く利害関係者を視野に入れてリスクと機会を特定し，その対応について優先順位を考え，組織の品質マネジメントの計画に反映させる.

☞ 14.6節 3

② ISO9001は[(5) **シ. 国際**]規格である. ISO9001と同等性をもつJIS Q 9001は国家規格である. ISO9001の目的は，顧客要求事項及び適用される法令・規制要求事項への適合の[(6) **ス. 保証**]を通じて，顧客満足の向上を図ることである. 適合の保証は，外部機関が行う[(7) **ク. 第三者**]監査によっても評価を受けることができることは, ISO9001の特徴でもある.

☞ 14.6節 2

試験1週間前から当日まで

15章 直前対策

15.1 試験1週間前

1 試験1週間前から前日までに行うこと

ここまで頑張ってきた読者にとって，いよいよ合格に向けた最終段階です．14章までの内容を確実に押さえていれば，新しい知識を追加する学習は不要です．試験本番までの間にやるべきことは，次の3点に尽きます．

❶ 試験の準備を行うとともに，当日の作戦を立てる
❷ 知識を確実に定着させる
❸ 体調を万全にする

本章では，❶と❷の参考になる内容を展開していきます．

2 試験1週間前に行うこと

まずは，持ち物がすべてそろっていることを確認しましょう．万一不足がわかったら，可能な限り速やかにそろえるようにしましょう．

- 受検票
  何らかのトラブルにより入手できていない場合には，会社の担当者，またはQC検定センターに問い合わせましょう．早めに問い合わせることで，受検票の再発行や試験当日の手続き等を，余裕をもって進めることができます．
- 受検票への写真の貼付け
  写真のサイズは「縦30 mm×横24 mm」です．カラー，白黒，いずれも可です．貼り付ける前に，写真裏面に氏名，受検番号の記入が必要です．後回しにせず，試験1週間前には完了させましょう．
- HBまたはBの黒鉛筆・シャープペンシル
  マークシートでは，ボールペン，サインペン，万年筆は使用できません．

- 消しゴム
- 時計

  試験会場によっては，時計がない教室もあります．なお，携帯電話やスマートフォンは，時計の代用品としての使用は不可です．
- 電卓

  √（ルート）付の一般電卓が必須です．関数電卓やプログラム機能付きの電卓は使用できません．なお，携帯電話やスマートフォンは，電卓の代用品としての使用は不可です．
- 試験当日の午前中や試験開始前に見るべき資料

  できるだけ数を絞り，分量が多くならないようにしましょう．
- その他

  試験会場に持参するものを決めておきましょう．例えば，本書，グローバルテクノの直前対策講座テキスト，直前記憶メモなど．

また，持ち物の確認に加え，自宅から試験会場までのルートを確認することも忘れないようにしましょう．

3 試験１週間前に当日の作戦を立てる

試験で合格点をとるためには，どのようにして試験が実施されるかを確認し，その内容を踏まえて対策を立てることが不可欠です．これまで知識の吸収（インプット）に特化した学習を進めてきた人も，試験対策として，いかに効率よく問題を解くか（アウトプット）に焦点を当てましょう．その作戦を立てる際のヒントを，以下で展開しますので，ぜひ参考にしてください．

（1） 作戦立案のための前提条件を確認する

QC 検定 3 級の試験の形式や内容は，次のとおりです．

- 試験はマークシート方式で，用語や数値の多肢選択または○×を選ぶ問題
- 試験時間は 90 分（13:30～15:00）
- 試験開始前には，氏名や受検番号をマークシートに書く時間がある
- 試験問題は，前半が「手法分野」で，後半が「実践分野」

- 試験問題の解答欄は，全部で 100 個程度，各分野 50 個程度
- 合格基準は，「手法分野で 50 % 以上の正解」かつ「実践分野で 50 % 以上の正解」かつ「全体で 70 % 以上の正解」．合格率は，概ね 50 %

（2）　試験本番の「時間計画」を立てる

試験問題の前半（【問 1】から始まる問題）は，手法分野です．手法分野は，計算問題が多く，解答に時間を要します．時間を要することは先に解いても，後から解いても同じです．時間を要することを前提に，「時間計画」と「解法計画」を立案しておくことで，安心感をもって本番に臨むことができます．編者のうちの 1 名が初めて受検した際に立てた「時間計画」は，次のとおりです．

試験時間（90 分）の配分計画

13:30～14:10（40 分）：手法分野の解答
14:10～14:40（30 分）：実践分野の解答
14:40～14:50（10 分）：解かなかった問題の検討
14:50～15:00（10 分）：マークシートの見直し

この時間配分の意図は，次のとおりです．

① 手法分野の計算は，公式を記憶していれば確実に得点できる．計算ミスの修正対応ができるよう，実践分野より多くの時間を確保する．公式が思い出せない問題は，早々にいったんパスして次の問題に進む．

② 実践分野は，用語の意味と制度の意図を理解するだけでも解ける問題がある．問題文をざっと（要旨を把握できる程度に素早く）読み，できるだけスピーディーに解くことを重視する．

③ 迷う選択肢があるためすぐに解答を絞り込めない問題や，思った以上に時間を要しそうな問題は，後回しにする．1 つの問題に思わず時間をかけすぎて，後の方に簡単な問題があった場合に解き逃してしまい，そのまま試験終了……という不手際を防止する．

④ ①～③を踏まえ，試験時間 90 分のうち，手法分野で 40 分，実践分野で 30 分の計 70 分で，少なくとも 70 個以上の解答をマークし，合格基準 70 % を確保できるように努める．そのうえで，残りの 20 分では合格ラインを確実に超えるべく，いったんパスした問題を検討し，加点をねらう（最終的に 80 % 以上の得点率を目標とする）．

④の“残りの20分”では，次の3つの作業を行うことを意図しました．

- 第1の作業は，いったんパスした問題を検討する
  この検討により，$+\alpha$ の加点をねらう．
- 第2の作業は，マークを見直す
  途中でパスした問題があると，マーク欄がずれ，他の問題にマークしてしまう「マークミス」の可能性がある．マークミスがあると合格は絶望的．マーク見直しのための時間は絶対に確保する．
- 第3の作業は，マークの空欄をすべて埋める
  最後まで正答がわからなかった問題であっても，何らかのマークを行う．これで全問のマーク作業を完了させる．

(3) 試験本番の「解法計画」を立てる

マークの見直しを行うには，マークした選択肢を問題用紙に記録しておくことが必須です．そこで，編者の1人は，試験本番までの間，問題練習を行う際に，次のような記録を残しました（なお，以下に掲載する問題文はイメージであり，実際の試験問題ではありません）．練習で実践すれば，本番でも同じことができるようになります．

- 初見で解答できた問題

【問2】サンプリングに関する次の文章にお…
適切なものを下欄の選択肢から…

ア

① サンプリングは，(1) からサンプル…
れた測定データが (1) を表していることが大切である．

マークシートにマークするとともに，
自分の解答を大きく書き残す！
最後に見直す際，この記録とマーク
が一致していることを確認する！

- 後回しにした問題

【問2】サンプリングに関する次の文章に…
適切なものを下欄の選択肢からひと…

① サンプリングは，(1) からサンプル…
れた測定データが (1) を表している…

大きく目立つ目印として，三角形を
描く！
最後に見直す際，目印を残した問題
だけを解く！
答えることができたら，マークした
後で，目印を消し，自分の解答を書く．

15.2 試験1週間前～試験当日

1 試験1週間前～前日：直前に行うことは知識の定着に限る

試験直前の1週間は，問題を解くのに使える知識を確実に記憶し定着を図ることが，何よりも重要です．次のような学習がオススメです．

- 手法分野で用いる公式は，実際に手を動かして計算を行うことによって，定着を図る（公式を眺めるだけでは，記憶の定着が弱くなりがち）
- 実践分野は，テキストをざっと読み，制度間や事項間の繋がりを理解する（精読は不要，試験は“制度間や事項間の繋がり”で解ける）
- △マーク（解けなかった問題や間違えた問題に付けるマークのこと，「本書の活用法」参照）を2個以上付けた練習問題は，徹底的に復習する
- 試験当日の午前中に覚える資料を整えておく（2つ程度が望ましい）

2 試験当日：準備した資料で最後の復習～いよいよ本番！

試験当日の午前に用いる教材は，試験1週間前から準備しておいた資料だけです．編者の1人が行った当日の確認項目を，**図15.1**に示します．

当日午前中の準備を終えたら，試験会場に入室です．試験開始前にマークシートと試験問題が配付されます．マークシートには，氏名を書き，受検番号等のマークを行います．そして，いよいよ13：30に試験開始です．ここまでが，試験合格に向けたインプットです．

試験開始から終了までが，合格プロセス（製造工程）です．試験中は，最後の時間帯でマークシートの点検を行いますが，これが出荷検査になります．アウトプットは，勿論，検定試験の合格です．これが本書のプロセス管理になります．合格品質は，プロセスで作り込みます．そのためには，毎日の学習が不可欠です．

ここまで頑張ってきたなら，大丈夫です．合格の栄冠を勝ち取りましょう！

・正規分布の性質（数字）

(平均値)$\pm 1\times$(標準偏差)に，全体の68%
(平均値)$\pm 2\times$(標準偏差)に，全体の95%
(平均値)$\pm 3\times$(標準偏差)に，全体の99.7%　のデータが含まれる．

・ヒストグラムの作成（計算と用語）

ヒストグラム作成のために80個のデータを収集．
最大値118.5，最小値96.5，測定単位0.5
→区間の数：$\sqrt{80} \fallingdotseq 9$
→区間の幅：$\dfrac{118.5-96.5}{9} \fallingdotseq 2.4$ から測定単位の整数倍に最も近い値，2.5
→下側境界値：$96.5-\dfrac{0.5}{2}=96.25$

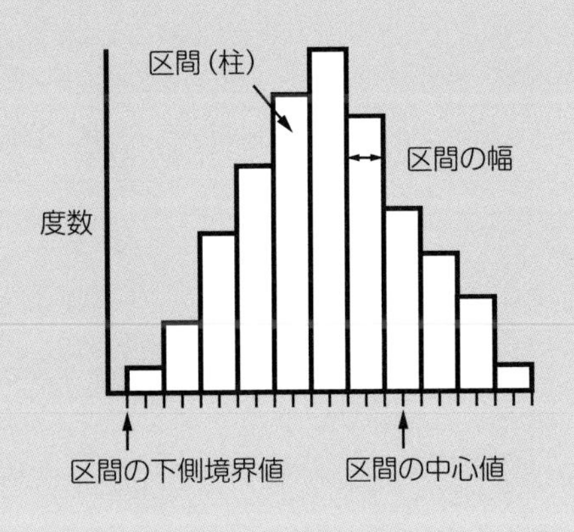

図15.1　試験当日の午前に確認する資料の例

15.3 特選！カタカナ用語と略語

試験頻出のカタカナ用語を**表 15.1** に，略語を**表 15.2** と**表 15.3** にまとめました．理解に自信がない場合は，「主な掲載箇所」を読んで振り返りましょう．

1 カタカナ用語

表 15.1　主なカタカナ用語のまとめ

用語	意味	主な掲載箇所
QA ネットワーク	保証の網	11.3 節 2
デザインレビュー	設計審査（DR：Design Review）	11.4 節
ファクトコントロール	事実に基づく管理	8.3 節 9
フェールセーフ	製品や設備の動作中にトラブルが発生しても，安全が確保できるようにする仕組みのこと	11.1 節 3
フールプルーフ	人間が誤って行為をしようとしても，できないようにする仕組みのこと（ポカヨケ）	11.1 節 3
ブレーンストーミング	チームで議論をする場合，アイデアや意見が出にくいときの発想法	3.3 節 3
プロセス	仕事の仕組み（仕事のやり方）	8.3 節 8
プロダクトアウト	顧客・社会のニーズを重視せず，提供側の保有技術や都合を優先するという考え方	8.3 節 2
マーケットイン	顧客・社会のニーズを把握し，それらを満たす製品・サービスを提供していくことを優先するという考え方	8.3 節 2

2 本文で扱った主な略語

本文で扱った主な略語を表 15.2 にまとめました．

表 15.2　主な略語のまとめ

用語	意味	主な掲載箇所
4M	人（Man），機械・設備（Machine），材料（Material），方法（Method）	12.5 節
5S	整理，整頓，清潔，清掃，躾	14.1 節 3
CS	顧客満足（Customer Satisfaction）	11.6 節 1
FMEA	故障モード影響解析（Failure Mode and Effects Analysis）	11.5 節 1
FTA	故障の木解析（Fault Tree Analysis）	11.5 節 2
OJT	職場内訓練	12.7 節 2
PDCA	計画（Plan），実行（Do），確認（Check），処置（Act）	10.2 節 1
PL	製造物責任（Product Liability）	11.6 節 2
PSME	生産性（Productivity），安全性（Safety），モラル（Morale），環境（Environment）	8.3 節 3
QCD	品質（Quality），コスト（Cost），納期（Delivery）	8.1 節 2
QFD	品質機能展開（Quality Function Deployment）	11.2 節 1
SDCA	標準化（Standardize），実行（Do），確認（Check），処置（Act）	10.2 節 1
TQM	総合的品質管理（Total Quality Management）	14.5 節 1

3 「$+\alpha$」で押さえておくと有利な略語

本文で扱っていませんが，「$+\alpha$」で押さえておくと有利な略語です．

表 15.3　「$+\alpha$」で押さえておきたい略語

用語	意味
ECRS	排除（Eliminate），結合（Combine），交換（Rearrange），簡素化（Simplify） これら 4 つの視点から改善案を考える
3 ム	「ムリ」，「ムダ」，「ムラ」
3H	「初めて」，「変更」，「久しぶり」 いずれも，人のミスや事故が起きやすい要因
KYK	危険予知活動
KYT	危険予知トレーニング

15.4 QC七つ道具のまとめ

表 15.4　QC七つ道具（表 2.1 再掲）

手法名	概念図	内容
チェックシート （2.2 節）		不具合の出現状況を把握する為のデータの記録，集計，整理をするための方法． • 記録・調査用 • 点検・確認用
グラフ （2.3 節）		データを図形に表し，数量の大きさや割合，数量が変化する状態をわかりやすくする方法．
パレート図 （2.4 節）		重要な問題や原因が何であるか，**重点化**のための方法．
ヒストグラム （3.1 節）		データの**ばらつき具合**を捉えるための方法． • 分布の形状 • 規格との比較（平均値，C_p）
散布図 （3.2 節）		「**対**」になったデータ間の関係をつかむ方法． • 相関分析 • **代用特性の探索**
特性要因図 （3.3 節）	特性	**特性**（結果）と**要因**（原因）の関係を整理する方法． • 4M：人，機械，材料，方法 • ブレーンストーミング（批判禁止）
層別 （3.4 節）	全データ　グループA　グループB　グループC	データの共通点やクセなどに着目し，同じ共通点や特徴を持ついくつかの**グループ**に分けて原因の糸口を見つけるための方法．

15.5 新QC七つ道具のまとめ

表 15.5　新 QC 七つ道具（表 4.1 再掲）

手法名	概念図	内容
親和図法 (4.2 節)	ラベルA　ラベルB 言語カード　言語カード 言語カード　言語カード	**グループ化**により問題点を整理・絞り込み
連関図法 (4.3 節)	要因　要因　要因 要因　問題点　要因 要因　要因　要因	問題点の把握後，問題と要因の**因果関係**を整理
系統図法 (4.4 節)	目的 手段（目的）　手段（目的）　手段（目的） 手段（目的）　手段（目的）　手段（目的）	**目的と手段**を系統的に展開し，解決手段を探求
マトリックス図法 (4.5 節)	R: R1 R2 R3 L: L1 ○ L2 ○ ◎ L3 △ ○	行と列の**対により**，解決手段の重み付けを実施
アロー・ダイヤグラム法 (4.6 節)	①②③④⑤⑥⑦ 工程a（5日）工程b（3日）工程c（5日）工程d（10日）工程e（5日）工程f（12日）工程g（3日）工程h（6日）	手段を時系列に配置し，**最適日程**を計画
PDPC 法 (4.7 節)	スタート 当初計画：第1工程　第2工程　第3工程 想定外の対応事項：対策1工程　対策2工程　対策3工程 ゴール	**トラブル予防**の代案を組込み，実行計画を策定
マトリックス・データ解析法 (4.8 節)	主成分1 主成分2	大量の**数値データ**を**2 以上**の項目で評価

15.6 超直前・計算特訓

1 絶対覚える計算式

公式は「手を動かして覚える」のが基本です．まずは**表 15.6** で覚えるべき計算式をおさらいしましょう．

表 15.6　絶対覚える計算式

用語	記号	計算式	主な掲載箇所
偏差平方和	S	$S=\left(X_i-\overline{X}\right)^2$ の総和	1.4 節 1
不偏分散	V	$V=\dfrac{S}{n-1}$　（n はデータ数）	
標準偏差	s	$s=\sqrt{V}$	
範囲	R	$R=X_{\max}-X_{\min}$	
$\overline{X}$ 管理図の管理線	-	UCL：$\overline{\overline{X}}+A_2\times\overline{R}$ CL：$\overline{\overline{X}}$ LCL：$\overline{\overline{X}}-A_2\times\overline{R}$	5.2 節 2
R 管理図の管理線	-	UCL：$D_4\times\overline{R}$ CL：$\overline{R}$ LCL：$D_3\times\overline{R}$	
正規分布の規準化	K_P	$K_P=\dfrac{x-\mu}{\sigma}$	7.1 節 7
工程能力指数	C_p	$C_p=\dfrac{S_U-S_L}{6\sigma}$	6.1 節 2
工程能力指数	C_{pk}	$C_{pk}=\dfrac{S_U-\mu}{3\sigma}$　または　$C_{pk}=\dfrac{\mu-S_L}{3\sigma}$	6.1 節 3
相関係数	r	$r=\dfrac{S_{xy}}{\sqrt{S_{xx}\times S_{yy}}}$　（S_{xx} は x の偏差平方和，S_{yy} は y の偏差平方和，S_{xy} は x と y の偏差積和）	6.2 節 3

2 計算特訓

以下の各問題につき，［　　］に入るもっとも適切なものを選択肢からひとつ選べ．ただし，各選択肢を複数回用いることはない（解答と解説は 3 参照）．

【問 1】基本統計量の計算

ある母集団より，8本のサンプルを抜き取り測定したところ，下記のデータを得た．

6.0　2.0　3.0　4.0　3.0　2.0　3.0　1.0

このデータの基本統計量を求めて，表15.7を作成した．

表 15.7　基本統計量の値

項目	値
平均値	(1)
中央値	(2)
最頻値	(3)
偏差平方和	(4)
不偏分散	(5)
標準偏差	(6)
範囲	(7)

【(1)の選択肢】ア．3.0　イ．3.5

【(2)の選択肢】ア．2.0　イ．3.0

【(3)の選択肢】ア．2.0　イ．3.0

【(4)の選択肢】ア．16.0　イ．16.5

【(5)の選択肢】ア．2.29　イ．4.00

【(6)の選択肢】ア．1.33　イ．1.51

【(7)の選択肢】ア．4.0　イ．5.0

【問 2】正規分布の確率計算

解答にあたって必要であれば表7.1（p.145）の正規分布表を用いよ．

$N(10, 3.0^2)$において，14以上となる確率は (1) %である．また，$N(30, 4.0^2)$において，28以下となる確率は (2) %である．

【(1)の選択肢】ア．7.6　イ．9.2　ウ．10.9

【(2)の選択肢】ア．30.85　イ．69.15　ウ．72.57

【問 3】工程能力指数の計算

ある製品の製造工程は安定状態であり，その製品の特性値の分布は正規分布とみなすことができ，平均5.00，標準偏差0.10である．製品の規格は両側にあり，規格値は5.05±0.35である．この場合の工程能力指数C_pは［(1)］であり，平均のかたよりを考慮した工程能力指数C_{pk}は［(2)］である．

【選択肢】

ア．0.67　　イ．1.00　　ウ．1.17　　エ．1.33　　オ．1.50

【問 4】工程能力指数の計算

製品Fの製造ラインからサンプルを取り200個の重量を測定したところ，平均が10.5 g，標準偏差が0.3 gであり，重量の分布は正規分布とみなしてよい状態だった．この製品の上限規格値は11.0 g，下限規格値は9.0 gである．

工程能力指数C_pを計算したところ［(1)］であり，かたよりを考慮したC_{pk}は［(2)］であった．$C_p = 1.33$とするためには，標準偏差は［(3)］gになるようにしなければならない．平均を10.5 gのままにしつつ，$C_{pk} = 1.33$とするためには，標準偏差が［(4)］gになるように工程を改善する必要がある．

【選択肢】

ア．0.13　　イ．0.25　　ウ．0.38　　エ．0.56

オ．0.83　　カ．1.11　　キ．1.67　　ク．2.22

【問 5】相関係数の計算

① ある製品に含まれる成分を調査するために，7サンプル用意し，成分αの含有量X_1と成分βの含有量X_2を測定し，表15.8のデータを得た．

一般に，2種類のデータの組(x, y)がある場合，xの偏差平方和をS_{xx}，yの偏差平方和をS_{yy}，xとyの偏差積和をS_{xy}とすると，xとyの相関係数の計算式は［(1)］である．そこで，X_1とX_2の相関係数の値を求めると［(2)］である．

表 15.8　データ

No.i	X_{1i}	X_{2i}
1	22	21
2	25	21
3	23	30
4	30	37
5	28	33
6	27	33
7	25	29
合計	180	204
平均値	25.71	29.14

$(X_{1i}-\overline{X}_1)^2$	$(X_{2i}-\overline{X}_2)^2$	$(X_{1i}-\overline{X}_1)(X_{2i}-\overline{X}_2)$
13.80	66.31	30.24
0.51	66.31	5.82
7.37	0.73	−2.33
18.37	61.73	33.67
5.22	14.88	8.82
1.65	14.88	4.96
0.51	0.02	0.10
47.43	224.86	81.29

【 (1) (2) の選択肢】

ア．0.35　　イ．0.79　　ウ．103.27　　エ．135.19

オ．$\dfrac{S_{xy}}{\sqrt{S_{xx}S_{yy}}}$　　カ．$\dfrac{S_{yy}}{\sqrt{S_{xx}S_{xy}}}$　　キ．$\dfrac{S_{xy}}{S_{xx}S_{yy}}$　　ク．$\dfrac{S_{yy}}{S_{xx}S_{xy}}$

② 2 種類のデータの組 (x, y) について，偏差平方和 $S_{xx}=33.5$，$S_{yy}=33$，偏差積和 $S_{xy}=32.5$ の場合，相関係数は (3) となる．

【 (3) の選択肢】ア．0.98　　イ．1.00

【問 6】管理図の管理限界線の計算

ある工程の安定状態を調べるために，表 15.9 のデータを得た．このデータから $\overline{X}$-R 管理図を作成し，管理限界線の計算には，表 15.10 を用いた．

表 15.9 のデータより，$\overline{X}$ 管理図の中心線の値は (1) となり，上側管理限界線の値は (2) ，下側管理限界線の値は (3) となる．また，R 管理図の中心線の値は (4) となり，上側管理限界線の値は (5) となる．ここではサンプル数が 3 であるために，下側管理限界線の値は限りなく (6) に近いために考慮しない．

【選択肢】

ア．0　　イ．0.664　　ウ．1.710

エ．2.276　　オ．2.955　　カ．3.634

表 15.9 データ

日	X_1	X_2	X_3	小計	平均	R
1	2.55	3.22	2.84	8.61	2.87	0.67
2	2.55	2.98	3.45	8.98	2.99	0.9
3	2.67	3.02	3.21	8.9	2.97	0.54
4	2.37	3.31	3.01	8.69	2.90	0.94
5	2.49	3.22	2.99	8.7	2.90	0.73
6	2.55	2.99	2.89	8.43	2.81	0.44
7	2.66	3.41	3.21	9.28	3.09	0.75
8	2.88	3.22	3.22	9.32	3.11	0.34
合　計					23.64	5.31

表 15.10 管理限界線を計算するための係数

n	A_2	D_3	D_4
2	1.880	-	3.267
3	1.023	-	2.575
4	0.729	-	2.282
5	0.577	-	2.114
6	0.483	-	2.004
7	0.419	0.076	1.924
8	0.373	0.136	1.864
9	0.337	0.184	1.816
10	0.308	0.223	1.777

3 計算特訓の解答と解説

【問 1】基本統計量の計算

解答 (1) ア (2) イ (3) イ (4) ア (5) ア (6) イ (7) イ

(1) 平均値は

$$\frac{6.0+2.0+3.0+4.0+3.0+2.0+3.0+1.0}{8}=[(1)\quad \text{ア．}\ 3.0]$$

☞ 1.3 節 1

(2) データを小さい順に並べると「1.0 2.0 2.0 3.0 3.0 3.0 4.0 6.0」となり，データの中央は 3.0 と 3.0 である．したがって，中央値は

$$\frac{3.0+3.0}{2}=[(2)\quad \text{イ．}\ 3.0]$$

☞ 1.3 節 1

(3) データの中でもっとも頻繁に現れる数値が最頻値であるから，その値は［(3) **イ．3.0**］である．

☞ 1.3 節 1

(4) (1) で得た平均値を用いると，偏差平方和は

$$(6.0-3.0)^2+(2.0-3.0)^2+(3.0-3.0)^2+(4.0-3.0)^2$$
$$+(3.0-3.0)^2+(2.0-3.0)^2+(3.0-3.0)^2+(1.0-3.0)^2$$
$$=[(4)\quad \text{ア．}\ 16.0]$$

☞ 1.4 節 1

(5)　不偏分散は

$$\frac{16.0}{8-1}=2.285\cdots$$

小数第 3 位を四捨五入して，もっとも適切なものは［(5)　**ア．2.29**］である．

1.4 節 1

(6)　標準偏差は $\sqrt{2.29}=1.513\cdots$ より，小数第 3 位を四捨五入して，もっとも適切なものは［(6)　**イ．1.51**］である．

1.4 節 1

(7)　最大値 6.0，最小値 1.0 より，範囲は $6.0-1.0=$［(7)　**イ．5.0**］である．

1.4 節 1

【問 2】正規分布の確率計算

解答　(1) **イ**　(2) **ア**

(1)　$N(10,\ 3.0^2)$ は，平均 10，標準偏差 3.0 の正規分布である．

「14 以上」は右図の青い部分である．

規準化すると，$K_P=\dfrac{14-10}{3.0}=1.333\cdots \fallingdotseq 1.33$

正規分布表より，$P=0.0918$ である．

よって，求める確率は［(1)　**イ．9.2**］% である．

QC 検定試験の解答は自身の計算結果と完全一致とは限らない．もっとも近い数値を解答とすることでよい．

7.1 節 7，8

(2)　$N(30,\ 4.0^2)$ は，平均 30，標準偏差 4.0 の正規分布である．

「28 以下」は右図の青い部分である．

規準化すると，$K_P=\dfrac{28-30}{4.0}=-0.5$

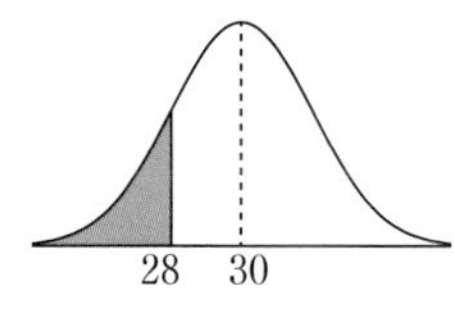

正規分布の対称性より，−0.5 以下の確率は，0.5 以上の確率と等しい．正規分布表より，$P=0.3085$ である．

よって，求める確率は［(2)　**ア．30.85**］% である．

7.1 節 7，8

【問 3】工程能力指数の計算

解答　(1) **ウ**　(2) **イ**

(1) 上限規格値は $5.05+0.35=5.40$，下限規格値は $5.05-0.35=4.70$ より，C_p は

$$\frac{5.40-4.70}{6\times0.10}=1.166\cdots$$

小数第3位を四捨五入して，もっとも適切なものは［(1) **ウ．1.17**］である．

☞ 6.1節 2

(2) C_{pk} は，2つの公式から求めた値のうち小さい方を採用する．

$$\frac{5.40-5.00}{3\times0.10}=1.333\cdots$$

$$\frac{5.00-4.70}{3\times0.10}=1.00$$

よって，もっとも適切なものは［(2) **イ．1.00**］である．

☞ 6.1節 3

【問 4】工程能力指数の計算

解答 (1) **カ** (2) **エ** (3) **イ** (4) **ア**

(1) $\dfrac{11.0-9.0}{6\times0.3}=1.111\cdots$ より，もっとも適切なものは［(1) **カ．1.11**］である．

☞ 6.1節 2

(2) $\dfrac{11.0-10.5}{3\times0.3}=0.555\cdots$，または，$\dfrac{10.5-9.0}{3\times0.3}=1.666\cdots$ のうち小さい方を C_{pk} として採用するので，もっとも適切なものは［(2) **エ．0.56**］である．

☞ 6.1節 3

(3) $1.33=\dfrac{11.0-9.0}{6\sigma}$ より，標準偏差 $\sigma=0.250\cdots$ である．したがって，もっとも適切なものは［(3) **イ．0.25**］である．

☞ 6.1節 2

(4) 平均値は上限規格値側にずれているので，$1.33=\dfrac{11.0-10.5}{3\sigma}$ より，標準偏差 $\sigma=0.125\cdots$ である．したがって，もっとも適切なものは［(4) **ア．0.13**］である．

☞ 6.1節 3

【問 5】相関係数の計算

解答 (1) **オ** (2) **イ** (3) **ア**

(1)　2種類のデータの組(x, y)の相関係数を求める式は［(1)　**オ.** $\dfrac{S_{xy}}{\sqrt{S_{xx}S_{yy}}}$］である.　☞ 6.2節 3

(2)　(1)でxをX_1, yをX_2として, 相関係数の公式から計算すると

$$\frac{81.29}{\sqrt{47.43\times 224.86}}=0.787\cdots$$

したがって, もっとも適切なものは［(2)　**イ. 0.79**］である.　☞ 6.2節 3

(3)　$\dfrac{32.5}{\sqrt{33.5\times 33}}=0.977$より, もっとも適切なものは［(3)　**ア. 0.98**］である.

☞ 6.2節 3

【問 6】管理図の管理限界線の計算

解答　(1) **オ**　(2) **カ**　(3) **エ**　(4) **イ**　(5) **ウ**　(6) **ア**

(1)　$\overline{X}$管理図の中心線の値は$\overline{X}$の平均$\overline{\overline{X}}$であり, その値は

$$\frac{23.64}{8}=［(1)\quad \textbf{オ. } 2.955］$$

☞ 5.2節 2

(2)　$\overline{X}$管理図の上側管理限界線UCLの値を求める公式は$\overline{\overline{X}}+A_2\times\overline{R}$である. Rの平均$\overline{R}$は

$$\frac{5.31}{8}=0.66375\fallingdotseq 0.664$$

A_2は表15.10でサンプル数$n=3$の値1.023であるから

$$2.955+1.023\times 0.664=3.6342\cdots\fallingdotseq［(2)\quad \textbf{カ. } 3.634］$$

☞ 5.2節 2

(3)　$\overline{X}$管理図の下側管理限界線LCLの値を求める公式は$\overline{\overline{X}}-A_2\times\overline{R}$より

$$2.955-1.023\times 0.664=2.2757\cdots\fallingdotseq［(3)\quad \textbf{エ. } 2.276］$$

☞ 5.2節 2

(4)　R管理図の中心線の値はRの平均$\overline{R}$であり, その値は, (2)で求めたように, ［(4)　**イ. 0.664**］である.　☞ 5.2節 2

(5)　R管理図の上側管理限界線UCLの値を求める公式は$D_4\times\overline{R}$である. D_4は表15.10でサンプル数$n=3$の値2.575であるから

$$2.575\times 0.664=1.7098\cdots\fallingdotseq［(5)\quad \textbf{ウ. } 1.710］$$

☞ 5.2節 2

(6)　R管理図の下側管理限界線LCLは, 限りなく［(6)　**ア. 0**］に近いため, 考慮しない.　☞ 5.2節 2

索引

ページ番号について，本文解説中での掲載は立体で，問題文中での掲載は【問】番号のページをイタリック体と下線で示しました．問題文中に現れる重要語句は，問題を解くためのキーワードともいえますから，それらの語句についてはとくに，意味をしっかり押さえておきましょう．

■ さ行

■ た行

■ な行

■ は行

■ ま行

■ や行

■ ら行

引用・参考文献等

・総務省統計局「なるほど統計学園」
http://www.stat.go.jp/naruhodo/c1graph.html
・機械振興協会「故障の木解析（FTA）－FTA の概要－」
http://www.jspmi.or.jp/system/l_cont.php?ctid＝130403&rid＝831
・JIS Q 9000:2015「品質マネジメントシステム－基本及び用語」（日本規格協会, 2015 年）
・JIS Q 9001:2015「品質マネジメントシステム－要求事項」（日本規格協会, 2015 年）
・JIS Q 9023:2018「マネジメントシステムのパフォーマンス改善－方針管理の指針」（日本規格協会, 2018 年）
・JIS Q 9026:2016「マネジメントシステムのパフォーマンス改善－日常管理の指針」（日本規格協会, 2016 年）
・JIS Q 9027:2018「マネジメントシステムのパフォーマンス改善－プロセス保証の指針」（日本規格協会, 2018 年）
・JIS Z 8101:1981「品質管理用語」（日本規格協会, 1981 年）
・JIS Z 9020－2:2016「管理図－第 2 部：シューハート管理図」（日本規格協会, 2016 年）
・関根嘉香『品質管理の統計学』（オーム社, 2012 年）
・佐々木隆宏『流れるようにわかる統計学』（KADOKAWA, 2017 年）
・森口繁一, 日科技連数値表委員会 編『新編 日科技連数値表 第 2 版』（日科技連出版社, 2009 年）
・QC サークル本部 編『QC サークルの基本』（日本科学技術連盟, 1996 年）
・狩野紀昭・瀬楽信彦・高橋文夫・辻新一「魅力的品質と当り前品質」,『品質』Vol.14, No.2（日本品質管理学会, 1984 年）
・日本品質管理学会 監修, 日本品質管理学会標準委員会 編『日本の品質を論ずるための品質管理用語 85（JSQC 選書 7）』（日本規格協会, 2009 年）
・日本品質管理学会 監修, 日本品質管理学会標準委員会 編『日本の品質を論ずるための品質管理用語 Part2（JSQC 選書 16）』（日本規格協会, 2011 年）
・仁科健 監修,QC 検定過去問題解説委員会『過去問題で学ぶ QC 検定 3 級　2020 年版』（日本規格協会, 2019 年）※ 2017 年～2019 年の試験問題を掲載
・仁科健 監修,QC 検定過去問題解説委員会『過去問題で学ぶ QC 検定 3 級　2017 年版』（日本規格協会, 2016 年）※ 2014 年～2016 年の試験問題を掲載
・『QC 検定 3 級・直前対策講座テキスト』（グローバルテクノ, 2020 年）

編者紹介

株式会社グローバルテクノ

1992 年の創業から現在に至るまで，ISO マネジメントシステムに関する審査員や内部監査員の養成を行う日本最大級の ISO 研修機関です．東京・大阪をはじめ日本全国で ISO 研修を開催する他，リーンシックスシグマ（LSS:LeanSixSigma）や QC 検定の通学セミナーも開催しています．さらに，オンラインセミナー，e ラーニング，講師派遣による企業内セミナーやコンサルテーションも展開し，組織と社会人の学びを応援しています．

Web サイト　https://www.gtc.co.jp/

執筆：(株）グローバルテクノ　LSS&QC 技術委員会

岩﨑　一仁（講師・コンサルタント，LSS ブラックベルト）

小林　　孝（講師・コンサルタント，LSS ブラックベルト）

中村　正明（講師・コンサルタント，LSS ブラックベルト）

尾池　成人（研修事業部長）

- 本書の内容に関する質問は，オーム社ホームページの「サポート」から，「お問合せ」の「書籍に関するお問合せ」をご参照いただくか，または書状にてオーム社編集局宛にお願いします．お受けできる質問は本書で紹介した内容に限らせていただきます．なお，電話での質問にはお答えできませんので，あらかじめご了承ください．
- 万一，落丁・乱丁の場合は，送料当社負担でお取替えいたします．当社販売課宛にお送りください．
- 本書の一部の複写複製を希望される場合は，本書扉裏を参照してください．

QC検定3級　一発合格！　最強テキスト＆問題集

2020年6月25日　第1版第1刷発行
2023年7月10日　第1版第7刷発行

編　者　株式会社グローバルテクノ
発行者　村上和夫
発行所　株式会社 オーム社
郵便番号　101-8460
東京都千代田区神田錦町3-1
電話　03(3233)0641(代表)
URL https://www.ohmsha.co.jp/

組版　BUCH⁺　　印刷・製本　三美印刷
ISBN978-4-274-22561-1　Printed in Japan

本書の感想募集　https://www.ohmsha.co.jp/kansou/

本書をお読みになった感想を上記サイトまでお寄せください．
お寄せいただいた方には，抽選でプレゼントを差し上げます．